중등임용 전공수학 대비

윤양동 임용수학

II

윤양동 편저

추상대수학

Mathematics

박문각 임용 동영상강의 www.pmg.co.kr

박문각

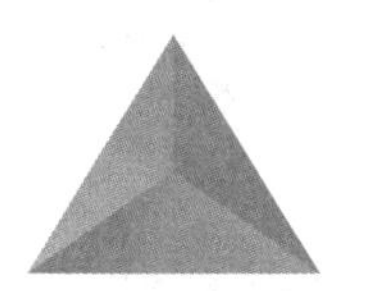

차 례

Contents

CHAPTER 1 군

1. 군과 준동형사상 6
2. 순환군과 위수 15
3. 유한생성 가환군의 분류 23
4. 비가환군과 치환군 33
5. 정규부분군과 잉여군 36

CHAPTER 2 동형정리와 실로우 정리

1. 동형정리 52
2. 공액류과 유등식 62
3. 실로우 정리 67
4. 군의 표현 71
5. 부분군 다이어그램 73

CHAPTER 3 환

1. 환 80
2. 아이디얼과 잉여환 96
3. 소 아이디얼과 극대 아이디얼 108
4. 환 준동형사상 114

CHAPTER 4 다항식환과 방정식의 해

1. 다항식환 132
2. 다항식환과 정역의 분류 136
3. 대수방정식의 해 145

CHAPTER 5 체의 확대와 Galois이론

1. 확대체와 차수 150
2. 유한 확대와 대수적 확대 153
3. 분해체와 분리 확대체 160
4. 유한체 171
5. 갈루아 정리 182
6. 작도가능성 201

부록 206

윤양동
임용수학

CHAPTER

1

군

1. 군과 준동형사상

2. 순환군과 위수

3. 유한생성 가환군의 분류

4. 비가환군과 치환군

5. 정규부분군과 잉여군

군(Group)

01 군과 준동형사상

1. 군과 가환군

[정의] {군}

공집합이 아닌 집합 G와 G 위에서 정의된 이항연산(binary operation) $\cdot : G \times G \rightarrow G$ 가 다음 조건을 만족할 때, $(G, \cdot)$을 군(Group)이라 한다.

(1) 결합법칙: 모든 G의 원 a, b, c에 대하여 $a \cdot (b \cdot c) = (a \cdot b) \cdot c$

(2) 항등원의 존재: G의 모든 원 a에 대하여 $a \cdot e = e \cdot a = a$를 만족하는 e가 존재한다.

(3) 역원의 존재: G의 임의의 원 a는 $a \cdot a^{-1} = a^{-1} \cdot a = e$를 만족하는 역원 a^{-1}를 갖는다.

특히, 군의 연산이 교환법칙을 만족할 때, 가환(commutative)군 또는 아벨(Abel)군이라 한다.

명제나 증명을 서술할 때, 군의 연산은 곱셈기호로 표기하는 것이 관례이다. 그러나 덧셈기호 또는 별도의 연산기호를 제시한 경우에는 그 기호를 사용해야 한다.

한 원소에 대하여 연산을 반복하는 것을 간단히 표기하기 위하여 다음과 같이 나타내기로 한다.

(1) 연산이 곱셈기호로 주어진 경우

a를 n번 반복 연산한 $a \cdot a \cdot \cdots \cdot a$는 a^n이라 쓴다.

역원 a^{-1}를 n번 반복 연산한 $a^{-1} \cdot a^{-1} \cdot \cdots \cdot a^{-1}$는 a^{-n}이라 쓴다.

n이 0인 경우 a^0는 항등원 e와 같다.

(2) 연산이 덧셈에 관한 가환군으로 주어진 경우

a를 n번 반복 연산한 $a+a+\cdots+a$는 na라 쓴다.

이때, na는 n과 a의 곱셈이 아니다.

a의 역원을 $-a$라 쓰고, $-a$를 n번 반복 연산한 $(-a)+\cdots+(-a)$는 $-na$이라 쓴다.

항등원은 0으로 쓰고, n이 0인 경우 $0a$는 항등원 0과 같다.

2. 준동형사상과 동형사상

[정의] {준동형사상}
두 군 $(G, \cdot), (H, \circ)$ 사이의 함수 $f: G \rightarrow H$가 군 G의 모든 원 a, b에 대하여 $f(a \cdot b) = f(a) \circ f(b)$을 만족할 때, f를 준동형사상(homomorphism)이라 한다.

특히, f가 전단 사이면 동형사상(isomorphism)이라 하고, 이때, 두 군 G, H는 동형적(isomorphic)이라 하고 $G \cong H$로 쓴다.
$G = H$인 경우, f가 준동형사상이면, 자기준동형사상(endomorphism), f가 동형사상일 때, 자기동형사상(automorphism)이라 한다.
또한, 상 $\operatorname{Im}(f) = f(G)$, 핵 $\ker(f) = f^{-1}(e')$라 한다. (단, e'는 H의 항등원)
준동형사상 $f: G \rightarrow H$에 대하여 $\operatorname{Im}(f) = H$이면 f는 위로의 사상(onto map) 또는 전사사상(epimorphism)일 필요충분조건이 된다.
f가 일대일 사상(1-1 map) 또는 단사사상이 될 조건을 살펴보자.

[정리] 준동형사상 $f: G \rightarrow H$에 대하여 f가 단사사상(monomorphism)일 필요충분조건은 $\ker(f) = \{e\}$이다.

증명 (→) $a \in \ker(f)$ 이라 하면 $f(a) = e' = f(e)$
f는 단사사상이므로 $a = e$
따라서 $\ker(f) = \{e\}$
(←) $f(a) = f(b)$ 이라 하면
$f(ab^{-1}) = f(a)f(b^{-1}) = f(b)f(b^{-1}) = f(bb^{-1}) = f(e) = e'$ 이므로
$ab^{-1} \in \ker(f) = \{e\}$
$ab^{-1} = e, \ a = b$
따라서 f는 단사사상이다.

예제 1 유리수의 덧셈에 관한 아벨군$(\mathbb{Q}, +)$과 양의 유리수의 곱셈에 관한 아벨군 $(\mathbb{Q}^+, \times)$은 서로 동형이 아님을 보여라.

증명 $(\mathbb{Q}, +)$와 $(\mathbb{Q}^+, \times)$가 동형이라 가정하자.
이때 동형사상을 $f: \mathbb{Q} \rightarrow \mathbb{Q}^+$라 하자.
그러면 f는 전사이므로 $f(a) = 2$인 $a \in \mathbb{Q}$가 존재한다.
그리고 $f(a) = f(a/2 + a/2) = f(a/2) \times f(a/2) = (f(a/2))^2$ 이므로
$f(a/2) = \pm\sqrt{2}$
그런데 공역이 양의 유리수 $\mathbb{Q}^+$이므로 $f(a/2) = \sqrt{2} \in \mathbb{Q}^+$이며 $\sqrt{2}$가 무리수이기 때문에 위배된다.
따라서 $(\mathbb{Q}, +)$와 $(\mathbb{Q}^+, \times)$는 동형이 아니다.

3. 부분군(subgroup)과 직적군(direct product group)

[정의] {부분군}
군 $(G, \cdot)$ 의 부분집합 H가 연산 $\cdot$ 에 대하여 군을 이룰 때,
H를 $(G, \cdot)$ 의 부분군이라 하고 $H < G$ 또는 $H \leq G$라 쓴다.

특히, 군 G는 자기 자신 G와 항등원 e에 관한 $\{e\}$ 를 부분군으로 갖는다.
항등원 e에 관한 부분군 $\{e\}$ 를 자명한 부분군(trivial subgroup)이라 한다.

[정리] 군 $(G, \cdot)$ 의 부분집합 H가 $H \neq \varnothing$일 때, 다음은 서로 동치이다.
(1) H는 G의 부분군이다.
(2) H가 연산 $\cdot$ 에 관하여 닫혀있고, 모든 원의 역원을 포함한다.
　$(HH \subset H,\ H^{-1} \subset H)$
(3) 모든 $a, b \in H$에 대하여, $a \cdot b^{-1} \in H$이다. $(HH^{-1} \subset H)$

위 명제에서 조건 $H \neq \varnothing$ 을 $e \in H$로 바꿔도 위 정리는 여전히 성립한다.

[정의] {군의 직적, 직합}
두 군 G_1, G_2 의 곱집합 $G_1 \times G_2 = \{(x_1, x_2) \mid x_1 \in G_1,\ x_2 \in G_2\}$에 대하여 다음과 같이 연산 $(a_1, a_2) \cdot (b_1, b_2) = (a_1 b_1, a_2 b_2)$을 부여하여 두 군의 직적군(direct product group) $(G_1 \times G_2, \cdot)$을 정의한다.
일반적으로 군 $G_k\ (k \in I)$들의 직적군 $\left(\prod_{k \in I} G_k, \cdot\right)$의 연산은 다음과 같다.

$$(a_k)_{k \in I} \cdot (b_k)_{k \in I} = (a_k b_k)_{k \in I}$$

두 군 G_1, G_2 가 덧셈에 관한 아벨군일 때, $(G_1 \times G_2, \cdot)$를 $(G_1 \oplus G_2, +)$ 라 쓰기도 하며, 직합(direct sum)이라 한다.
군의 직적의 예로서 $S_3 \times Q_8$, 아벨군의 직합의 예는 $\mathbb{Z} \oplus \mathbb{Z}_2$, $\mathbb{Z}_2 \oplus \mathbb{Z}_2$ (Klein 4-군) 등이 있다.

[정리] 군 G_1, G_2, H_1, H_2 와 자명한 군 $\{e\}$가 있을 때,
(1) $G \times \{e\} \cong G$
(2) $G_1 \times G_2 \cong G_2 \times G_1$
(3) $G_1 \cong H_1$, $G_2 \cong H_2$ 이면 $G_1 \times G_2 \cong H_1 \times H_2$

증명 (1) 함수 $f: G \to G \times \{e\}$, $f(x) = (x, e)$라 정의하면 f가 전단사사상임은 자명하다.
$f(ab) = (ab, e) = (a, e)(b, e) = f(a)f(b)$ 이므로 f는 동형사상이다.
(2) 함수 $f: G_1 \times G_2 \to G_2 \times G_1$, $f(x, y) = (y, x)$라 정의하면 f가 전단사사상임은 자명하다.
$f(a, b)f(c, d) = (b, a)(d, c) = (bd, ac) = f(ac, bd) = f((a,b)(c,d))$ 이므로 f는 동형사상이다.

(3) $g_1 : G_1 \to H_1$, $g_2 : G_2 \to H_2$ 를 동형사상이라 하자.
함수 $f: G_1 \times G_2 \to H_1 \times H_2$, $f(x,y) = (g_1(x), g_2(y))$ 라 정의하면 g_1, g_2 가 전단사사상이므로 f 는 전단사사상이다.

$$f(a,b)f(c,d) = (g_1(a), g_2(b))(g_1(c), g_2(d)) = (g_1(a)g_1(c), g_2(b)g_2(d))$$
$$= (g_1(ac), g_2(bd)) = f(ac, bd) = f((a,b)(c,d))$$

이므로 f 는 동형사상이다.

예제 1 군 G의 부분집합 H가 유한집합이고, 연산에 닫혀있으면, 부분군임을 보이시오. (단, $H \neq \varnothing$)

증명 군 $(G, \cdot)$ 의 부분집합 H가 연산 $\cdot$ 에 닫혀있으므로 H의 임의의 원 h 에 대하여 집합 $\{h, h^2, h^3, \cdots\}$은 H의 부분집합이며, H가 유한집합이므로 집합 $\{h, h^2, h^3, \cdots\}$도 유한집합이다. 따라서 $h^n = h^m$ 인 양의 정수 n, m $(n < m)$이 존재하며, $h^{m-n} = e$ 로부터 $h\, h^{m-n-1} = e$ $(m-n-1 \geq 0)$이다.
$m-n-1 = 0$ 일 때, $h = e$ 이므로 e 자신이 역원이고, $m-n-1 > 0$ 일 때, h^{m-n-1}이 h 의 역원이며 $h^{m-n-1} \in H$ 이므로 h 의 역원이 항상 H에 속한다.
따라서 H의 임의 원소의 역원이 H에 속하므로 H는 G의 부분군이다.

예제 2 군 G의 원소 g 와 부분군 H에 대하여 $g^{-1}Hg$ 도 부분군임을 보이시오.

켤레부분군이라 한다.

증명 H가 군 G의 부분군일 때, $g^{-1}Hg$ 도 부분군임을 보이자.
① 항등원 $e \in H$이므로 $e = g^{-1}eg \in g^{-1}Hg$
② $g^{-1}ag$, $g^{-1}bg \in g^{-1}Hg$ $(a, b \in H)$일 때,
$(g^{-1}ag)(g^{-1}bg) = g^{-1}a(gg^{-1})bg = g^{-1}(ab)g$ 이며, H가 부분군이므로 $ab \in H$이다.
따라서 $(g^{-1}ag)(g^{-1}bg) \in g^{-1}Hg$
③ $g^{-1}ag \in g^{-1}Hg$ $(a \in H)$일 때, $(g^{-1}ag)^{-1} = g^{-1}a^{-1}g$ 이며, H가 부분군이므로 $a^{-1} \in H$이다. 따라서 $(g^{-1}ag)^{-1} \in g^{-1}Hg$
①, ②, ③으로부터 $g^{-1}Hg$ 는 G의 부분군이다.

예제 3 K, H_1, H_2 는 군 G의 부분군이며 $K \subset H_1 \cup H_2$ 이면 $K \subset H_1$ 또는 $K \subset H_2$ 임을 보이시오.

풀이 (귀류법) $K \not\subset H_1$ 이고 $K \not\subset H_2$ 이라 가정하자.
$k_1 \in K - H_1$ 이고 $k_2 \in K - H_2$ 인 원소 k_1, k_2 가 있다.
k_1, $k_2 \in K \subset H_1 \cup H_2$ 이므로 $k_2 \in H_1$ 이며 $k_1 \in H_2$ 이다.
$k_1 k_2 \in K \subset H_1 \cup H_2$ 이므로 $k_1 k_2 \in H_1$ 또는 $k_1 k_2 \in H_2$ 이다.
$k_1 k_2 \in H_1$ 인 경우 $k_2 \in H_1$ 이므로 $(k_1 k_2) k_2^{-1} = k_1 \in H_1$ 는 모순이다.
$k_1 k_2 \in H_2$ 인 경우 $k_1 \in H_2$ 이므로 $k_1^{-1}(k_1 k_2) = k_2 \in H_1$ 는 모순이다.
따라서 $K \subset H_1$ 또는 $K \subset H_2$ 이다.

> **예제 4** 결합법칙을 만족하는 반군(semigroup) G가 다음 조건을 만족할 때, 군이 됨을 보이시오.
> ※ 조건: 임의의 $a, b \in G$에 대하여 방정식 $ax = b$와 방정식 $xa = b$는 항상 해를 갖는다.

풀이 ① $G \neq \varnothing$ 이므로 원소 $a \in G$가 있다.
② $ea = a$ 인 e 가 있다.
③ 임의의 x 에 대응하여 $ay = x$ 인 y가 있으므로 $ex = eay = ay = x$
즉, $ex = x$
④ $x = e$ 를 대입하면 $ee = e$
⑤ 임의의 x 에 대하여 $ye = x$ 인 y가 있으므로 $xe = yee = ye = x$
즉, $xe = x$
⑥ 모든 x 에 대하여 $xe = x = ex$ 이므로 e 는 G의 항등원이다.
⑦ 임의의 x 에 대하여 $xy_1 = e$, $y_2 x = e$ 인 y_1, y_2가 있다.
⑧ $y_1 = ey_1 = (y_2 x)y_1 = y_2(xy_1) = y_2 e = y_2$
⑨ 임의의 x 에 대응하는 y_1 이 있어서 $xy_1 = e = y_1 x$ 인 x 의 역원 y_1이 있다.
그러므로 G는 군이다.

4. 군의 예

(1) 덧셈 연산에 관한 가환군

덧셈연산에 관한 정수군$(\mathbb{Z}, +)$, 덧셈연산에 관한 유리수군$(\mathbb{Q}, +)$
덧셈연산에 관한 실수군$(\mathbb{R}, +)$, 덧셈연산에 관한 복소수군$(\mathbb{C}, +)$
덧셈연산에 관한 n차원 공간$(\mathbb{R}^n, +)$
부분군: $\mathbb{Z} \leq \mathbb{Q} \leq \mathbb{R} \leq \mathbb{C}$, 직적군: $\mathbb{R}^2 = \mathbb{R} \times \mathbb{R}$

(2) 법 n의 덧셈에 관한 가환군

법 n에 관한 잉여류들의 집합 $\mathbb{Z}_n$은 잉여류의 덧셈에 대하여 군을 이룬다.
구체적으로 다음과 같다.
$\mathbb{Z}_n = \{0, 1, \cdots, n-1\}$
$x, y, z \in \mathbb{Z}$에 대하여 $x + y \equiv z \pmod{n}$ 일 때,
연산(덧셈)을 $x + y = z$ 이라 정의한다.

여기 +는 정수들의 덧셈이다.

여기 +는 새로 정의하는 이항연산이다.

(3) 법 n의 곱셈에 관한 가환군

$\mathbb{Z}_n$의 원소 중에서 n과 서로소인 것들의 집합을 $\mathbb{Z}_n^*$라 하며, 법 n의 곱셈에 관하여 가환군이 된다. 기역잉여류군 $\mathbb{Z}_n^* = \{a \in \mathbb{Z}_n \mid \gcd(a,n)=1\}$
$x, y, z \in \mathbb{Z}_n^*$에 대하여 $xy \equiv z \pmod{n}$일 때, 연산(곱셈)을 $x \cdot y = z$이라 정의한다.

(4) 환의 단원군(unit group)

환 $(R, +, \cdot)$의 원소 중 곱셈에 대한 역원을 갖는 원을 단원(unit)이라 하고 단원들 전체의 집합$(R^*, \cdot)$은 곱셈에 관하여 군을 이룬다.

(5) 사원수(Quaternion)군

사원수체 $\mathbb{H}$의 부분집합 $Q_8 \equiv \{\pm 1, \pm i, \pm j, \pm k\}$은 곱셈에 관하여 비가환군을 이룬다. 이때, 곱셈규칙은 $i^2 = j^2 = k^2 = -1$, $ij = k$, $ij = -ji$이다. $1, i, j, k$ 대신 행렬 $1 \to E$, $i \to I$, $j \to J$, $k \to K$을 사용할 수 있다.

$$E = \begin{pmatrix} 1 & 0 \\ 0 & 1 \end{pmatrix},\ I = \begin{pmatrix} 0 & -1 \\ 1 & 0 \end{pmatrix},\ J = \begin{pmatrix} i & 0 \\ 0 & -i \end{pmatrix},\ K = \begin{pmatrix} 0 & i \\ i & 0 \end{pmatrix}$$

> 이항연산은 함수입니다. 다양한 함수를 나타내기 위하여 f, g, h 등 여러 가지 문자를 사용하여 구별하는 반면, 다양한 이항연산을 구별하기 위하여 다양한 문자가 필요하지만 대체로 +, ×, ·을 반복하여 재사용한다. 그래서 기호가 같다고 해서 같은 연산이 이라고 보면 안 된다.

(6) 행렬군(선형군, 변환군)

행렬들의 집합은 행렬의 덧셈 또는 행렬의 곱셈에 관하여 군이 되기도 한다. 다음 행렬들의 집합은 행렬곱에 관하여 일반적으로 군을 이룬다.

$$GL(n,\mathbb{R}) = \{A \in \mathrm{Mat}_{n\times n}(\mathbb{R}) \mid \det(A) \neq 0\}$$
$$O(n,\mathbb{R}) = \{A \in \mathrm{Mat}_{n\times n}(\mathbb{R}) \mid AA^t = I\}$$: 직교행렬군
$SO(2)$: 원점을 중심으로 하는 평면의 회전변환들의 군(group)

(7) 대칭군(Symmetric Group)과 치환군(Permutation group)

집합 $I_6 = \{1,2,3,4,5,6\}$에서 I_6으로 대응하는 전단사함수 σ가 [그림 1]과 같다.

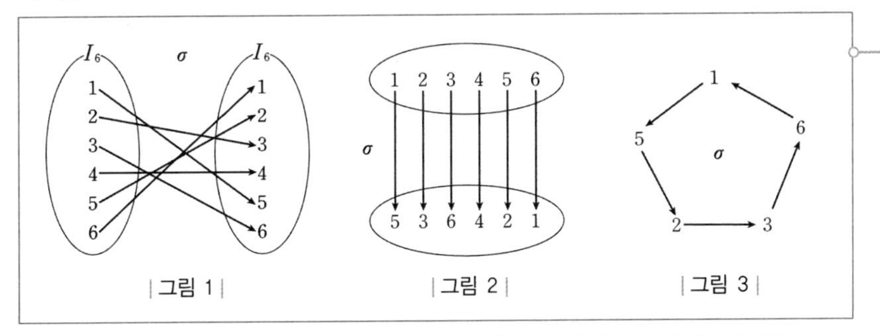

| 그림 1 | | 그림 2 | | 그림 3 |

> '사다리타기'로 표현할 수 있다.

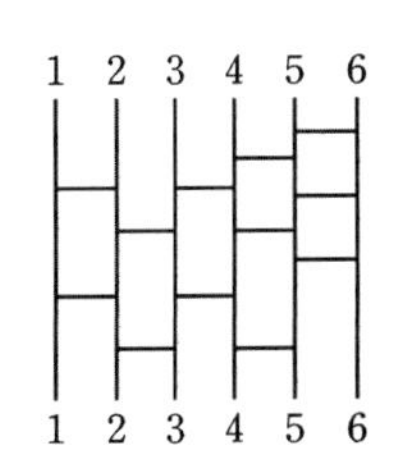

[그림 1]을 [그림 2]로 바꿔 놓아도 동일한 대응 σ이다. [그림 2] 형태를 표기로 나타내면 $\sigma = \begin{pmatrix} 1\,2\,3\,4\,5\,6 \\ 5\,3\,6\,4\,2\,1 \end{pmatrix}$라 쓸 수 있으며 이 표기는 $1 \to 5$, $2 \to 3$, 3

$\to 6,\ 4 \to 4,\ 5 \to 2,\ 6 \to 1$의 대응을 의미한다.
이와 같은 I_6의 원소(전단사함수)를 6차 치환(줄여서 치환)이라 하며 치환 $\sigma = \begin{pmatrix} 1\ 2\ 3\ 4\ 5\ 6 \\ 5\ 3\ 6\ 4\ 2\ 1 \end{pmatrix}$이라 쓴다.
이 표기법을 간단히 나타내기 위하여, $4 \to 4$와 같이 스스로에게 대응하는 것은 생략하면 이 대응을 [그림 3]과 같이 일렬로 $1 \to 5 \to 2 \to 3 \to 6 \to 1$와 같이 쓸 수 있다. 이때 σ를 간단히 $\sigma = (1\,5\,2\,3\,6)$라 쓴다. 여기서 생략한 4의 대응은 $4 \to 4$이며 σ 배열의 끝수 6은 맨 앞의 1로 대응한다.
$(1\,5\,2\,3\,6)$와 같이 회전하듯이 대응하는 특수한 치환을 순환(순회, cyclic)치환이라 한다.
순환치환(cyclic permutation) $\sigma = (1\,5\,2\,3\,6)$에서 나열된 수의 개수 5를 '순환치환의 길이'라 한다.
그런데 모든 치환이 순환치환이 되지는 않는다. 즉, 순환치환이 아닌 치환도 있다.
또한 (1), (3)와 같이 한 숫자로 된 순환치환은 모두 항등함수(항등치환)을 나타낸다. 즉, $\text{id} = (1) = (2) = (3) = (4) = (5) = (6)$
특히, 순환치환 중 $\sigma = (1\,4)$와 같이 길이가 2 인 순환치환을 호환(transposition)이라 한다.
이제 치환들의 집합과 치환들 사이에 연산을 정의하자.

[정의] {n 차 대칭군}
집합 $I_n = \{1, 2, 3, \cdots, n\}$에서 I_n으로 대응하는 전단사함수를 n 차 치환(permutation)이라 하며, 모든 n 차 치환들의 집합은 간단히 S_n으로 표기하며 함수의 합성을 연산에 관해 군$(S_n, \circ)$을 이루며 이 군을 n 차 대칭군(symmetric group)이라 한다.

예를 들어 두 치환 $\sigma = \begin{pmatrix} 1\ 2\ 3\ 4\ 5 \\ 2\ 3\ 4\ 5\ 1 \end{pmatrix}$, $\tau = \begin{pmatrix} 1\ 2\ 3\ 4\ 5 \\ 3\ 4\ 1\ 5\ 2 \end{pmatrix}$의 연산은 합성은

$\tau\sigma = \tau \circ \sigma = \begin{pmatrix} 1\ 2\ 3\ 4\ 5 \\ 4\ 1\ 5\ 2\ 3 \end{pmatrix}$

치환 $\tau = \begin{pmatrix} 1\ 2\ 3\ 4\ 5 \\ 3\ 4\ 1\ 5\ 2 \end{pmatrix}$는 대응을 일렬로 나타낼 수 없어서 순환치환이 아니다.
그러나 순환치환 $\tau_1 = (1\,3)$과 순환치환 $\tau_2 = (2\,4\,5)$의 합성
$\tau_1 \circ \tau_2 = (1\,3)(2\,4\,5) = \tau$이므로 순환치환이 아닌 치환 τ를 순환치환들의 합성(곱셈, 곱)으로 나타낼 수 있다.
또한 치환 $\rho = (1\,2\,3\,4\,5)$는 $(1\,2\,3\,4\,5) = (1\,5)(1\,4)(1\,3)(1\,2)$와 같이 호환들의 곱셈(합성)으로 나타낼 수도 있다.
일반적으로 모든 순환치환 $(i_1\,i_2 \cdots i_n) = (i_1\,i_n) \cdots (i_1\,i_3)(i_1\,i_2)$와 같이 호환의 곱과 같다.

[정리]
(1) 모든 치환은 순환치환들의 합성으로 표현할 수 있다. (순환치환 분해)
(2) 모든 치환은 호환들의 합성으로 표현할 수 있다. (호환 분해)

치환을 호환분해 하는 방법은 여러 가지 있지만, 그 호환의 수가 홀수이거나 짝수인 성질은 변하지 않으며 홀수일 때 기치환, 짝수일 때 우치환이라 하며, 치환의 부호 $\mathrm{sgn}(\sigma)$ 을 각각 -1(기치환), +1(우치환) 로 정의한다.
치환$(1\,2\,3\,4\,5) = (1\,5)(1\,4)(1\,3)(1\,2)$ 는 우치환이며 부호는 +1이며,
치환$(1\,3)(2\,4\,5) = (1\,3)(2\,5)(2\,4)$ 는 기치환이며 부호는 -1이다.

예제 1 0 이 아닌 복소수 n 개로 이루어진 집합 C_n 이 곱셈에 관하여 군을 이룬다. 이때, C_n 이 방정식 $z^n = 1$ 의 해집합임을 보여라.

증명 $(C_n, \times)$ 이 군(group)을 이루고, $A_n = \{z \in C : z^n = 1\}$ 이라 두자.
이제 $A_n = C_n$ 임을 보이면 된다.
$C_n = \{z_1, z_2, \cdots, z_n\}$ 이라 하면, 임의의 $z_k \in C_n$ 에 대하여
$z_k \times z_1, \cdots, z_k \times z_n \in C_n$ 이므로
$\{z_k \times z_1, \cdots, z_k \times z_n\} = \{z_1, \cdots, z_n\}$
두 집합의 원소를 모두 곱한 값은 순서에 관계없이 같아야 하므로
$z_k^n \times z_1 \times \cdots \times z_n = z_1 \times \cdots \times z_n$ 이며 z_i 들을 소거하면 $z_k^n = 1$
따라서 $z_k \in A_n$ 이다. 즉, $C_n \subset A_n$
그리고 A_n, C_n 은 유한집합이고 원소의 개수가 같으며 $C_n \subset A_n$ 이므로 $A_n = C_n$

예제 2 ① 치환 $\sigma = \begin{pmatrix} 1 & 2 & 3 & 4 & 5 & 6 & 7 \\ 5 & 3 & 7 & 2 & 6 & 1 & 4 \end{pmatrix}$ 을 순환치환분해, 호환분해 하시오.
② 모든 치환을 사다리 타기로 나타낼 수 있음을 설명하시오.

풀이 ① $\sigma = (1\,5\,6)(2\,3\,7\,4) = (1\,6)(1\,5)(2\,4)(2\,7)(2\,3)$: 기치환
② $(i\,j) = (1\,i)(1\,j)(1\,i)$ 이므로 모든 치환은 호환$(1\,k)$ 들의 곱셈으로 분해할 수 있으며,
$(1\,k) = (1\,2)(2\,3)\cdots(k-2\;k-1)(k-1\;k)(k-2\;k-1)\cdots(2\,3)(1\,2)$
이므로 모든 치환은 호환$(i\;i+1)$ 들의 곱셈으로 분해할 수 있다.
$(i\;i+1)$ 는 사다리 타기의 i-번째 가로선이다.
따라서 모든 치환은 사다리 타기로 나타낼 수 있다.

예제 3 $\mathbb{Z}_7^* \cong \mathbb{Z}_6$ 임을 보여라.

증명 $\mathbb{Z}_7^* = \{1, 2, 3, 4, 5, 6\}$ 은 법 7의 곱셈에 관하여 군을 이룬다.
함수 $\phi : \mathbb{Z}_6 \to \mathbb{Z}_7^*$ 을 $\mathbb{Z}_6$ 의 생성원 1을 $\phi(1) = 3$ 으로 대응하여 정의하면 나머지 원은 $\phi(0) = 1$, $\phi(1) = 3$, $\phi(2) = 3^2 = 2$, $\phi(3) = 3^3 = 6$, $\phi(4) = 3^4 = 4$, $\phi(5) = 3^5 = 5$ 로 각각 대응된다. 따라서 ϕ는 전단사함수이다.
또한 $\phi(n) = 3^n$ 이므로 $\phi(n+6) = 3^{n+6} = 3^n \times 3^6 = 3^n = \phi(n)$ 과

$\phi(n+m) = 3^{n+m} = 3^n \times 3^m = \phi(n) \times \phi(m)$ 으로부터 ϕ는 잘 정의된 준동형사상이다.

그러므로 ϕ는 동형사상이며 $\mathbb{Z}_7^* \cong \mathbb{Z}_6$ 이다.

예제 4 두 정수 n, m 이 서로소일 때, $\mathbb{Z}_{nm}^* \cong \mathbb{Z}_n^* \oplus \mathbb{Z}_m^*$ 임을 보여라.

환(ring)론을 참조하세요.

증명 환으로서 $\mathbb{Z}_{nm}$ 과 $\mathbb{Z}_n \oplus \mathbb{Z}_m$ 이 환동형임을 먼저 보이자.

두 환 사이의 함수 $f : \mathbb{Z}_{nm} \to \mathbb{Z}_n \oplus \mathbb{Z}_m$ 를 $f(x) = (\bar{x}, \bar{x})$

(단, $(\bar{x}, \bar{x})$ 은 각각 x 를 n 과 m 으로 나눈 나머지) 로 정의하자.

① f 는 잘 정의되어 있다.

$k \in \mathbb{Z}_{nm}$ 에 대하여 $k = k+nm$ 이므로 $f(k) = f(k+nm)$ 임을 보이면

$f(k+nm) = (\overline{k+nm}, \overline{k+nm}) = (\bar{k}, \bar{k}) = f(k)$ 이다.

② f 는 준동형이다.

$k, l \in \mathbb{Z}_{nm}$ 에 대하여

$f(k+l) = (\overline{k+l}, \overline{k+l}) = (\bar{k}, \bar{k}) + (\bar{l}, \bar{l}) = f(k) + f(l)$

$f(kl) = (\overline{kl}, \overline{kl}) = (\bar{k}, \bar{k})(\bar{l}, \bar{l}) = f(k)f(l)$

③ f 는 단사(1-1)이다.

$k \in \ker(f)$ 이라 하면 $f(k) = (\bar{k}, \bar{k}) = (0,0)$ 로부터 $\mathbb{Z}_n$ 에서 $k=0$, 즉 $n \mid k$ 이며 $\mathbb{Z}_m$ 에서 $k=0$, 즉 $m \mid k$ 이다.

n, m 이 서로소이므로 $nm \mid k$. 즉, $\mathbb{Z}_{nm}$ 에서 $k=0$ 이다.

따라서 $\ker(f) = \{0\}$, 함수f 는 단사이다.

④ f 는 전사(onto)이다.

$|\mathbb{Z}_{nm}| = |\mathbb{Z}_n \oplus \mathbb{Z}_m| = nm$ 이므로 f 가 단사이면 f 는 전사이다.

그러므로 f 는 환동형사상이며 환으로서 $\mathbb{Z}_{nm} \cong \mathbb{Z}_n \oplus \mathbb{Z}_m$ 이다.

$\gcd(n, m) = 1$ 일 때 $\gcd(x, nm) = 1$ 일 필요충분조건은

$\gcd(x, n) = \gcd(x, m) = 1$

이므로 $x \in \mathbb{Z}_{nm}^*$ 이면 $f(x) \in \mathbb{Z}_n^* \oplus \mathbb{Z}_m^*$ 이다.

$|\mathbb{Z}_{nm}^*| = \phi(nm) = \phi(n)\phi(m) = |\mathbb{Z}_n^* \oplus \mathbb{Z}_m^*|$ 이므로 $f(\mathbb{Z}_{nm}^*) = \mathbb{Z}_n^* \oplus \mathbb{Z}_m^*$

따라서 정의역-공역을 제한한 함수 $f : \mathbb{Z}_{nm}^* \to \mathbb{Z}_n^* \oplus \mathbb{Z}_m^*$ 는 전단사함수이며, 곱셈에 관한 군으로서 군동형사상이므로 $\mathbb{Z}_{nm}^* \cong \mathbb{Z}_n^* \oplus \mathbb{Z}_m^*$

02 순환군(Cyclic Group)과 위수(Order)

1. 생성원(Generator), 순환군(Cyclic Group)

S가 군 $(G, \cdot)$의 부분집합일 때, S를 포함하는 G의 모든 부분군 H들의 교집합은 G의 부분군을 이루며, 이 부분군을 S에 의해 생성된 G의 부분군이라 하고 $\langle S \rangle$로 표기한다. 이때, S의 원을 생성원(generator)이라 한다. 생성부분군의 원소는 구체적으로 다음과 같다.

[정리] $\langle S \rangle = \left\{ a_1^{\pm m_1} a_2^{\pm m_2} \cdots a_n^{\pm m_n} \mid a_1, \cdots, a_n \in S,\ m_i \in \mathbb{Z} \right\}$

한 개의 원소로 생성한 부분군을 다음과 같이 정의한다.

[정의] {순환부분군, 순환군}
군 $(G, \cdot)$가 단 하나의 원 g에 의하여 생성된 부분군을 $\langle g \rangle$라 쓰고, 이를 g로 생성된 순환부분군(cyclic subgroup)이라 한다.
군G의 적당한 원소a에 대하여 $G = \langle a \rangle$일 때, G를 순환군(cyclic group)이라 한다.

순환부분군은 다음과 같이 나타낼 수 있다.

[정리] $\langle g \rangle = \{ g^n \mid n \in \mathbb{Z} \}$ (단, $g^0 \equiv e$, $g^{-n} \equiv (g^{-1})^n$)

예를 들어, $\mathbb{Z} = \langle 1 \rangle = \langle -1 \rangle$이며, $\mathbb{Z}_n = \langle 1 \rangle$이므로 $\mathbb{Z}$와 $\mathbb{Z}_n$은 순환군이다.

[정리] 순환군은 가환군이다.

증명 순환군 $G = \langle a \rangle$의 임의의 두 원소는 적당한 정수k, l에 관하여 a^k, a^l으로 나타낼 수 있다.
$a^k a^l = a^{k+l} = a^{l+k} = a^l a^k$이므로 순환군$G$는 가환군이다.

위의 정리의 역은 성립하지 않는다. 예를 들어보자.
클라인 4-군이라 부르기도 하는 직적군 $\mathbb{Z}_2 \oplus \mathbb{Z}_2$의 4개의 원소로 생성하면
$\langle (0,0) \rangle = \{(0,0)\}$, $\langle (1,0) \rangle = \{(0,0), (1,0)\}$,
$\langle (0,1) \rangle = \{(0,0), (0,1)\}$, $\langle (1,1) \rangle = \{(0,0), (1,1)\}$
이므로 $\mathbb{Z}_2 \oplus \mathbb{Z}_2$는 순환군이 아니다.

2. 위수(Order)

군 G의 위수는 집합 G의 기수(cardinal number) $|G|$로 정의한다.
군 G의 원소 g의 위수(order)는 g 에 의하여 생성된 순환부분군 $\langle g \rangle$의 위수로 정의한다. 즉

[정의] {위수(order)} $|g| = |\langle g \rangle|$

특히, 각각 위의 집합들이 무한집합이면 무한위수(infinite order)라 한다.
군G의 원소a 의 위수(order)에 관한 몇 가지 성질을 알아보자.

[정리] a 가 군 G의 원소일 때, 다음이 성립한다.
(1) $|a| = n$일 필요충분조건은 $\langle a \rangle = \{e, a, \cdots, a^{n-1}\}$ (단, 모든 원소는 서로 다름), $a^n = e$ 인 것이다.
이때 n 은 $a^k = e$ 인 정수 k 중에서 가장 작은 양의 정수이다.
(2) $|a| = n$일 필요충분조건은 사상 $\phi : \mathbb{Z}_n \to \langle a \rangle$, $\phi(x) = a^x$는 동형사상이다.
(3) $|a| = \infty$일 필요충분조건은 사상 $\phi : \mathbb{Z} \to \langle a \rangle$, $\phi(x) = a^x$는 동형사상이다.
(4) a가 유한위수일 때, $a^m = e$ 일 필요충분조건은 $|a| \mid m$
(5) $|a| = n$일 때, $|a^k| = \dfrac{n}{\gcd(n, k)}$
(6) $|a| = n$일 때, $\langle a^k \rangle = \langle a^l \rangle$ 일 필요충분조건은 $\gcd(n, k) = \gcd(n, l)$
특히, $\langle a^k \rangle = \langle a^{\gcd(n, k)} \rangle$
(7) a, b는 유한 위수이며 $ab = ba$, $\langle a \rangle \cap \langle b \rangle = \{e\}$이면 $|ab| = \operatorname{lcm}(|a|, |b|)$
(8) 두 군 G_1, G_2의 직적군 $G_1 \times G_2$의 원소(x_1, x_2)에 대하여
$|(x_1, x_2)| = \operatorname{lcm}(|x_1|, |x_2|)$

증명 (1) ($\to$) 첫째, $a^m = e$ 인 양의 정수m이 있음을 보이자.
$|a| = n$ 즉, $\langle a \rangle$는 원소의 개수가 n개이며 $\{e, a, \cdots, a^n\} \subset \langle a \rangle$이므로 $\{e, a, \cdots, a^n\}$의 원소 중에 $a^k = a^l$ (단, $0 \le k < l \le n$)인 a^k, a^l이 있다.
이때, $a^k = a^l$ 이므로 $a^{l-k} = e$ 이며 $m = l - k$라 두면 $a^m = e$
둘째, 양수 m에 대하여 $a^m = e$이면 $\langle a \rangle = \{e, a, \cdots, a^{m-1}\}$임을 보이자.
$\{e, a, \cdots, a^{m-1}\} \subset \langle a \rangle$은 자명하다.
$\langle a \rangle$의 임의의 원소a^k에 대하여 k를 m으로 나누어 $k = mq + r$
(단, $0 \le r < m$, 정수q, r)이라 하면
$a^k = a^{mq+r} = (a^m)^q a^r = a^r \in \{e, a, \cdots, a^{m-1}\}$이므로
$\langle a \rangle = \{e, a, \cdots, a^{m-1}\}$

집합의 원소가 모두 다르다고 볼 수 없다.

셋째, $a^m = e$인 양의 정수 m중에서 최소 양의 정수가 n임을 보이자.
$a^m = e$인 양의 정수 m중에서 최소 양의 정수를 k라 하자. …… ①
$a^k = e$이므로 $\langle a \rangle = \{e, a, \cdots, a^{k-1}\}$
$\{e, a, \cdots, a^{k-1}\}$의 원소 중 $a^i = a^j$ (단, $0 \le i < j < k$)인 a^i, a^j이 있으면
$e = a^{j-i}$, $0 < j - i < k$ 가 되어 k의 조건 ①에 모순이다.

따라서 집합 $\{e, a, \cdots, a^{k-1}\}$ 의 원소는 서로 다른 원소들로 구성되어 있으며 $n = |\langle a \rangle| = |\{e, a, \cdots, a^{k-1}\}| = k$

그러므로 $|a| = n$ 이면 $\langle a \rangle = \{e, a, \cdots, a^{n-1}\}$ (단, 모든 원소는 서로 다름)이고 $a^n = e$ 이다.

(←) $\langle a \rangle = \{e, a, \cdots, a^{n-1}\}$ (단, 모든 원소는 서로 다름)이므로

$|a| = |\langle a \rangle| = n$

(2) (→) $|a| = n$ 이면 $\langle a \rangle = \{e, a, \cdots, a^{n-1}\}$ (단, 모든 원소는 서로 다름)이므로 사상 $\phi : \mathbb{Z}_n \to \langle a \rangle$, $\phi(x) = a^x$ 는 일대일 대응이다.

$x, y, z \in \mathbb{Z}_n$ 에 대하여 $x + y \equiv z \pmod n$ 이면 $x + y = z + nk$ 인 정수 k 가 있다.

$\phi(x)\phi(y) = a^x a^y = a^{x+y} = a^{z+nk} = a^z (a^n)^k = a^z = \phi(z)$

따라서 $\phi(x)\phi(y) = \phi(x+y)$

그러므로 ϕ 는 동형사상이다.

(←) ϕ 가 동형사상이면 $n = |\mathbb{Z}_n| = |a|$ 이다.

(3) (→) 첫째, $\phi(\mathbb{Z}) = \{a^x \mid x \in \mathbb{Z}\} = \langle a \rangle$. 즉, ϕ 는 전사사상이다.

둘째, 만약 $\phi(i) = \phi(j)$, $i < j$ 인 정수 i, j 가 있다고 가정하면 $a^i = a^j$, $e = a^{j-i}$ 가 되므로 $m = j - i$ 라 두면 $\langle a \rangle = \{e, a, \cdots, a^{m-1}\}$

조건 $|a| = \infty$ 에 모순이다. 따라서 ϕ 는 단사사상이다.

$|a| = \infty$ 이면 일 필요충분조건은 사상 $\phi : \mathbb{Z} \to \langle a \rangle$, $\phi(x) = a^x$ 는 동형사상이다.

셋째, $\phi(x)\phi(y) = a^x a^y = a^{x+y} = \phi(x+y)$

따라서 ϕ 는 동형사상이다.

(←) 사상 ϕ 가 동형사상이면 $\infty = |\mathbb{Z}| = |a|$ 이다.

(4) 위수 $|a| = n$ 라 두자.

(→) $a^m = e$ 일 때, $m = nq + r$ (단, $0 \le r < n$)인 정수 q, r 이 있으며

$e = a^m = a^{nq+r} = (a^n)^q a^r = a^r$

$0 \le r < n$ 이므로 $r = 0$, $m = nq$. 따라서 $|a| \,\Big|\, m$

(←) $|a| \,\Big|\, m$ 일 때, $m = nq$ 이며 $a^m = a^{nq} = (a^n)^q = e$

(5) a^k 의 위수를 m 이라 두면, $(a^k)^m = e$

$a^{km} = e$ 이므로 $n \,\Big|\, km$. 양변을 $\gcd(n, k)$ 로 나누면

$$\frac{n}{\gcd(n,k)} \,\Big|\, \frac{km}{\gcd(n,k)},\quad \frac{n}{\gcd(n,k)} \,\Big|\, \frac{k}{\gcd(n,k)} m$$

그런데 $\dfrac{n}{\gcd(n,k)}$, $\dfrac{k}{\gcd(n,k)}$ 는 서로소이므로 $\dfrac{n}{\gcd(n,k)} \,\Big|\, m$

$(a^k)^{n/\gcd(n,k)} = a^{kn/\gcd(n,k)} = (a^n)^{k/\gcd(n,k)} = e$ 이므로 $m \,\Big|\, \dfrac{n}{\gcd(n,k)}$

그러므로 $|a^k| = m = \dfrac{n}{\gcd(n,k)}$ 이다.

(6) ($\rightarrow$) $a^k \in \langle a^l \rangle$ 이므로 적당한 정수 s 가 있어서 $a^k = (a^l)^s = a^{ls}$,

$a^{ls-k} = e$. $a^{ls-k} = e$ 이므로 $ls - k = nt$ 인 정수 t 가 있다.

$k = ls - nt$ 이므로 $\gcd(n, l) \mid k$

또한 $\gcd(n, l) \mid n$ 이므로 $\gcd(n, l) \mid \gcd(n, k)$

$a^l \in \langle a^k \rangle$ 이므로 위와 같은 방법을 적용하면 $\gcd(n, k) \mid \gcd(n, l)$

따라서 $\langle a^k \rangle = \langle a^l \rangle$ 이면 $\gcd(n, k) = \gcd(n, l)$

($\leftarrow$) $\gcd(n, k) = \gcd(n, l) = d$ 라 두면

$d \mid k$ 이므로 $a^k \in \langle a^d \rangle$ 이며 $\langle a^k \rangle \subset \langle a^d \rangle$

적당한 정수 s, t 에 대하여 $d = ns + kt$ 이며 $a^d = a^{ns+kt} = (a^k)^t \in \langle a^k \rangle$

이므로 $\langle a^d \rangle \subset \langle a^k \rangle$. 따라서 $\langle a^k \rangle = \langle a^d \rangle$

같은 방법으로 $\gcd(n, l) = d$ 이므로 $\langle a^l \rangle = \langle a^d \rangle$

따라서 $\gcd(n, k) = \gcd(n, l) = d$ 이면 $\langle a^k \rangle = \langle a^l \rangle = \langle a^d \rangle$

특히, $d = \gcd(n, k)$ 이면 $\gcd(n, k) = \gcd(n, d)$ 이므로 $\langle a^k \rangle = \langle a^d \rangle$

(7) $M = |ab|$, $L = \text{lcm}(|a|, |b|)$ 라 두자.

$ab = ba$ 이므로 $(ab)^L = a^L b^L$. $|a| \Big| L$, $|b| \Big| L$ 이므로 $a^L = e$, $b^L = e$

따라서 $(ab)^L = e$ 이며 $M \Big| L$

또한 $(ab)^M = e$ 이며, $a^M b^M = e$, $a^M = b^{-M}$

$a^M \in \langle a \rangle$, $b^{-M} \in \langle b \rangle$, $\langle a \rangle \cap \langle b \rangle = \{e\}$ 이므로 $a^M = b^{-M} = e$

따라서 $|a| \Big| M$, $|b| \Big| M$ 이며 $L \Big| M$

그러므로 (1), (2)에 의하여 $M = L$ 즉, $|ab| = \text{lcm}(|a|, |b|)$ 이 성립한다.

(8) 원소 (x_1, x_2) 에 대하여 $a = (x_1, e)$, $b = (e, x_2)$ 라 두면

$ab = (x_1, x_2) = ba$ 이며,

$\langle a \rangle = \{(x_1^k, e) \mid k \in Z\}$, $\langle b \rangle = \{(e, x_2^k) \mid k \in Z\}$ 을 비교하면

$\langle a \rangle \cap \langle b \rangle = \{(e, e)\}$ 이다.

$|a| = |x_1|$, $|b| = |x_2|$ 이므로 $|(x_1, x_2)| = \text{lcm}(|x_1|, |x_2|)$

이 정리에서 군 G 이 연산에 덧셈에 관한 가환군 $(G, +)$ 인 경우

$$a^m = aa \cdots a \ \rightarrow \ m \cdot a = a + a + \cdots + a$$

와 같이 바꿔서 표기해야 한다.

앞의 정리에 의하여, 군의 원소가 유한위수를 갖는 경우 위수를 구하려면 $g \in G$ 에 대하여 $g^n = e$ 인 최소의 양의 정수 n 을 구하면 된다.

① 법 n 에 관한 기약 잉여류들의 집합 $\mathbb{Z}_n^* = \{a \in \mathbb{Z}_n \mid \gcd(a, n) = 1\}$ 은 잉여류의 곱셈에 군을 이루며 원소 a 의 위수는 $a^r \equiv 1 \pmod{n}$ 인 최소의 자연수 r 을 구하면 된다.

② $k \in \mathbb{Z}_n$ 일 때, k 는 1 을 k 회 덧셈연산을 반복한 원소 $k = k \cdot 1$ 이다.

따라서 위수 $|1| = n$ 이므로 $|k| = |k \cdot 1| = \dfrac{n}{\gcd(n, k)}$

③ $\mathbb{Z}_m \oplus \mathbb{Z}_n$ 의 원소(x, y)에 대하여

$$|(x, y)| = \mathrm{lcm}(|x|, |y|) = \mathrm{lcm}\left(\frac{m}{\gcd(m,x)}, \frac{n}{\gcd(n,y)}\right)$$

④ n 차 대칭군S_n 의 원소-치환은 순환치환들로 분해한 후 다음과 같이 위수를 계산할 수 있다.

㉠ 길이가 n 인 순환치환 $(i_1 i_2 i_3 \cdots i_n)$의 위수는 n 이다.

㉡ $\{k \mid \sigma(k) \neq k\} \cap \{k \mid \tau(k) \neq k\} = \varnothing$ 일 때, 두 치환σ, τ를 서로소라 하며, 서로소인 두 치환 σ, τ에 대하여 $|\sigma\tau| = \mathrm{lcm}(|\sigma|, |\tau|)$

위의 정리에서 다음 명제를 얻는다.

[정리] 모든 순환군은 $\mathbb{Z}$ 또는 $\mathbb{Z}_n$ 중의 하나와 동형(isomorphic)이다.

부분군의 위수에 관하여 다음과 같은 정리가 성립한다.

[Lagrange 정리] 유한군 G의 부분군 H에 대하여 $|H| \,\big|\, |G|$

이 정리는 다음 절에서 설명할 잉여류의 성질을 이용하여 증명할 수 있다.

순환군의 부분군에 관하여 다음 특징이 있다.

[정리] 순환군의 부분군은 순환군이다.

증명 군G는 g가 생성원인 순환군이라 하고, H를 G의 부분군이라 하자.
그러면 $G = \{g^n : n \in Z\}$이다.
$H = \{e\}$이면, H는 순환군이므로 자명하다. (단, e는 G의 항등원)
$H \neq \{e\}$이라 하자. 그러면 적당한 양의 정수k에 대하여 $g^k \in H$가 성립하는 k가 존재한다. 따라서 $m = \min\{k > 0 : g^k \in H\}$인 m이 존재한다.
그리고 $g^m \in H$이다.
따라서 g^m로 생성된 순환부분군 $\langle g^m \rangle$은 H의 부분군이다.
또한 $h \in H$이라 하면 $H \subset G$이므로, 적당한 정수n에 대하여 $h = g^n$이다.
이제 n을 m으로 나누면 $n = mq + r \ (0 \le r < m)$이라 하자.
이때, $g^n = h \in H$이며 $g^m \in H$이므로 $g^r = g^{n-mq} = g^n (g^m)^{-q} \in H$이다.
그런데, $0 < r < m$이면 m의 정의에 위배된다. 따라서 $r = 0$
즉, $n = mq$이며 $h = g^n = (g^m)^q \in \langle g^m \rangle$이다.
그러므로 $H = \langle g^m \rangle$, H는 순환군이다.

예제 1 다음과 같이 제시된 군의 각 원소의 위수(order)를 구하시오.

㉠ $j \in \{\pm 1, \pm \mathrm{i}, \pm \mathrm{j}, \pm \mathrm{k}\}$　　㉡ $12 \in \mathbb{Z}_{100}$

㉢ 치환 $\sigma = (1\,2\,3)(2\,4\,3\,5)$　　㉣ $(24, 56) \in \mathbb{Z}_{100} \oplus \mathbb{Z}_{100}$

풀이 ㉠ $j \neq 1$, $j^2 = -1 \neq 1$, $j^3 = -j \neq 1$, $j^4 = 1$ 이므로 위수 $|j| = 4$

㉡ 위수 $|12| = \dfrac{100}{\gcd(100, 12)} = \dfrac{100}{4} = 25$

㉢ $(1\,2\,3)(2\,4\,3\,5) = (1\,2\,4)(3\,5)$ 이므로 위수 $|\sigma| = \mathrm{lcm}(3, 2) = 6$

㉣ $|(24, 56)| = \mathrm{lcm}(|24|, |56|) = \mathrm{lcm}\left(\dfrac{100}{\gcd(100,24)}, \dfrac{100}{\gcd(100,56)}\right)$

$= \mathrm{lcm}(25, 25) = 25$

예제 2 ① Abel군 $\mathbb{Z}_{100}$ 에서 위수가 20 인 원소의 개수를 구하시오.
② 직적군$\mathbb{Z}_{100} \oplus \mathbb{Z}_{100}$ 에서 위수가 25 인 원소의 개수를 구하시오.

풀이 ① $|x| = \dfrac{100}{\gcd(100, x)} = 20$ 라 하면 $\dfrac{100}{20} = \gcd(100, x)$, $5 \mid x$ 이므로

$x = 5k$

$20 = |5k| = \dfrac{100}{\gcd(100, 5k)} = \dfrac{100}{5 \times \gcd(20, k)} = \dfrac{20}{\gcd(20, k)}$ 이므로

$\gcd(20, k) = 1$

따라서 $\mathbb{Z}_{100}$ 의 위수 20인 원소 $x = 5k$ (단, $0 \leq k < 20$, $\gcd(20, k) = 1$)이며,

조건에 맞는 $5k$ 들의 개수는 $\varphi(20) = \varphi(2^2)\varphi(5) = 2 \times 4 = 8$ (개)

② 위의 풀이 ①을 일반화하면 $\mathbb{Z}_{100}$ 에서 위수$=k \mid 100$ 인 원소는 $\varphi(k)$ (개) 있다.

$|(x, y)| = \mathrm{lcm}(|x|, |y|) = 25$ 라 하면

$(|x|, |y|) = (25, 25), (25, 5), (25, 1), (5, 25), (1, 25)$

$(|x|, |y|) = (25, 25)$ 이면 x 와 y 는 각각 $\varphi(25)$ (개) 있으므로

(x, y) 는 $\varphi(25) \times \varphi(25)$ (개)

같은 방법으로 $(|x|, |y|) = (25, 5)$ 이면 (x, y) 는 $\varphi(25) \times \varphi(5)$ (개)이며,

$(|x|, |y|) = (25, 1)$ 이면 (x, y) 는 $\varphi(25) \times \varphi(1)$ (개)

그리고 x, y 순서를 바꿔도 같다.

따라서 위수 25인 원소는

$\varphi(25)^2 + 2\varphi(25)\varphi(5) + 2\varphi(25)\varphi(1) = (5^2)^2 - (5^2)^1 = 600$ (개)

예제 3 ① $\gcd(n, m) = 1$ 이면 직적군 $\mathbb{Z}_n \oplus \mathbb{Z}_m \cong \mathbb{Z}_{nm}$ 임을 보이시오.
② $\gcd(n, m) \neq 1$ 이면 직적군 $\mathbb{Z}_n \oplus \mathbb{Z}_m$ 은 순환군이 아님을 보이시오.

풀이 ① $|(1, 1)| = \mathrm{lcm}(|1|, |1|) = \mathrm{lcm}(n, m) = nm$ 이므로

$\mathbb{Z}_n \oplus \mathbb{Z}_m = \langle (1, 1) \rangle$

따라서 $\gcd(n, m) = 1$ 이면 $\mathbb{Z}_n \oplus \mathbb{Z}_m$ 는 위수nm 인 순환군이며

$\mathbb{Z}_n \oplus \mathbb{Z}_m \cong \mathbb{Z}_{nm}$

② 모든 원소 (k,l) 는 $|(k,l)| = \mathrm{lcm}(|k|,|l|) \,\Big|\, \mathrm{lcm}(n,m) < nm$ 이므로

$\mathbb{Z}_n \oplus \mathbb{Z}_m \neq \langle (k,l) \rangle$

따라서 $\gcd(n, m) \neq 1$ 이면 $\mathbb{Z}_n \oplus \mathbb{Z}_m$ 는 순환군이 아니다.

예제 4 ① 군 $\mathbb{Z}_n$ 의 원소 중 위수(order)가 m 인 원소의 개수를 구하시오.
② 위수가 m 인 부분군의 개수를 구하시오. (단, $m \mid n$)

풀이 ① 순환군 $\mathbb{Z}_n$ 의 원소 a 의 위수가 $n / \gcd(n,a)$ 이므로 a 의 위수가 m 이려면 $d = n/m$ 라 할 때, $\gcd(n,a) = d$ 이다.

또한 $d \mid a$ 이므로 $a = kd$ 이며 $d = \gcd(n,a) = d\gcd(m,k)$ 로부터 $\gcd(m,k) = 1$ 이다.

따라서 위수 m인 원소 a 는 $a = kd$, $\gcd(m,k) = 1$ $(0 \le k \le m-1)$ 를 만족한다.

이러한 k 는 $\varphi(m)$ 개 존재하므로 원소 a 도 $\varphi(m)$ 개 존재한다.

따라서 위수가 m 인 원소 a 는 $\dfrac{n}{m}k$ $(\gcd(m,k) = 1)$이며, $\varphi(m)$ 개 존재한다.

② 이제 위수 m 인 부분군을 조사하자.

$H_0 = \left\langle \dfrac{n}{m} \right\rangle$ 라 두면 $|H_0| = \left|\dfrac{n}{m}\right| = \dfrac{n}{\gcd(n, n/m)} = m$ 이므로 H_0 는 위수m 인 부분군이다.

따라서 위수 m인 부분군이 적어도 하나 존재한다.

H를 위수 m인 임의의 부분군이라 하자.

$x \in H$ 라 하면 $|x| = \dfrac{n}{\gcd(n,x)} \,\Big|\, m$ 이며 $\dfrac{n}{m} \,\Big|\, \gcd(n,x) \,\Big|\, x$ 이므로

$x = \dfrac{n}{m}k$ 라 쓸 수 있고 $x = \dfrac{n}{m}k \in \left\langle \dfrac{n}{m} \right\rangle = H_0$ 이다. 따라서 $H \subset H_0$

또한 $|H| = m = |H_0|$ 이므로 $H = H_0$

따라서 위수 m인 부분군은 H_0 하나 뿐이다. 즉, 위수 m인 부분군은 유일하다.

그러므로 순환군의 위수 n의 약수 m마다 부분군이 1개씩 존재하며, 위수 n의 양의 약수의 개수와 부분군의 개수는 같다.

예제 5 유한군 G 에 대하여 $|G| \ge 2$ 이면, 군 $G \times G$ 는 순환군이 아님을 보이시오.

풀이 $G \times G$ 의 임의의 원소(a,b) 에 대하여 $(a,b) = (a,e) \cdot (e,b) = (e,b) \cdot (a,e)$ 이며, $\langle (a,e) \rangle \cap \langle (e,b) \rangle = \{(e,e)\}$ 이므로

$|(a,b)| = \mathrm{lcm}(|(a,e)|, |(e,b)|) = \mathrm{lcm}(|a|, |b|)$

라그랑주 정리(4절 정규부분군 참조)에 의하여 $|a|$ 와 $|b|$ 는 $|G|$ 의 약수이므로 $\mathrm{lcm}(|a|,|b|)$ 도 $|G|$ 의 약수이다.

따라서 $|(a,b)|$ 는 $|G|$ 의 약수이다.

$|G| \ge 2$ 이므로 $|G \times G| = |G|^2 > |G|$ 이다.

그러므로 임의의 원소 (a,b) 에 대하여 $|(a,b)| < |G \times G|$ 이며,

$G \times G = \langle (a,b) \rangle$ 인 원소는 존재하지 않는다.

즉, $G \times G$ 는 순환군이 아니다.

예제 6 다음과 같이 제시된 비가환군의 각 원소의 위수(order)를 구하시오.

㉠ 군GL$(2;\mathrm{R})$의 세 원소 $A=\begin{pmatrix}0&1\\-1&0\end{pmatrix}$, $B=\begin{pmatrix}0&-1\\1&1\end{pmatrix}$, $AB=\begin{pmatrix}1&1\\0&1\end{pmatrix}$의 위수

㉡ $G=\langle a,b\rangle$, $a\neq e$, $|b|=7$, $bab^{-1}=a^2$ 일 때, a 의 위수

풀이 ㉠ $A^2=\begin{pmatrix}-1&0\\0&-1\end{pmatrix}$, $A^4=\begin{pmatrix}1&0\\0&1\end{pmatrix}$ 이므로 A의 위수는 4

$B^2=\begin{pmatrix}-1&-1\\1&0\end{pmatrix}$, $B^3=\begin{pmatrix}-1&0\\0&-1\end{pmatrix}$, $B^6=\begin{pmatrix}1&0\\0&1\end{pmatrix}$ 이므로 B의 위수는 6

$1\leq n$ 이면 $(AB)^n=\begin{pmatrix}1&n\\0&1\end{pmatrix}\neq\begin{pmatrix}1&0\\0&1\end{pmatrix}$ 이므로 AB는 무한(∞) 위수

㉡ $b^{n+1}ab^{-n-1}=b^n(bab^{-1})b^{-n}=b^na^2b^{-n}=(b^nab^{-n})^2$ 이므로

$b^7ab^{-7}=(b^6ab^{-6})^2=(b^5ab^{-5})^4=(b^4ab^{-4})^8=(b^3ab^{-3})^{16}$

$=(b^2ab^{-2})^{32}=(bab^{-1})^{64}=a^{128}$

$b^7=e$ 이므로 $a=a^{128}$, $e=a^{127}$. 즉, $|a|$ 는 127의 약수

$a\neq e$ 이며 127은 소수이므로 $|a|=127$

예제 7 모든 원소의 위수가 홀수인 군 G 의 모든 두 원소 a,b 에 대하여 $(ab)^2=(ba)^2$ 이면 G 는 가환군임을 보이시오.

풀이 주어진 식에 $b=a^{-1}c$ 라 대입하면 $c^2=(a^{-1}ca)^2=a^{-1}c^2a$ 이므로

$ac^2=c^2a$

$|c|=2n-1$ 이라 두면 $c^{2n}=c^{2n-1}c=c$

$a(c^n)^2=(c^n)^2a$, $ac^{2n}=c^{2n}a$, $ac=ca$

따라서 군 G 는 가환군이다.

예제 8 유한군 G 에서 모든 양의 정수 m 에 대하여 $x^m=e$ 을 만족하는 x 가 m 개 이하 이면 순환군임을 보이시오.

풀이 군 G 의 위수를 n 이라 두면 라그랑주정리에 의해 군 G 의 모든 원소의 위수는 n 의 약수이다.

위수가 m 인 원소들의 집합을 $O(m)=\{x:|x|=m\}$,

$x^m=e$ 의 해집합 $S(m)=\{x\mid x^m=e\}$ 라 두자.

이때 $G=\bigcup_{m|n}O(m)=\bigcup_{m|n}S(m)$, $O(m)\subset S(m)$ 이 성립한다.

$m\,\Big|\,n$ 일 때 G 에서 $S(m)$ 은 위수 m 인 모든 원소를 포함한다.

위수 m 인 원소 a 가 존재하면 $(a^r)^m=(a^m)^r=e$ 이므로 $\langle a\rangle\subset S(m)$

문제의 조건에 의하여 $|S(m)|\leq m$ 이며 $m=|\langle a\rangle|$ 이므로 $\langle a\rangle=S(m)$

이때 $O(m)\subset S(m)$ 이므로 $O(m)\subset\langle a\rangle$. 따라서 $|O(m)|=\phi(m)$

위수 m 인 원소 a 가 존재하지 않으면 $|O(m)|=0$

따라서 모든 양의 정수 m 에 관하여 $|O(m)|\leq\phi(m)$

$n=|G|\leq\sum_{m|n}|O(m)|\leq\sum_{m|n}\phi(m)=n$ 이므로 $|O(m)|=\phi(m)$

$|O(n)|=\phi(n)\geq 1$ 이므로 위수 n 인 원소가 존재한다.

그러므로 군 G 는 순환군이다.

03 유한생성 가환군의 분류

1. 군의 내직적(Internal Direct Product)

군$(G,\cdot)$의 두 부분군 H, K의 합집합으로 생성된 부분군 $\langle H\cup K\rangle$을 H,K의 결합(join)이라 하고 $H\vee K$로 쓴다.
두 부분군H, K의 곱을 $HK\equiv\{hk : h\in H, k\in K\}$으로 정의하며,
$HK\subset H\vee K$이며 HK는 부분군이 아닌 경우도 있으며 이 경우
$HK\neq H\vee K$이다.
덧셈연산에 관한 가환군$(G,+)$의 경우 HK를 $H+K$으로 쓴다.
즉, $H+K=\{h+k : h\in H, k\in K\}$
경우에 따라 HK는 부분군이 될 수도 있다. 이 경우 $HK=H\vee K$이다.

[정리] HK가 부분군일 필요충분조건은 $KH=HK$인 것이다.
이때, $HK=H\vee K$이다.

증명 $(\rightarrow)$ $H, K\subset HK$이며 HK가 부분군이므로 $KH\subset HK$
$a\in HK$이면 HK가 부분군이므로 $a^{-1}\in HK$이며 $a^{-1}=hk$인 $h\in H, k\in K$가 존재한다.
따라서 $a=k^{-1}h^{-1}\in KH$. 그러므로 $KH=HK$
$(\leftarrow)$ 항등원$e\in H, e\in K$이므로 $e\in HK$
$h_1k_1, h_2k_2\in HK$에 대하여 $k_1h_2\in KH=HK$이므로 $k_1h_2=h'k'$인
$h'\in H, k'\in K$가 존재한다. 따라서 $(h_1k_1)(h_2k_2)=h_1h'k'k_2\in HK$이다.
$hk\in HK$에 대하여 $(hk)^{-1}=k^{-1}h^{-1}\in KH=HK$이다.
그러므로 HK는 부분군이다.

부분집합HK의 원소의 개수를 세는 방법으로 다음 공식이 있다.

[정리] 군G의 두 부분군H, K에 관하여 $|H|\times|K|=|HK|\times|H\cap K|$이다.

증명 곱집합$H\times K$에서 HK로의 함수f를 $f(h,k)=hk$로 정의하면, f는 전사함수이다.
임의의 $hk\in HK$에 대하여 $A=\{(a,b)\in H\times K \mid f(a,b)=ab=hk\}$라 하자.
이때, 함수$g : H\cap K\to A$를 $g(x)=(hx^{-1}, xk)$라 정의하면,
$(hx^{-1})(xk)=h(x^{-1}x)k=hk$이며, $hx^{-1}\in H$, $xk\in K$이므로
g는 잘 정의된 사상이다.
(Ⅰ) $(a,b)\in A$라 하면 $ab=hk$이므로 $bk^{-1}=a^{-1}h$이다.
그리고 $K\ni bk^{-1}=a^{-1}h\in H$이므로 $bk^{-1}=a^{-1}h\in H\cap K$
이때, $bk^{-1}=a^{-1}h=x$라 두면 $x\in H\cap K$이며,
$(a,b)=(hx^{-1}, xk)=g(x)$이므로 g는 전사이다.

(2) $g(x_1)=g(x_2)$ 라 두면, $hx_1^{-1}=hx_2^{-1}$, $x_1k=x_2k$ 이므로 $x_1=x_2$ 이다. 따라서 g 는 단사이다.

(1), (2)로부터 g 는 전단사이므로 $|A|=|H\cap K|$ 이다.

그러므로 임의의 $hk\in HK$에 대하여 $f(a,b)=hk$가 성립하는 (a,b) 의 개수는 항상 $|H\cap K|$ 개로 일정하다.

따라서 $H\times K$의 원소의 개수는 HK의 원소의 개수의 $|H\cap K|$ 배이므로

$$|H|\times|K|=|HK|\times|H\cap K|$$

위의 공식을 $|HK|=\dfrac{|H|\times|K|}{|H\cap K|}$ 으로 쓸 수 있다.

또한 위의 공식을 덧셈연산에 관한 가환군$(G,+)$에 적용하면

$$|H+K|=\frac{|H|\times|K|}{|H\cap K|}$$

[정리] 군G의 두 부분군 H, K에 대하여 다음 세 조건이 성립하면 $G\cong H\times K$이다.

(1) $G=HK$

(2) $H\cap K=\{e\}$

(3) $hk=kh$, $h\in H$, $k\in K$

증명 사상 $\phi: H\times K\to G$, $\phi(x,y)=xy$ 라 정의하자.

(1) $(a,b),(c,d)\in H\times K$에 대하여

$\phi(a,b)\phi(c,d)=(ab)(cd)=abcd$

$\phi((a,b)(c,d))=\phi(ac,bd)=(ac)(bd)=acbd$

조건 (3)을 이용하여 $cb=bc$, $acbd=abcd$

따라서 $\phi(a,b)\phi(c,d)=\phi((a,b)(c,d))$ 이며 ϕ 는 준동형사상이다.

(2) $\mathrm{Im}(\phi)=\phi(H\times K)=HK=G$ 이므로 ϕ 는 전사사상이다.

(3) $(a,b)\in H\times K$에 대하여 $\phi(a,b)=ab=e$ 이라 하면

$H\ni a=b^{-1}\in K$ 이며 조건 (2)에 의하여 $a=b^{-1}=e$ 이며

$(a,b)=(e,e)$ 이므로 ϕ 는 단사사상이다.

그러므로 ϕ 는 군동형사상이며 $G\cong H\times K$ 이다.

덧셈에 관한 아벨군일 때, $G\cong H\oplus K$라 쓰기도 한다.

자명하지 않은 군G가 자신의 어떠한 두 진부분군의 직적(direct product)과 같지 않을 때, G를 기약군(indecomposable group)이라 한다.

기약군의 예로서 소수p 일 때 $(\mathbb{Z}_p,+)$, $(\mathbb{Z},+)$, $(\mathbb{Q},+)$를 들 수 있다.

2. 순환군의 직합에 관한 성질

순환군$\mathbb{Z}_n$ 들의 직합과 관련하여 다음 성질들이 성립한다.

① $\gcd(n,m)=1 \leftrightarrow \mathbb{Z}_{nm} \cong \mathbb{Z}_n \oplus \mathbb{Z}_m$

② $\gcd(n,m)=1 \leftrightarrow$ 단원군(unit group) $\mathbb{Z}_{nm}^* \cong \mathbb{Z}_n^* \oplus \mathbb{Z}_m^*$

③ $r \geq 2$ 일 때, 단원군(unit group) $\mathbb{Z}_{2^r}^* \cong \mathbb{Z}_2 \oplus \mathbb{Z}_{2^{r-2}}$

④ p 가 2보다 큰 소수일 때, 단원군(unit group)

$$\mathbb{Z}_{p^r}^* \cong \mathbb{Z}_{\phi(p^r)},\ \phi(p^r) = p^r - p^{r-1}$$

①, ②, ③, ④를 적용하여 다음 정리를 증명하자.

[정리] 단원군 $\mathbb{Z}_n^*$ 이 순환군이 되기 위한 필요충분조건은
$n = 2, 4, p^m, 2p^m$ (단, p 는 3 이상의 소수, $m \geq 1$)

증명 위에서 제시한 성질을 이용하여 증명하자.

n 의 소인수분해를 $n = 2^{m_0} \times p_1^{m_1} \times \cdots \times p_k^{m_k}$ (단, p_i 는 3이상의 소수)라 하면

$$\mathbb{Z}_n^* \cong \mathbb{Z}_{2^{m_0}}^* \oplus \mathbb{Z}_{p_1^{m_1}}^* \oplus \cdots \oplus \mathbb{Z}_{p_k^{m_k}}^* \quad (\because ②)$$

첫째, $m_0 \geq 3$ 인 경우, $\mathbb{Z}_{2^{m_0}}^* \cong \mathbb{Z}_2 \oplus \mathbb{Z}_{2^{m_0-2}}$ 는 순환군이 아니므로 $\mathbb{Z}_n^*$ 는 순환군이 아니다.

둘째, $n=2$ 인 경우 $\mathbb{Z}_2^* \cong \{0\}$ 이므로 순환군이다.

셋째, $m_0 = 2$ 인 경우

$$\mathbb{Z}_n^* \cong \mathbb{Z}_{2^{m_0}}^* \oplus \mathbb{Z}_{p_1^{m_1}}^* \oplus \cdots \oplus \mathbb{Z}_{p_k^{m_k}}^* \cong \mathbb{Z}_2 \oplus \mathbb{Z}_{\phi(p_1^{m_1})} \oplus \cdots \oplus \mathbb{Z}_{\phi(p_k^{m_k})}$$

이며, 순환군이기 위한 필요충분조건은 p_i 가 없는 것이다.

즉, $n=4$

넷째, $m_0 = 0, 1$ 인 경우, $\mathbb{Z}_{2^{m_0}}^* \cong \{0\}$ 이므로

$$\mathbb{Z}_n^* \cong \mathbb{Z}_{2^{m_0}}^* \oplus \mathbb{Z}_{p_1^{m_1}}^* \oplus \cdots \oplus \mathbb{Z}_{p_k^{m_k}}^* \cong \mathbb{Z}_{\phi(p_1^{m_1})} \oplus \cdots \oplus \mathbb{Z}_{\phi(p_k^{m_k})}$$

$\phi(p_i^{m_i})$ 들은 모두 짝수 즉, 2의 배수이므로 $k \geq 2$ 이면 순환군이 아니다.

즉, $\mathbb{Z}_n^*$ 이 순환군이기 위한 필요충분조건은 p_i 는 단 하나 만 있는 것이다.

3 이상의 소수p 에 관하여 $n = p^m, 2p^m$ 이 되어야 한다.

따라서 $\mathbb{Z}_n^*$ 가 순환군이 되기 위한 필요충분조건은 $n = 2, 4, p^m, 2p^m$ (단, p 는 3 이상의 소수, $m \geq 1$)이다.

예제 1 정수 a, b의 최대공약수가 d일 때, 정수군 $\mathbb{Z}$의 두 부분군 $\langle a \rangle$, $\langle b \rangle$에 대하여 $\langle a \rangle + \langle b \rangle = \langle d \rangle$ 임을 보여라.

풀이 임의의 정수 n, m에 대하여 d가 $an+bm$을 나누므로
$an+bm \in \langle d \rangle$ 이다.
유클리드의 호제법에 의하여 $an+bm=d$ 인 정수 n,m이 존재하므로
$d \in \langle a \rangle + \langle b \rangle$
따라서 $\langle a \rangle + \langle b \rangle = \langle d \rangle$

예제 2 다음 명제를 증명하시오.
(1) $n \geq 1$ 일 때, $3^{2^n}+1 \equiv 0 \pmod 2$, $3^{2^n}+1 \not\equiv 0 \pmod 4$
(2) $n \geq 1$ 일 때, $3^{2^n} \equiv 1 \pmod{2^{n+2}}$, $3^{2^{n-1}} \not\equiv 1 \pmod{2^{n+2}}$
(3) $n \geq 1$ 일 때, $\mathbb{Z}^*_{2^{n+2}} \cong \mathbb{Z}_2 \oplus \mathbb{Z}_{2^n}$

풀이 (1) $3^{2^n}+1 \equiv 1^{2^n}+1 \equiv 2 \equiv 0 \pmod 2$ 이므로 $2 \mid 3^{2^n}+1$

$3^{2^n}+1 \equiv (-1)^{2^n}+1 \equiv 2 \not\equiv 0 \pmod 4$ 이므로 $2^2 \nmid 3^{2^n}+1$

(2) $n=1$ 일 때, $2^3 \mid 3^2-1$, $2^3 \nmid 3^1-1$

$n=k$ 일 때, $2^{k+2} \mid 3^{2^k}-1$, $2^{k+2} \nmid 3^{2^{k-1}}-1$라 가정하자.

$n=k+1$ 일 때, $3^{2^{k+1}}-1=\left(3^{2^k}-1\right)\left(3^{2^k}+1\right)$ 이므로 $2^{k+3} \mid 3^{2^{k+1}}-1$

만약 $2^{k+3} \mid 3^{2^k}-1$ 이라면 $2^{k+2} \mid 3^{2^{k-1}}-1$ 이므로 모순

따라서 $2^{k+3} \nmid 3^{2^k}-1$

(3) $\mathbb{Z}^*_{2^{n+2}} = \{1, 3, 5, \cdots, 2^{n+2}-1\}$

위의 (2)로부터 $3^{2^n} \equiv 1 \pmod{2^{n+2}}$, $3^{2^{n-1}} \not\equiv 1 \pmod{2^{n+2}}$
따라서 단원군 $\mathbb{Z}^*_{2^{n+2}}$ 에서 위수 $\text{ord}(3)=2^n$ 이며, $\langle 3 \rangle \cong \mathbb{Z}_{2^n}$
또한 위수 $\text{ord}(-1)=2$ 이므로 $\langle -1 \rangle \cong \mathbb{Z}_2$
위의 (1)로부터 $3^{2^n} \not\equiv -1 \pmod{2^{n+2}}$ 이므로 $\langle -1 \rangle \cap \langle 3 \rangle = \{1\}$
$\langle -1 \rangle \cap \langle 3 \rangle = \{1\}$ 이므로 $|\langle -1 \rangle \cdot \langle 3 \rangle| = |\mathbb{Z}^*_{2^{n+2}}|$
따라서 $\langle -1 \rangle \cdot \langle 3 \rangle = \mathbb{Z}^*_{2^{n+2}}$ 이며 $\mathbb{Z}^*_{2^{n+2}} \cong \langle -1 \rangle \oplus \langle 3 \rangle \cong \mathbb{Z}_2 \oplus \mathbb{Z}_{2^n}$
그러므로 $n \geq 1$ 일 때, $\mathbb{Z}^*_{2^{n+2}} \cong \mathbb{Z}_2 \oplus \mathbb{Z}_{2^n}$

위의 증명으로부터 $\mathbb{Z}^*_{2^{n+2}}$ 의 모든 원소는 $\pm 3^k$ 으로 나타낼 수 있다.

3. 유한생성 가환군(Abel군)의 기본정리

유한개의 생성원들로 생성한 아벨군(가환군)을 유한생성 아벨군이라 한다. 모든 유한생성 아벨군는 군-동형을 판단할 수 있다.

[유한생성 아벨군의 기본(분류)정리]
모든 유한생성 Abel군 G는 다음과 같은 두 가지 유형의 순환군들의 직합과 동형이다.
$G \cong \mathbb{Z}_{n_1} \oplus \mathbb{Z}_{n_2} \oplus \cdots \oplus \mathbb{Z}_{n_m} \oplus \mathbb{Z} \oplus \cdots \oplus \mathbb{Z} \qquad n_1 \mid n_2 \mid \cdots \mid n_m,\ n_1 > 1$
$G \cong \mathbb{Z}_{p_1^{r_1}} \oplus \mathbb{Z}_{p_2^{r_2}} \oplus \cdots \oplus \mathbb{Z}_{p_k^{r_k}} \oplus \mathbb{Z} \oplus \cdots \oplus \mathbb{Z}$ p_i 는 소수
또한 위의 두 유형으로 나타낼 때, n_i , $p_i^{r_i}$ 들은 유일하게 결정된다.

위의 분해에서 $n_1, n_2, \cdots, n_m$ 를 '비틀림계수(torsion coefficients)' 또는 '불변인자(invariant factors)'라 하며, $p_i^{r_i}$ 들을 '단인자(primary factors)'라 한다. 또한 $\mathbb{Z} \oplus \cdots \oplus \mathbb{Z}$ 에서 $\mathbb{Z}$ 인자의 개수를 '베티 수(Betti number)' 또는 '계수(rank)'라 한다.

유한생성 Abel군 G의 원소들 중 위수가 유한인 원소들의 집합은 부분군을 구성하며 이 부분군을 비틀림 부분군(torsion subgroup)이라 하고, 위의 경우 $\mathbb{Z}_{n_1} \oplus \mathbb{Z}_{n_2} \oplus \cdots \oplus \mathbb{Z}_{n_m}$ 이 비틀림 부분군이다. 특히 비틀림 부분군이 자명(trivial)한 부분군 일 때, 비틀림이 없는(torsion-free)군이라 한다.

불변인자, 단인자, 계수(rank)등은 모두 유한생성 아벨군의 군-동형에 관한 불변적 성질이다.

즉, 두 유한생성 아벨군이 동형일 필요충분조건이 계수(rank)와 불변인자(또는 단인자)가 같은 것이다.

정리 【$\mathbb{Z}_n \oplus \mathbb{Z}_m \cong \mathbb{Z}_{nm} \leftrightarrow \gcd(n, m) = 1$】를 이용하면 불변인자와 단인자를 구할 수 있다.

예를 들어, 아벨군 $\mathbb{Z}_{300} \oplus \mathbb{Z}_{450}$ 의 불변인자와 단인자를 구해보자.

두 첨자 300과 450을 소인수분해하면 $300 = 2^2 \times 3 \times 5^2$, $450 = 2 \times 3^2 \times 5^2$ 이므로

$$\begin{aligned}\mathbb{Z}_{300} \oplus \mathbb{Z}_{450} &\cong (\mathbb{Z}_4 \oplus \mathbb{Z}_3 \oplus \mathbb{Z}_{25}) \oplus (\mathbb{Z}_2 \oplus \mathbb{Z}_9 \oplus \mathbb{Z}_{25}) \\ &\cong \mathbb{Z}_2 \oplus \mathbb{Z}_4 \oplus \mathbb{Z}_3 \oplus \mathbb{Z}_9 \oplus \mathbb{Z}_{25} \oplus \mathbb{Z}_{25} \quad \cdots\cdots ① \\ &\cong (\mathbb{Z}_2 \oplus \mathbb{Z}_3 \oplus \mathbb{Z}_{25}) \oplus (\mathbb{Z}_4 \oplus \mathbb{Z}_9 \oplus \mathbb{Z}_{25}) \cong \mathbb{Z}_{150} \oplus \mathbb{Z}_{900} \quad \cdots\cdots ②\end{aligned}$$

①로부터 단인자는 $(2, 2^2; 3, 3^2; 5^2, 5^2)$ 이며,)로부터 불변인자는 $(150, 900)$ 이다.

위의 과정을 정리하면, 단인자는 소인수분해하면 구할 수 있으며, 각 소인수 $2, 2^2; 3, 3^2; 5^2, 5^2$ 들을 소수 $2, 2^2 / 3, 3^2 / 5^2, 5^2$ 별로 구분하여 큰 것들을 묶어 $(2^2, 3^2, 5^2)$, 남은 것에서 큰 것들을 묶어 $(2, 3, 5^2)$, 묶은 것을 곱하면 불변인자를 구할 수 있다.

만약, 구한 단인자가 $2^2 / 3 / 5^2$ 으로 나타나는 경우, 불변인자는 300 하나 뿐이다.

예제 1 다음 중 동형인 것끼리 묶어라.

㉠ $\mathbb{Z}_{36}^{*}$　　㉡ $\mathbb{Z}_{12}$　　㉢ $\mathbb{Z}_4 \oplus \mathbb{Z}_3$

㉣ $\mathbb{Z}_2 \oplus \mathbb{Z}_6$　　㉤ $\mathbb{Z}_2 \oplus \mathbb{Z}_2 \oplus \mathbb{Z}_3$

풀이 유한아벨군의 기본정리 적용하자.

㉠ $\mathbb{Z}_{36}^{*} \cong \mathbb{Z}_4^{*} \times \mathbb{Z}_9^{*} \cong (\mathbb{Z}_2 \times \mathbb{Z}_6, +)$

㉠, ㉣, ㉤는 불변인자가 2, 6이므로 동형, ㉡와 ㉢은 불변인자가 12이므로 동형이다.
㉠, ㉡은 불변인자가 서로 다르므로 동형이 아님

예제 2 아벨군 $\mathbb{Z}_p^n = \mathbb{Z}_p \oplus \mathbb{Z}_p \oplus \cdots \oplus \mathbb{Z}_p$ 의 부분군 중에서 군$\mathbb{Z}_p^k$ (단, $k \le n$)와 군동형인 부분군의 개수가 $\dfrac{(p^n-1)(p^{n-1}-1)\cdots(p^{n-k+1}-1)}{(p^k-1)(p^{k-1}-1)\cdots(p-1)}$ 임을 보이시오.

풀이 군 $\mathbb{Z}_p^n$ 의 원소 중에서 k 개를 선택하여 생성한 부분군 $\langle e_1, \cdots, e_k \rangle$ 가 $\mathbb{Z}_p^k$ 와 군동형이 되는 쌍 $(e_1, \cdots, e_k)$ 을 선택하는 방법은

첫째, 항등원이 아닌 e_1 을 선택해야 하므로 p^n-1 가지
둘째, $\langle e_1 \rangle$ 의 원소가 아닌 e_2 를 선택해야 하므로 p^n-p 가지
이어서 마지막으로 $\langle e_1, \cdots, e_{k-1} \rangle$ 의 원소가 아닌 e_k 를 선택해야 하므로
p^n-p^{k-1} 가지
이때, 쌍을 선택하는 방법의 수는 $(p^n-1)(p^n-p)\cdots(p^n-p^{k-1})$ 가지
$\mathbb{Z}_p^k$ 와 군동형인 $\langle e_1, \cdots, e_k \rangle$ 에서 자신과 동일한 부분군이 되도록 쌍을 선택하는 방법의 수도 $n \leftarrow k$ 을 대입하여 $(p^k-1)(p^k-p)\cdots(p^k-p^{k-1})$ 가지
따라서 부분군의 개수는 $\dfrac{(p^n-1)(p^n-p)\cdots(p^n-p^{k-1})}{(p^k-1)(p^k-p)\cdots(p^k-p^{k-1})}$ 이며 약분하면 주어진 식과 같다.

예제 3 위수 n 인 유한가환군 G 에서 n 의 약수 d 를 위수로 갖는 부분군 H 가 존재함을 보이시오.

풀이 유한 아벨군의 기본정리에 따라 $G \cong \mathbb{Z}_{n_1} \oplus \cdots \oplus \mathbb{Z}_{n_k}$ 인 $n_1, \cdots, n_k$ 가 존재하며 $n = n_1 \times \cdots \times n_k$ 이 성립한다.
n 의 약수 d 일 때,

$d = d_1 \times \cdots \times d_k$, $d_1 \mid n_1$, $\cdots$, $d_k \mid n_k$ 이 성립하는 d_i 들이 존재한다.

각각의 $\mathbb{Z}_{n_i}$ 들은 위수 n_i 인 순환군이므로 n_i 의 약수 d_i 를 위수로 갖는 부분군 H_i 가 존재한다.
이때 $H_1 \oplus \cdots \oplus H_k$ 는 $\mathbb{Z}_{n_1} \oplus \cdots \oplus \mathbb{Z}_{n_k}$ 의 부분군이며 $H_1 \oplus \cdots \oplus H_k$ 의 위수는 $d = d_1 \times \cdots \times d_k$ 이다.
군동형 $G \cong \mathbb{Z}_{n_1} \oplus \cdots \oplus \mathbb{Z}_{n_k}$ 이므로 $H_1 \oplus \cdots \oplus H_k$ 에 대응하는 G 의 부분군 H 가 존재하며 H 의 위수 d 이다.
그러므로 위수 n 인 가환군 G 는 위수 d 인 부분군 H 를 갖는다.

예제 4 $|G_1| = n$, $|G_2| = m$이 서로소일 때, 직적군 $G_1 \times G_2$의 모든 부분군은 $H_1 \times H_2$로 나타낼 수 있음을 보이시오. (단, H_1, H_2는 각각 G_1, G_2의 부분군이다.)

풀이 $G_1 \times G_2$의 임의의 부분군을 H라 하자.

사영사상 $\pi_1 : G_1 \times G_2 \to G_1$, $\pi_2 : G_1 \times G_2 \to G_2$에 관하여

$\pi_1(H) = H_1$, $\pi_2(H) = H_2$라 놓으면 $H \subset H_1 \times H_2$이다.

H는 부분군이므로 $\pi_1(H) = H_1$, $\pi_2(H) = H_2$는 각각 부분군이다.

임의의 원소 $(a_1, a_2) \in H_1 \times H_2$일 때,

$(a_1, y), (x, a_2) \in H$인 적당한 원소 $x \in G_1$, $y \in G_2$가 있다.

$(a_1, y)^m = (a_1^m, e) \in H$, $(x, a_2)^n = (e, a_2^n) \in H$

n, m은 서로소이므로 $ns + mt = 1$인 적당한 정수 s, t가 있다.

$(a_1^m, e)^t = (a_1^{mt}, e) = (a_1, e) \in H$, $(e, a_2^n)^s = (e, a_2^{ns}) = (e, a_2) \in H$

$(a_1, a_2) = (a_1, e)(e, a_2) \in H$

따라서 $H_1 \times H_2 \subset H$

그러므로 모든 부분군 $H = H_1 \times H_2$라 나타낼 수 있다.

예제 5 소수 p에 관한 직적군 $\mathbb{Z}_{p^n} \times \mathbb{Z}_{p^m}$ (단, $1 \le n \le m$)의 원소 (a, b) 중에서 다음 각 조건을 만족하는 원소의 개수를 구하시오.

① $|(a, b)| = p^k$ (단, $1 \le k \le n$)

② $|(a, b)| = p^k$ (단, $n < k \le m$)

풀이 ① $|(a, b)| = lcm(|a|, |b|) = p^k$이다.

$|a| \mid p^k$, $|b| \mid p^k$인 (a, b)의 개수는 $p^k \times p^k = p^{2k}$이며

$|a| \mid p^{k-1}$, $|b| \mid p^{k-1}$인 (a, b)의 개수는 $p^{k-1} \times p^{k-1} = p^{2k-2}$이므로

$lcm(|a|, |b|) = p^k$을 만족하는 원소 개수는 $p^{2k} - p^{2k-2}$이다.

② $|(a, b)| = lcm(|a|, |b|) = p^k$이며 $a \in \mathbb{Z}_{p^n}$, $b \in \mathbb{Z}_{p^m}$이다.

$|a| \mid p^n$, $|b| \mid p^k$인 (a, b)의 개수는 $p^n \times p^k = p^{n+k}$이며

$|a| \mid p^n$, $|b| \mid p^{k-1}$인 (a, b)의 개수는 $p^n \times p^{k-1} = p^{n+k-1}$이므로

$lcm(|a|, |b|) = p^k$을 만족하는 원소 개수는 $p^n(p^k - p^{k-1})$이다.

예제 6 소수 p에 관한 직적군 $\mathbb{Z}_{p^n}\times\mathbb{Z}_{p^m}$ (단, $1\le n\le m$)의 순환부분군 H 중에서 다음 각 조건을 만족하는 순환부분군의 개수를 구하시오.
① $|H|=p^k$ (단, $1\le k\le n$)
② $|H|=p^k$ (단, $n<k\le m$)

풀이 순환부분군 $H=\langle(a,b)\rangle$ 인 원소 (a,b) 로 나타낼 수 있으며 $|(a,b)|=p^k$ 이다.

① $|(a,b)|=p^k$ 인 모든 원소 (a,b) 의 개수는 $p^{2k}-p^{2k-2}$ 이며, 단 하나의 순환부분군 H를 $H=\langle(a,b)\rangle$ 으로 나타낼 수 있는 원소 (a,b) 의 개수는 $\varphi(p^k)$ 이다.
따라서 순환부분군 H 의 개수는 $\dfrac{p^{2k}-p^{2k-2}}{\varphi(p^k)}=p^k+p^{k-1}$ 이다.

② $|(a,b)|=p^k$ 인 모든 원소 (a,b) 의 개수는 $p^n(p^k-p^{k-1})$ 이며, 단 하나의 순환부분군 H를 $H=\langle(a,b)\rangle$으로 나타낼 수 있는 원소 (a,b)의 개수는 $\varphi(p^k)$이다.
따라서 순환부분군 H 의 개수는 $\dfrac{p^n(p^k-p^{k-1})}{\varphi(p^k)}=p^n$ 이다.

예제 7 소수 p 에 관한 직적군 $\mathbb{Z}_{p^n}\times\mathbb{Z}_{p^m}$ (단, $1\le n\le m$)의 부분군 H 중에서 다음 각 조건을 만족하는 부분군의 개수를 구하시오.
① $H\cong\mathbb{Z}_{p^r}\oplus\mathbb{Z}_{p^s}$ (단, $1\le r<s\le n$)
② $H\cong\mathbb{Z}_{p^r}\oplus\mathbb{Z}_{p^s}$ (단, $1\le r=s\le n$)
③ $H\cong\mathbb{Z}_{p^r}\oplus\mathbb{Z}_{p^s}$ (단, $1\le r\le n<s\le m$)

풀이 부분군 $H=\langle(a,b),(c,d)\rangle$ 인 원소 $(a,b),(c,d)$ 로 나타낼 수 있으며 $|(a,b)|=p^r$, $|(c,d)|=p^s$ 이며 $\langle(a,b),(c,d)\rangle\cong\mathbb{Z}_{p^r}\oplus\mathbb{Z}_{p^s}$ 이 성립할 조건은 $\langle(a,b)\rangle\cap\langle(c,d)\rangle=\langle(0,0)\rangle$ 이다.
그런데 $\langle(a,b)\rangle\cap\langle(c,d)\rangle\neq\langle(0,0)\rangle$ 을 만족하기 위한 필요충분조건은 $p^{k-1}(a,b)\in\langle(c,d)\rangle$ 이다.

① $|(a,b)|=p^r$ 인 모든 원소 (a,b) 의 개수는 $p^{2r}-p^{2r-2}$ 이며, $|(c,d)|=p^s$ 인 모든 원소 (c,d) 의 개수는 $p^{2s}-p^{2s-2}$ 이다.
$|(a,b)|=p^r$ 인 원소 (a,b) 중에서 $p^{r-1}(a,b)\in\langle(c,d)\rangle$ 인 원소 개수는 $p^{2r-1}-p^{2r-2}$ 이므로 $\langle(a,b)\rangle\cap\langle(c,d)\rangle=\langle(0,0)\rangle$ 을 만족하는 원소 (a,b) 의 개수는 $p^{2r}-p^{2r-1}$ 이다.
(a,b) 와 (c,d) 쌍의 개수는 $(p^{2r}-p^{2r-1})(p^{2s}-p^{2s-2})$ 이다.
하나의 부분군 H를 $H=\langle(a,b),(c,d)\rangle$ 으로 나타낼 수 있는 원소 (a,b) , (c,d) 의 개수는 $\mathbb{Z}_{p^r}\oplus\mathbb{Z}_{p^s}=\langle(a,b),(c,d)\rangle$, $|(a,b)|=p^r$, $|(c,d)|=p^s$ 으로 나타낼 수 있는 원소 $(a,b),(c,d)$ 의 개수와 같으므로 $(p^{2r}-p^{2r-1})p^r(p^s-p^{s-1})$ 이다.
따라서 부분군 H 의 개수는 $\dfrac{(p^{2r}-p^{2r-1})(p^{2s}-p^{2s-2})}{(p^{2r}-p^{2r-1})p^r(p^s-p^{s-1})}=p^{s-r}+p^{s-r-1}$

② $|(a,b)| = p^r$ 인 모든 원소(a,b) 의 개수는 $p^{2r} - p^{2r-2}$ 이며, $|(c,d)| = p^s$ 인 모든 원소(c,d) 의 개수는 $p^{2s} - p^{2s-2}$ 이다.

$|(a,b)| = p^r$ 인 원소(a,b) 중에서 $p^{r-1}(a,b) \in \langle (c,d) \rangle$ 인 원소 개수는 $p^{2r-1} - p^{2r-2}$ 이므로 $\langle (a,b) \rangle \cap \langle (c,d) \rangle = \langle (0,0) \rangle$ 을 만족하는 원소 (a,b) 의 개수는 $p^{2r} - p^{2r-1}$ 이다.

(a,b) 와 (c,d) 쌍의 개수는 $(p^{2r} - p^{2r-1})(p^{2s} - p^{2s-2})$ 이다.

하나의 부분군H를 $H = \langle (a,b), (c,d) \rangle$ 으로 나타낼 수 있는 원소(a,b), (c,d) 의 개수는 $\mathbb{Z}_{p^r} \oplus \mathbb{Z}_{p^s} = \langle (a,b), (c,d) \rangle$, $|(a,b)| = p^r$, $|(c,d)| = p^s$ 으로 나타낼 수 있는 원소(a,b), (c,d) 의 개수와 같으므로 $(p^{2r} - p^{2r-1})(p^{2s} - p^{2s-2})$ 이다.

따라서 부분군H의 개수는 $\dfrac{(p^{2r} - p^{2r-1})(p^{2s} - p^{2s-2})}{(p^{2r} - p^{2r-1})(p^{2s} - p^{2s-2})} = 1$

③ $|(a,b)| = p^r$ 인 모든 원소(a,b) 의 개수는 $p^{2r} - p^{2r-2}$ 이며, $|(c,d)| = p^s$ 인 모든 원소(c,d) 의 개수는 $p^n(p^s - p^{s-1})$ 이다.

$|(a,b)| = p^r$ 인 원소(a,b) 중에서 $p^{r-1}(a,b) \in \langle (c,d) \rangle$ 인 원소 개수는 $p^{2r-1} - p^{2r-2}$ 이므로 $\langle (a,b) \rangle \cap \langle (c,d) \rangle = \langle (0,0) \rangle$ 을 만족하는 원소 (a,b) 의 개수는 $p^{2r} - p^{2r-1}$ 이다.

(a,b) 와 (c,d) 쌍의 개수는 $(p^{2r} - p^{2r-1})p^n(p^s - p^{s-1})$ 이다.

하나의 부분군H를 $H = \langle (a,b), (c,d) \rangle$ 으로 나타낼 수 있는 원소(a,b), (c,d) 의 개수는 $\mathbb{Z}_{p^r} \oplus \mathbb{Z}_{p^s} = \langle (a,b), (c,d) \rangle$, $|(a,b)| = p^r$, $|(c,d)| = p^s$ 으로 나타낼 수 있는 원소(a,b), (c,d) 의 개수와 같으므로 $(p^{2r} - p^{2r-1})p^r(p^s - p^{s-1})$ 이다.

따라서 부분군H의 개수는 $\dfrac{(p^{2r} - p^{2r-1})p^n(p^s - p^{s-1})}{(p^{2r} - p^{2r-1})p^r(p^s - p^{s-1})} = p^{n-r}$ 이다.

예제 8 소수 p 에 관한 직적군 $\mathbb{Z}_{p^n} \times \mathbb{Z}_{p^m}$ (단, $1 \le n \le m$) 의 모든 부분군의 개수를 구하시오.

풀이 $H \cong \langle 0 \rangle$ 인 부분군 H는 1개

$|H| = p^k$ (단, $1 \le k \le n$) 인 부분군H는 $p^k + p^{k-1}$ 개

모든 k 마다 더하면 $\displaystyle\sum_{k=1}^{n} (p^k + p^{k-1})$ 개

$|H| = p^k$ (단, $n < k \le m$) 인 부분군H는 p^n 개

모든 k 마다 더하면 $(m-n)p^n$ 개

$H \cong \mathbb{Z}_{p^r} \oplus \mathbb{Z}_{p^s}$ (단, $1 \le r < s \le n$)인 부분군H는 $p^{s-r} + p^{s-r-1}$ 개

모든 r, s 마다 더하면 $\displaystyle\sum_{s=2}^{n} \sum_{r=1}^{s-1} (p^{s-r} + p^{s-r-1})$ 개

$H \cong \mathbb{Z}_{p^r} \oplus \mathbb{Z}_{p^s}$ (단, $1 \le r = s \le n$)인 부분군H는 1개

모든 r, s 마다 더하면 n 개

$H \cong \mathbb{Z}_{p^r} \oplus \mathbb{Z}_{p^s}$ (단, $1 \le r \le n < s \le m$)인 부분군 H는 p^{n-r} 개

모든 r, s 마다 더하면 $(m-n)\sum_{r=1}^{n} p^{n-r}$ 개

모두 더하면 $1+\sum_{k=1}^{n}(p^k+p^{k-1}) + (m-n)p^n + \sum_{s=2}^{n}\sum_{r=1}^{s-1}(p^{s-r}+p^{s-r-1})$

$$+n+(m-n)\sum_{r=1}^{n}p^{n-r} = \sum_{k=0}^{n}(2k+1)p^{n-k}+(m-n)\sum_{k=0}^{n}p^k$$

$$= \sum_{k=0}^{n}(m+n+1-2k)p^k$$

따라서 모든 부분군의 개수는 $\sum_{k=0}^{n}(m+n+1-2k)p^k$ 이다.

참고로 $\sum_{i=0}^{n}\sum_{j=0}^{m}\gcd(p^i, p^j) = \sum_{k=0}^{n}(m+n+1-2k)p^k$ 이 성립한다.

04 비가환군과 치환군(Permutation Group)

1. 치환군(Permutation group)

n 차 대칭군(symmetric group) $(S_n, \circ)$ 을 일반화하자.
공집합이 아닌 집합 X 에 대하여 전단사함수(일대일 대응) $\sigma : X \to X$ 를 집합 X 의 치환(permutation)이라 하며, X 의 모든 치환들의 집합
$S_X = \{\sigma \mid \text{치환 } \sigma : X \to X\}$ 에 함수의 합성(composition) $\circ$ 을 연산으로 정하면 $(S_X, \circ)$ 는 군(group)을 이룬다.
예를 들어 X 를 $x^2-3=0$ 의 해집합 $X=\{\sqrt{3}, -\sqrt{3}\}$ 라 두고 집합 X 의 함수 $\sigma : X \to X$ 를 $\sigma(\sqrt{3}) = -\sqrt{3}$, $\sigma(-\sqrt{3}) = \sqrt{3}$ 라 하면 σ 를 X 의 치환이라 한다.
n 차 대칭군 S_n 은 $X=\{1,2,3,\cdots,n\}$ 인 특수한 경우인 셈이다.
그리고 대칭군 $(S_X, \circ)$ 의 모든 부분군들을 치환군(Permutation group)이라 한다. 대칭군 자신도 치환군이다.
군론에서 자주 만나는 몇 가지 치환군을 살펴보자.

(1) 이면체군(Dihedral group)

정 n 각형을 자기 자신으로 옮기는 회전이동과 선대칭이동들의 집합 위에 합성을 연산으로 정한 군을 n 차 이면체군(Dihedral group)이라 하며 D_n 으로 표기한다.

정 n 각형의 중심을 기준으로 반시계방향으로 $\frac{2\pi}{n}$-회전하는 회전이동을 ρ 라 하고, 중심과 한 꼭짓점을 잇는 직선 L_0 를 반시계방향으로 $\frac{\pi k}{n}$-회전한 직선을 L_k 라 할 때, 직선 L_k 를 축으로 선대칭하는 대칭이동을 σ_k 라 하면
(단, $\rho^{n+k} = \rho^k$, $\sigma_{n+k} = \sigma_k$)

$$D_n = \left\{ id = \rho^0, \rho^1, \cdots, \rho^{n-1}, \sigma_0, \sigma_1, \cdots, \sigma_{n-1} \right\}$$

합성해보면 $\rho^k \rho^l = \rho^{k+l}$, $\rho^k \sigma_l = \sigma_{k+l}$, $\sigma_k \rho^l = \sigma_{k-l}$, $\sigma_k \sigma_l = \rho^{k-l}$ 이다.

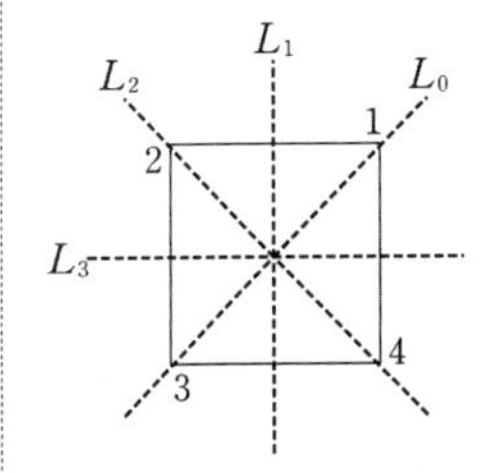

정 n 각형의 꼭짓점들에 반시계방향으로 $1, 2, \cdots, n$ 으로 번호를 붙이면,
회전이동과 선대칭이동들을 꼭짓점들의 치환으로 나타낼 수 있으므로 n 차 이면체군(Dihedral group) D_n 을 다음과 같이 치환군으로 표현할 수 있다.
ρ 는 $R = (1\,2\,3 \cdots n)$, σ_0 는 $S_0 = \begin{pmatrix} 1 & 2 & 3 & \cdots & n-1 & n \\ 1 & n & n-1 & \cdots & 3 & 2 \end{pmatrix}$ 에 대응하며
n 차 이면체군 D_n 은 R, S_0 로 생성된 치환군 $\langle R, S_0 \rangle$ 와 군동형이다.
예를 들어, D_4 는 다음 치환군과 군동형이며 비가환군이다.
$\langle (1234), (24) \rangle$
$= \{ (1), (1234), (1432), (13)(24), (13), (24), (12)(34), (14)(23) \}$

주의 정 n 각형의 꼭짓점에 다른 방식으로 번호를 붙이면 다른 치환군과도 군동형이 될 수 있다.

(2) 교대군(Alternating group)

n 차 대칭군 S_n 의 원소인 치환들 중에서 우치환들은 역원도 우치환이며 두 우치환의 곱(합성)도 우치환이다.

따라서 $n \geq 2$ 일 때, 모든 n 차 우치환들의 집합은 대칭군 S_n 의 부분군을 이루며, 이를 n 차 교대군(Alternating group)이라 하고 A_n 으로 표기한다.

$n \geq 2$ 일 때, 대칭군 S_n 의 모든 우치환에 호환 $(1\,2)$ 을 곱하면 기치환이 되며 모든 기치환에 호환 $(1\,2)$ 을 곱하면 우치환이 되므로 우치환과 기치환의 개수는 같다.

$|S_n| = n!$ 이므로 $|A_n| = \dfrac{n!}{2}$ 이다.

예를 들어 $A_3 = \{(1), (123), (132)\}$ 이며 순환군 $\mathbb{Z}_3$ 과 군동형이다.

$A_4 = \{(1), (123), (132), (124), (142), (134), (143), (234), (243),$
$(12)(34), (13)(24), (14)(23)\}$

이며 A_4 는 비가환군이다.

2. 치환군과 케일리 정리(Cayley Theorem)

치환군과 관련지어 다음과 같은 정리가 성립한다.

> [Cayley 정리] 모든 군(group)은 치환군과 군-동형이다.

증명 G 를 임의의 군이라 하자.

G 의 원소 g 에 대하여 함수 $\sigma_g : G \to G$, $\sigma_g(x) = gx$ 라 정의하자.

g 의 역원 g^{-1} 에 관한 함수 $\sigma_{g^{-1}}$ 에 대하여

$\sigma_{g^{-1}} \circ \sigma_g = id_G$, $\sigma_g \circ \sigma_{g^{-1}} = id_G$ 이므로

σ_g 는 역함수 $\sigma_{g^{-1}}$ 를 갖는 전단사함수이다. 따라서 $\sigma_g \in S_G$

함수 $\phi : G \to S_G$, $\phi(g) = \sigma_g$ 라 정의하자.

(1) $\phi(a)\phi(b) = \sigma_a \circ \sigma_b$, $\phi(ab) = \sigma_{ab}$ 이며

$(\sigma_a \circ \sigma_b)(x) = \sigma_a(\sigma_b(x)) = a(bx) = (ab)x = \sigma_{ab}(x)$

이므로 $\phi(a)\phi(b) = \phi(ab)$

ϕ 는 준동형사상이다.

(2) $\phi(a) = \sigma_a = \sigma_b = \phi(b)$ 이라 하면

항등원 e 에 관하여 $\sigma_a(e) = \sigma_b(e)$ 이므로 $a = b$

ϕ 는 단사사상이다.

그러므로 대칭군 S_G 의 부분군 $\mathrm{Im}(\phi) = \{\sigma_g \in S_G \mid g \in G\}$ 와 G 는 군동형이다.

케일리 정리에 따라 모든 비가환군도 치환군으로 나타날 수 있다.
예를 들어, 3차 대칭군 S_3 는 위수 6인 비가환군이며 비가환군 중에서 위수가 가장 작다.
홀수 위수를 갖는 비가환군 중에서 위수가 가장 작은 것도 다음 치환군으로 표현할 수 있다.

$$G = \langle (1234567), (235)(476) \rangle$$

군 G 의 위수는 21이다.

05 정규부분군과 잉여군

1. 잉여류(Coset)와 지표(Index)

H를 군G의 부분군이라 할 때, H에 의해 군G 위에 다음과 같이 자연스러운 동치관계(equivalence relation)를 정의할 수 있다.

ab^{-1}을 사용할 때 우합동이라 한다.

$a, b \in G$에 대하여 $a \equiv b \leftrightarrow a^{-1}b \in H$

이 동치관계를 법H에 관한 합동(congruent)관계라 부른다. (좌합동이라 한다.)
법H에 관한 군G 위의 합동관계에 의하여 원소 $g \in G$의 동치류(equivalence class)를 $\bar{g}$로 나타내면

$$\bar{g} = \{a \in G \mid g \equiv a\} = \{a \in G \mid g^{-1}a \in H\}$$
$$= \{a \in G \mid a = gh,\ h \in H\} = \{gh \mid h \in H\} = gH$$

이다. 이때, $\bar{g} = gH$를 g가 대표원(representative)인 잉여류(coset)라 한다.
군G의 관계 「$a, b \in G$에 대하여 $a \equiv b \leftrightarrow ab^{-1} \in H$」(우합동관계)도 동치관계이며, 이 동치관계로부터 유도되는 동치류는 $\bar{g} = Hg$가 되며, 위의 경우와 구별하기 위해 gH를 좌 잉여류(left coset)라 하고, Hg를 우 잉여류(right coset)라 한다.

[정의] {지표} 부분군H에 관한 잉여류(coset)들의 개수를 지수 또는 지표(index)라 정의하고 $|G : H|$ 또는 $(G : H)$로 표기한다.

예 $|Z : nZ| = n$

동치관계로 유도된 동치류들의 집합은 전체집합을 분할(partition)하며, 서로 다른 동치류들의 원소 수의 합이 전체집합의 원소의 개수가 된다.
그리고 군G의 부분군H에 관한 임의의 잉여류 gH는 H와 같은 수의 원소를 갖는다.

[정리] 군 G의 부분군 H에 대하여
(1) 원소의 개수 $|gH| = |H|$, $|Hg| = |H|$
(2) 모든 $a, b \in G$에 대하여 $aH \cap bH = \varnothing$ 또는 $aH = bH$이다.

증명 (1) 함수 $f : H \to gH$, $f(x) = gx$라 정의하면
$f(H) = gH$이므로 f는 전사이다.
$f(x_1) = f(x_2)$이면 $gx_1 = gx_2$, $x_1 = x_2$이므로 f는 단사이다.
따라서 f는 일대일 대응이며 gH와 H는 대응한 집합이다.
(2) $aH \cap bH \neq \varnothing$라 하면 원소 $c \in aH \cap bH$가 있다.
$c \in aH$이므로 $cH = aH$. $c \in bH$이므로 $cH = bH$
따라서 $aH = bH$이다.

군G의 위수는 다음과 같이 간단히 구할 수 있게 된다.

[Lagrange 정리] 유한군 G의 부분군 $H \le G$이면 $|G| = |G:H| \cdot |H|$
[정리] $K \le H \le G$이며, $|G:K|$가 유한이면 $|G:K| = |G:H| \cdot |H:K|$

증명 (1) 라그랑주 정리

G가 유한군이므로 $|G|, |G:H|, |H|$는 모두 양의 정수이다.
$|G| = n, |G:H| = m, |H| = k$라 두자.

서로 다른 모든 좌잉여류를 $a_1H, \cdots, a_mH$라 두면 $G = \bigcup_{i=1}^{m} a_iH$

$a_1H, \cdots, a_mH$들은 서로소인 집합들이므로 $|G| = \sum_{i=1}^{m} |a_iH|$

a_iH들의 원소의 개수는 $|H| = k$이므로 $n = \sum_{i=1}^{m} k = mk$

따라서 $|G| = |G:H| \cdot |H|$

(2) 정리

$|G:K|$가 유한이므로 $|G:H|$와 $|H:K|$도 유한이다.
$|G:K| = n$, $|G:H| = m$, $|H:K| = k$라 두자.
G의 H에 관한 서로 다른 모든 좌잉여류를 $a_1H, \cdots, a_mH$라 두고
H의 K에 관한 서로 다른 모든 좌잉여류를 $b_1K, \cdots, b_kK$라 두자.
$H = b_1K \cup \cdots \cup b_kK$이므로 $a_iH = a_ib_1K \cup \cdots \cup a_ib_kK$이며
$b_1K, \cdots, b_kK$들이 서로소이므로 $a_ib_1K, \cdots, a_ib_kK$들도 서로소이다.

또한 $G = a_1H \cup \cdots \cup a_mH$이므로 $G = \bigcup_{i=1}^{m}\bigcup_{j=1}^{k} a_ib_jK$이며

$a_1H, \cdots, a_mH$들이 서로소이므로 a_ib_jK들도 서로소이다.
따라서 a_ib_jK들은 G의 K에 관한 서로 다른 좌잉여류들이며 $n = mk$

라그랑주 정리에 의하면 유한군G에 관하여 다음과 같은 결과를 얻을 수 있다.

[정리] (1) 유한군G의 부분군H의 위수는 $|G|$의 약수이다. 즉, $|H| \,\big|\, |G|$

(2) 유한군G의 지표 $|G:H|$는 $|G|$의 약수이다. 즉, $|G:H| \,\big|\, |G|$

(3) 유한군G의 원소a에 대하여 $|a| \,\big|\, |G|$

(4) 군 $|G| = p$가 소수이면 $a \ne e$인 원소 a에 대하여 $G = \langle a \rangle$이다.
즉 G는 순환군이다.

증명 (1)과 (2)는 라그랑주 정리에 의하여 자명하다.

(3) $\langle a \rangle$는 부분군이므로 $H = \langle a \rangle$ 두고 (1)에 대입하면 된다.

(4) $a \ne e$이면 $1 \ne |a|$이며 $|a| \,\big|\, p$이므로 $|a| = p = |G|$

$\langle a \rangle \subset G$이므로 $G = \langle a \rangle$

2. 정규 부분군(Normal subgroup)과 잉여군(잉여군, Quotient Group)

일반적으로 잉여류들의 집합에 자연스러운 연산을 정의하여 군이 되지 않을 수 있다.

군G의 부분군N에 의하여 정의된 합동관계로부터 유도된 잉여류들의 집합 $G/\equiv$ 위에 동치류들 간의 연산을 $(aN)(bN)=(ab)N$ 으로 정의하면, 이 연산에 관하여 $G/\equiv$ 은 잘 정의된 군(Group)이 될 수 있는 조건을 살펴보다.

> **[정의] {정규부분군}** 군 G의 부분군 N이 다음 조건을 만족할 때,
> 「모든 $a\in G$에 대하여 $aN=Na$」
> N을 G의 정규부분군(normal subgroup)이라 하고 $N \triangleleft G$로 표기한다.

정규부분군에 관하여 다음과 같은 동치 명제들이 있다.

> **[정리]** 군 G의 부분군 N에 대하여 다음 명제들은 서로 동치이다.
> (1) 모든 $a\in G$에 대하여 $aN=Na$
> (2) 모든 $a\in G$에 대하여 $aNa^{-1}=N$
> (3) 모든 $a\in G$에 대하여 $aNa^{-1}\supset N$
> (4) 모든 $a\in G$에 대하여 $aNa^{-1}\subset N$
> (5) 임의의 $g\in G$, $n\in N$에 대하여 $gng^{-1}\in N$

증명 (1) → (2): $aN=Na$ 이므로 $aNa^{-1}=Naa^{-1}=N$

(2) → (3): 자명하다.

(3) → (4): 임의의 원소g 에 대하여 (3)의 식에 $a=g^{-1}$ 를 대입하면

$g^{-1}Ng\supset N$이므로 $g(g^{-1}Ng)g^{-1}\supset gNg^{-1}$, $N\supset gNg^{-1}$

(4) → (5): 임의의 원소$g\in G$, $n\in N$에 대하여 (4)의 식에 $a=g$ 를 대입하면

$gng^{-1}\in gNg^{-1}\subset N$이므로 $gng^{-1}\in N$

(5) → (1): 임의의 원소 $an\in aN$에 대하여 $ana^{-1}\in N$이므로

$an=ana^{-1}a\in Na$. 따라서 $aN\subset Na$

임의의 원소 $na\in Na$ 에 대하여 (5)의 식에 $a^{-1}=g$ 를 대입하면

$a^{-1}na\in N$이므로 $na=aa^{-1}na\in aN$. 따라서 $aN\supset Na$

따라서 모든 $a\in G$에 대하여 $aN=Na$

그러므로 (1), (2), (3), (4), (5)는 모두 동치명제들이다.

위의 정리에 따라 정규부분군임을 보이기 위해 임의의 $g\in G$, $n\in N$에 대하여 $gng^{-1}\in N$ 또는 $g^{-1}ng\in N$임을 보이면 필요충분하다.

특히, G가 Abel 군이면 $gng^{-1}=n$ 이므로 가환군의 모든 부분군은 정규(normal)부분군이다.

> **[정리]** 군 G가 가환군이면 모든 부분군이 정규부분군이다.

01

정규부분군과 관련된 성질들을 정리하면 다음과 같다.

[정리] 정규부분군과 관련된 정리
(1) $M < G$, $N \triangleleft G$이면 $NM = MN$이며 MN은 G의 부분군이다.
(2) $M < G$, $N \triangleleft G$이면 $M \cap N \triangleleft M$이며 $N \triangleleft NM = MN$
(3) $M \triangleleft G$, $N \triangleleft G$이면 $MN \triangleleft G$
(4) $M \triangleleft G$, $N \triangleleft G$, $M \cap N = \{e\}$이면
모든 $m \in M, n \in N$에 대하여 $mn = nm$

증명 (1) $NM = \bigcup_{m \in M} Nm = \bigcup_{m \in M} mN = MN$

그리고 $NM = MN$이므로 MN은 G의 부분군이다.

(2) 임의의 $n \in M \cap N$, $m \in M$에 대하여

$n, m \in M$이므로 $mnm^{-1} \in M$

$N \triangleleft G$이므로 $mnm^{-1} \in N$

따라서 $mnm^{-1} \in M \cap N$이며 $M \cap N \triangleleft M$

그리고 $N \triangleleft G$이므로 $N \triangleleft NM$은 자명하다.

(3) 임의의 $g \in G$에 대하여 $M \triangleleft G$, $N \triangleleft G$이므로

$gMN = (gM)N = (Mg)N = M(gN) = M(Ng) = MNg$

즉, $MN \triangleleft G$

(4) $m \in M, n \in N$에 대하여 $M \triangleleft G$, $N \triangleleft G$이므로

$n^{-1}mn \in M$, $mnm^{-1} \in N$이다.

$n^{-1}mnm^{-1} = (n^{-1}mn)m^{-1} \in M$이며,

$n^{-1}mnm^{-1} = n^{-1}(mnm^{-1}) \in N$

이므로 $n^{-1}mnm^{-1} \in M \cap N$

$M \cap N = \{e\}$이므로 $n^{-1}mnm^{-1} = e$ 이며 $mn = nm$

군G의 정규 부분군N에 대하여 동치류들 간의 연산을 $(aN)(bN) = (ab)N$으로 정의하면, $G/\equiv$ 은 잘 정의된 군(Group)이 된다. 이때 이 군을 G/N로 표기하고 "N에 의한 G의 잉여군(quotient group) 또는 상군(인자군, factor group)"이라 한다.

[정의] {잉여군} $G/N \equiv \{aN \mid a \in G\}$
이항연산 $(aN)(bN) = (ab)N$

잉여군의 항등원은 $eN \equiv N$이며, aN의 역원은 $a^{-1}N$이 된다.
또한, 합동관계의 정의에 의하여 다음과 같은 잉여류의 상등조건이 성립한다.

[정의] {상등조건} $aN = bN$ 일 필요충분조건은 $a^{-1}b \in N$
$aN = eN = N$ 일 필요충분조건은 $a \in N$

위의 결과를 정리하여 다음 정리를 얻는다.

[정리] N이 군 G의 정규부분군이면 잉여류들의 연산 $(aN)(bN)=abN$ 이 잘 정의되고, 잉여류집합이 군을 이룬다.

증명 (1) 잘 정의됨(Well-defined)

$g_1N=g_1'N,\ g_2N=g_2'N$라 하면, $g_1^{-1}g_1'\in N,\ g_2^{-1}g_2'\in N$이다.

N이 정규부분군이므로 $g_2^{-1}(g_1^{-1}g_1')g_2\in N$이며,

$\{g_2^{-1}(g_1^{-1}g_1')g_2\}(g_2^{-1}g_2')\in N$

$$\begin{aligned}\{g_2^{-1}(g_1^{-1}g_1')g_2\}(g_2^{-1}g_2') &= g_2^{-1}g_1^{-1}g_1'(g_2g_2^{-1})g_2' \\ &= g_2^{-1}g_1^{-1}g_1'g_2' = (g_1g_2)^{-1}g_1'g_2'\end{aligned}$$

이므로 $(g_1g_2)^{-1}g_1'g_2'\in N$이 성립한다.

따라서 $g_1g_2N=g_1'g_2'N$

(2) 결합법칙

$\{(g_1N)(g_2N)\}(g_3N)=(g_1g_2N)(g_3N)=(g_1g_2)g_3N$

$(g_1N)\{(g_2N)(g_3N)\}=(g_1N)(g_2g_3N)=g_1(g_2g_3)N$

이며, G가 군이므로 결합법칙$(g_1g_2)g_3=g_1(g_2g_3)$가 성립한다.

따라서 $\{(g_1N)(g_2N)\}(g_3N)=(g_1N)\{(g_2N)(g_3N)\}$

(3) 항등원

군G의 항등원을 e 라 두면

$(gN)(eN)=geN=gN$이며 $(eN)(gN)=egN=gN$

이므로 eN이 G/N의 항등원이다.

(4) 역원

군G의 임의의 원소g 는 역원g^{-1}를 갖는다.

이때, $(gN)(g^{-1}N)=gg^{-1}N=eN$이며$(g^{-1}N)(gN)=g^{-1}gN=eN$이므로 G/N의 임의의 원소 gN는 역원 $g^{-1}N$을 갖는다.

[정리]
(1) 군 G에 대하여 군 자신 G는 정규부분군이며 $G/G\cong\{e\}$
(2) 군 G에 대하여 자명한 부분군 $\{e\}$는 정규부분군이며 $G/\{e\}\cong G$

증명 (1) 임의의 원소$g\in G$에 대하여 $gG=G=Gg$ 이므로 G는 G의 정규부분군이며 $G/G=\{G\}$(항등원)이므로 $G/G\cong\{e\}$

(2) 임의의 원소$g\in G$에 대하여 $g\{e\}=\{g\}=\{e\}g$ 이므로 $\{e\}$는 G의 정규부분군이며 잉여류 $x\{e\}=\{x\}$ 이므로 $G/\{e\}=\{\{x\}\mid x\in G\}$

함수 $f: G\to G/\{e\}$, $f(x)=\{x\}$라 정의하면 f는 전단사사상이다.

$f(x)f(y)=\{x\}\{y\}=\{xy\}=f(xy)$ 이므로 f는 동형사상이다.

따라서 $G/\{e\}\cong G$

[정의] {단순군} 자신과 자명한 부분군 이외의 정규 부분군을 갖지 않는 군을 단순군(simple group)이라 한다.

즉, $N \triangleleft G$ 이면 $N=G$ 또는 $N=\langle e \rangle$ 일 때 G를 단순군이라 한다.

예 소수 p 의 순환군 $\mathbb{Z}_p$, 교대군 A_n $(n \neq 4)$는 단순군이다.

H와 K가 G의 부분군이더라도 곱 HK는 G의 부분군이 아닐 수 있다.
또한 $M \triangleleft G$ 이며 $N \triangleleft M$ 이더라도 N은 G의 정규부분군이 아닐 수 있다.

예 $S_3 = \{(1),(123),(132),(12),(13),(23)\}$, $H = \{(1),(12)\}$,
$K = \{(1),(13)\}$ 일 때
$HK = \{(1),(12),(13),(132)\}$ 는 S_3 의 부분군이 아니다.

예 이면체군
$D_4 = \{(1),(1234),(1432),(13)(24),(13),(24),(12)(34),(14)(23)\}$,
$M = \{(1),(13),(24),(13)(24)\}$, $N = \{(1),(13)\}$ 일 때
$M \triangleleft G$ 이며 $N \triangleleft M$ 이지만 N은 G의 정규부분군이 아니다.

[정리] 군이 두 부분군의 직적으로 분해될 조건에 관한 정리
(1) $M \triangleleft G$, $N \triangleleft G$
(2) $M \cap N = \langle e \rangle$ (단, e 는 항등원)
(3) $MN = G$
이면 $G \cong M \times N$ (군동형)이다.

증명 사상 $\phi : M \times N \to G$, $\phi(x,y) = xy$ 라 정의하자.

(1) $(a,b), (c,d) \in M \times N$ 에 대하여
$\phi(a,b)\phi(c,d) = (ab)(cd) = abcd$
$\phi((a,b)(c,d)) = \phi(ac,bd) = (ac)(bd) = acbd$
$M \triangleleft G$, $N \triangleleft G$ 이므로 $b^{-1}cb \in M$, $cbc^{-1} \in N$ 이며
$b^{-1}cbc^{-1} = (b^{-1}cb)c^{-1} \in M$, $b^{-1}cbc^{-1} = b^{-1}(cbc^{-1}) \in N$
$M \cap N = \langle e \rangle$ 이므로 $b^{-1}cbc^{-1} = e$ 이며 $cb = bc$
따라서 $\phi(a,b)\phi(c,d) = \phi((a,b)(c,d))$ 이며 ϕ 는 준동형사상이다.

(2) $\mathrm{Im}(\phi) = \phi(M \times N) = MN = G$ 이므로 ϕ 는 전사사상이다.

(3) $(a,b) \in M \times N$ 에 대하여 $\phi(a,b) = ab = e$ 이라 하면
$M \ni a = b^{-1} \in N$ 이며 $M \cap N = \langle e \rangle$ 이므로 $a = b^{-1} = e$ 이며
$(a,b) = (e,e)$
따라서 ϕ 는 단사사상이다.
그러므로 ϕ 는 군동형사상이며 $G \cong M \times N$ 이다.

[정리] $M \lhd G$, $N \lhd G$ 이고 $M \cap N = \{e\}$, $MN = G$ 이면
$G/M \cong N$, $G/N \cong M$

증명 사상 $\phi : N \to G/M$, $\phi(x) = xM$ 라 정의하자.

(1) 임의의 $x, y \in N$ 에 대하여
$\phi(x)\phi(y) = (xM)(yM) = xyM = \phi(xy)$ 이므로 ϕ 는 준동형사상이다.

(2) 임의의 $x, y \in N$ 에 대하여 $\phi(x) = \phi(y)$ 라 하면
$xM = yM$, $x^{-1}y \in M$
$x, y \in N$ 이므로 $x^{-1}y \in N$
$M \cap N = \{e\}$ 이므로 $x^{-1}y = e$, $x = y$
따라서 ϕ 는 단사사상이다.

(3) 임의의 $g \in G$ 에 대하여 $MN = G$ 이므로 $g = mn$, $m \in M, n \in N$ 라 나타낼 수 있다.
$M \lhd G$, $N \lhd G$, $M \cap N = \{e\}$ 이므로 $g = mn = nm$
$gM = nmM = (nM)(mM) = nM = \phi(n) \in \mathrm{Im}(\phi)$
따라서 $\mathrm{Im}(\phi) = G/M$
그러므로 ϕ 는 동형사상이며 $G/M \cong N$ 이다.
위의 증명에서 M, N 의 역할을 바꾸면 $G/N \cong M$ 이다.

'대응정리'의 일부 내용이다. H/N 과 H 사이에 일대일대응이 있다.

[정리] 군 G 의 정규부분군 $N \lhd G$ 에 대하여
잉여군 G/N 의 모든 부분군은 H/N (단, $N \leq H \leq G$)으로 나타낼 수 있다.

증명 잉여군 G/N 의 임의의 한 부분군을 $\overline{H} = \{a_i N \mid i \in I\}$ 라 하자.
집합 $H = \bigcup_{i \in I} a_i N$ 라 두면 $a_i N \subset G$ 이므로 $H \subset G$

첫째, H 는 G 의 부분군이며 $N \leq H \leq G$ 임을 보이자.
$\overline{H}$ 는 G/N 의 부분군이므로 항등원 $eN = N \in \overline{H}$ 이며 $N \subset H$
두 원소 $x, y \in H$ 에 대하여 $xN, yN \in \overline{H}$ 이며
$\overline{H}$ 는 부분군이므로 $xNyN = xyN \in \overline{H}$, $(xN)^{-1} = x^{-1}N \in \overline{H}$
$xyN \subset H$, $x^{-1}N \subset H$ 이므로 $xy \in H$, $x^{-1} \in H$
따라서 H 는 G 의 부분군이며 $N \leq H \leq G$ 이다.

둘째, $\overline{H} = H/N$ 임을 보이자.
$\overline{H}$ 의 임의의 원소 aN 에 대하여 $a \in aN \subset H$ 이므로 $aN \in H/N$
따라서 $\overline{H} \subset H/N$
H/N 의 임의의 원소 hN(단, $h \in H$)에 대하여 $h \in H$ 이므로
$h \in aN \in \overline{H}$ 인 aN 이 있다. $h \in aN$ 이므로 $hN = aN \in \overline{H}$
따라서 $H/N \subset \overline{H}$
그러므로 잉여군 G/N 의 모든 부분군 $\overline{H} = H/N$, $N \leq H \leq G$ 인 부분군 H 로서 나타낼 수 있다.

[정리] 군 G 의 부분군 N 의 지표(index)가 $|G:N|=2$ 이면 N 이 정규 부분군이다.

증명 $|G:N|=2$ 이므로 군 G 는 두 잉여류 N 과 $xN=G-N$ $(x\in G-N)$ 을 갖는다.

임의의 $n\in N,\ g\in G$ 에 대하여 $g^{-1}ng\in N$ 임을 보이자.

$g\in N$ 인 경우 $g^{-1}ng\in N$ 은 자명하다.

$g\in G-N$ 인 경우 $ng=m\in N$ 이라면 $g=n^{-1}m\in N$ 이므로 $g\in G-N$ 에 위배된다.

따라서 $ng\in xN$ 이다.

또한 $g\in xN$ 이므로 $ng=xn_1,\ g=xn_2$ 인 원소 $n_1,n_2\in N$ 가 존재한다.

따라서 $g^{-1}ng=(xn_2)^{-1}xn_1=n_2^{-1}x^{-1}xn_1=n_2^{-1}n_1\in N$

그러므로 임의의 $n\in N, g\in G$ 에 대하여 $gng^{-1}\in N$, 즉 N 은 정규 부분군이다.

준동형사상의 상과 핵은 각각 H 와 G 의 부분군이 된다. 특히, 핵은 G 의 정규 부분군이다. 그러나, 상은 일반적으로 정규 부분군이 아니다.

[정리] 준동형사상 $f:G\to H$ 에 대하여
상 : $\mathrm{Im}(f)=\{f(a)\mid a\in G\}<H$
핵 : $\ker(f)=\{a\in G\mid f(a)=e\text{(항등원)}\}\lhd G$

증명 임의의 두 원소 $a,b\in G$ 에 대하여

$f(a)f(b)=f(ab)\in \mathrm{Im}(f)$ 이며, $f(g^{-1})f(g)=f(g^{-1}g)=f(e)=e$

이므로 상 $\mathrm{Im}(f)$ 는 부분군의 필요충분조건을 만족한다.

따라서 군 H 의 부분군이다.

또한 $a,b\in\ker(f)$ 에 대하여

$f(ab)=f(a)f(b)=e$

이므로 $ab\in \mathrm{Ker}(f)$ 이며 임의의 $c\in\ker(f)$ 에 대하여

$f(c^{-1})=f(c^{-1})f(c)=f(c^{-1}c)=f(e)=e$

이므로 $c^{-1}\in\ker(f)$. 그러므로 $\ker(f)$ 는 G 의 부분군이다.

$\ker(f)$ 가 정규부분군임을 보이려면 임의의 $g\in G$ 와 $a\in\ker(f)$ 에 대하여

$g^{-1}ag\in\ker(f)$

임을 보이면 된다.

$$f(g^{-1}ag)=f(g^{-1})f(a)f(g)=f(g^{-1})f(g)=f(g^{-1}g)=f(e)=e$$

이므로 $g^{-1}ag\in\ker(f)$. 따라서 $\ker(f)$ 는 군 G 의 정규부분군이다.

3. 중심, 교환자 부분군, 가해군

군G의 중심(center)을 다음과 같이 정의한다.

[정의] {중심} $\mathrm{C}(G) = \{g \in G \mid$ 모든 $x \in G$에 대하여 $gx = xg\}$

중심 $\mathrm{C}(G)$는 가환부분군이며, $\mathrm{Z}(G)$라 표기하기도 한다.
군G의 중심$\mathrm{C}(G)$는 G의 정규부분군이다.
특히, 군G가 가환군이면 $\mathrm{C}(G) = G$이며, 역으로 $\mathrm{C}(G) = G$이면 군G는 가환군이다.
중심 $\mathrm{C}(G)$가 클수록 군G는 가환군과 비슷할 것이라 추측할 수 있다.
중심과 반대로 군G가 가환군과 비슷할수록 작아지는 부분군도 있다.
군G의 두 원소a, b에 대하여 $aba^{-1}b^{-1}$를 a, b의 교환자(commutator)라 하고, $[a : b]$라 쓴다.

$$[a : b] = aba^{-1}b^{-1}$$

모든 교환자들로 생성된 부분군을 교환자 부분군(commutator subgroup)이라 하고 G' 또는 $[G, G]$로 표기한다.

[정의] {교환자부분군} $G' = \langle aba^{-1}b^{-1} \mid a, b \in G \rangle$

가환군과 비가환군의 중간 정도 되는 개념을 하나 소개하자.

[정의] {가해군(solvable group)} 군G에 대하여 다음 조건을 만족하는 부분군 $N_1, N_2, \cdots, N_n$ 이 존재할 때, 군G를 가해군(solvable group)이라 한다.
(1) $G = N_n \rhd N_{n-1} \rhd \cdots \rhd N_1 \rhd N_0 = \{e\}$
(2) N_k / N_{k-1} 은 Abel군 (단, $1 \le k \le n$)

위 정의에서 (1)과 같이 군G의 부분군N_k들이 $N_k \rhd N_{k-1}$이 되는 나열을 준정규열(subnormal series)이라 하고, (2)와 같이 각각의 잉여군들이 모두 Abel군이 되는 준정규열을 가해열(solvable series)이라 한다.
군G의 준정규열(subnormal series)의 부분군N_k들이 $G \rhd N_k$이면 정규열(normal series)이라 한다.
군G의 준정규열(subnormal series)의 부분군N_k들에 대하여
$N_k > H > N_{k-1}$인 부분군H를 끼워 넣을 수 없을 때 합성열(composition series)이라 하며, 합성열(composition series)이 정규열일 때 주요열(chief series)이라 한다.

중심과 교환자 부분군에 관하여 다음의 정리가 성립한다.

[정리]

(1) 군 G의 중심 $C(G)$는 G의 정규부분군이다.
(2) 잉여군 $G/C(G)$가 순환군이면 군 G는 Abel군이다. 이때, $C(G)=G$
(3) 군 G의 교환자 부분군 G'는 G의 정규부분군이며, G/G'은 가환군이다.
(4) 군 G의 정규부분군 N에 대하여
G/N이 가환군일 필요충분조건은 교환자부분군 $G' \subset N$이다.

증명 (1) ① 모든 $x \in G$에 대하여 $ex = x = xe$이므로 $e \in C(G)$이다.

② $a, b \in C(G)$라 하면 모든 $x \in G$에 대하여 $ax = xa$이며, $bx = xb$
$(ab)x = a(bx) = a(xb) = (ax)b = (xa)b = x(ab)$
이므로 $ab \in C(G)$

③ $a \in C(G)$라 하면, 모든 $x \in G$에 대하여 $ax = xa$이며, 양변에 a^{-1}를 연산하면, $a^{-1}x = xa^{-1}$이므로, $a^{-1} \in C(G)$

④ 임의의 $a \in C(G)$, $g \in G$에 대하여 $g^{-1}ag = g^{-1}ga = ea = a \in C(G)$
따라서 $C(G)$는 G의 정규부분군이다.

(2) $G/C(G)$가 순환군이므로 적당한 $g \in G$에 대하여 $G/C(G) = \langle \bar{g} \rangle$
$\bar{g}$는 생성원이므로 임의의 $g_1, g_2 \in G$에 대하여 $\overline{g_1} = \bar{g}^m$, $\overline{g_2} = \bar{g}^n$인 정수 m, n이 있다. 즉, $g_1 \in \bar{g}^m$, $g_2 \in \bar{g}^n$ 또는 적당한 $c_1, c_2 \in C(G)$에 대하여 $g_1 = g^m c_1$, $g_2 = g^n c_2$

$$\begin{aligned} g_1 \cdot g_2 &= (g^m c_1) \cdot (g^n c_2) = g^m (c_1 g^n) c_2 = g^m (g^n c_1) c_2 = (g^m g^n)(c_1 c_2) \\ &= (g^n g^m)(c_2 c_1) = g^n (g^m c_2) c_1 = g^n (c_2 g^m) c_1 = (g^n c_2) \cdot (g^m c_1) \\ &= g_2 \cdot g_1 \end{aligned}$$

따라서 군 G는 가환군이다. 또한 G가 가환군이므로 $C(G) = G$이다.

(3) 임의의 교환자 $aba^{-1}b^{-1}$와 임의의 $g \in G$에 대하여
$g(aba^{-1}b^{-1})g^{-1} = (gag^{-1})(gbg^{-1})(gag^{-1})^{-1}(gbg^{-1})^{-1} \in G'$
이므로 교환자부분군은 정규부분군이다.
임의의 두 원소 $aG', bG' \in G/G'$에 대하여
$(ab)(ba)^{-1} = aba^{-1}b^{-1} \in G'$
이므로 $abG' = baG'$이며 $(aG')(bG') = (bG')(aG')$
따라서 잉여군 G/G'는 가환군이다.

(4) ($\rightarrow$) 임의의 두 원소 $a, b \in G$에 대하여 $aN, bN \in G/N$
G/N이 가환군이므로 $(aN)(bN) = (bN)(aN)$. $abN = baN$,
$(ba)^{-1}(ab) = a^{-1}b^{-1}ab \in N$
따라서 N은 G의 모든 교환자 원소를 포함하므로 $G' \subset N$이다.
($\leftarrow$) 임의의 두 원소 $aN, bN \in G/N$에 대하여
$(ba)^{-1}(ab) = a^{-1}b^{-1}ab \in G' \subset N$이므로 $abN = baN$이며
$(aN)(bN) = (bN)(aN)$
따라서 G/N은 가환군이다.

예제 1 군 G의 정규부분군 N에 대하여 $|N|=2$ 이면 $N \subset C(G)$ 임을 보이시오.

풀이 $|N|=2$ 이므로 $N=\{e, a\}$ 라 두자. (단, e는 항등원)
임의의 원소 $g \in G$에 대하여 N이 정규부분군이므로
$gN=\{g, ga\}=\{g, ag\}=Ng$
따라서 모든 $g \in G$에 대하여 $ag=ga$ 이며 $g \in C(G)$
그러므로 $N \subset C(G)$

예제 2 $N, M \lhd G$, $N \cap M=\{e\}$ 이며 G/N와 G/M는 가환군이면 G는 가환군임을 보이시오.

풀이 군 G의 교환자부분군을 G' 라 하면 G/N와 G/M는 가환군이므로 $G' \subset N, M$
$N \cap M=\{e\}$ 이므로 $G'=\{e\}$. 따라서 G는 가환군

예제 3 사원수군 $Q_8=\{\pm 1, \pm i, \pm j, \pm k\}$의 중심과 교환자 부분군을 구하시오.

풀이 임의의 $q \in Q_8$에 대하여 $(-1) \cdot q=-q=q \cdot (-1)$ 이므로
$\pm 1 \in C(Q_8)$
그러나 $i \cdot j=-j \cdot i \neq j \cdot i$, $j \cdot k=-k \cdot j \neq j \cdot k$ 이므로
$\pm i, \pm j, \pm k \notin C(Q_8)$
따라서 중심 $C(Q_8)=\{1,-1\}$
교환자부분군 $[Q_8, Q_8]$은 $aba^{-1}b^{-1}$들로 생성된 부분군이다.
$iji^{-1}j^{-1}=ij(-i)(-j)=i(ji)j=i(-ij)j=-i^2j^2=-1$
$kjk^{-1}j^{-1}=kj(-k)(-j)=k(jk)j=k(-kj)j=-k^2j^2=-1$
$kik^{-1}i^{-1}=ki(-k)(-i)=k(ik)i=k(-ki)i=-k^2i^2=-1$
이므로 $[Q_8, Q_8]$은 1과 -1로 생성된 부분군이다.
따라서 $[Q_8, Q_8]=\{1,-1\}$ 이다.

예제 4 사원수군 $Q_8=\{\pm 1, \pm i, \pm j, \pm k\}$은 가해군(solvable group)임을 보이시오.

풀이 $C=\{1,-1\}$ 이라 두면 C는 Q_8의 정규부분군이며 위수가 2이다.
또한 $H=\{\pm 1, \pm \mathrm{i}\}$ 라 두면 H는 Q_8의 부분군이며 지표(index)가 2이므로 정규부분군이다.
따라서 $Q_8 \rhd H \rhd C \rhd \langle 1 \rangle$ 이다.
또한 $|Q_8 : H|=|H : C|=|C : \langle 1 \rangle|=2$ (소수)이므로
$Q_8/H \cong H/C \cong C/\langle 1 \rangle \cong \mathbb{Z}_2$
로서 잉여군이 모두 가환군이다.
그러므로 Q_8은 가해군(solvable group)이다.

예제 5 위수(order)가 소수(prime)인 군은 모두 단순군(simple group)임을 보여라.

풀이 군G의 위수가 소수p이면 임의의 부분군H에 대하여 $|H| \mid p$ 이므로 $|H|=1, p$

$|H|=1$이면 $H=\{e\}$, $|H|=p$ 이면 $H=G$이므로 G의 부분군은 $\{e\}$,G 뿐이다.
따라서 자명하지 않는 정규부분군은 없다.
그러므로 G는 단순군이다.

예제 6 단순 가환군(simple abelian group)은 유한, 순환군 임을 보이시오.

증명 군G를 단순 가환군이라 하자.
G가 가환군이면 모든 부분군이 정규부분군이므로 단순군이기 위한 필요충분조건은 G의 부분군이 $G, \langle e \rangle$ 뿐이다.
만약 G가 유한군이 아니라면, 즉 G의 위수가 무한이라 가정하면 $a \neq e$ 인 $a \in G$가 존재하며, a의 위수는 유한이거나 무한이다.
이때, a의 위수가 유한이면 $\langle a \rangle$은 G의 진부분군이 되어 문제의 조건에 위배된다.
따라서 a의 위수는 무한이어야 한다. 이때 $\langle a^2 \rangle$은 $\langle a \rangle$의 진부분군이므로 $\langle a^2 \rangle$은 G의 진부분군이 된다. 역시 문제의 조건에 위배된다.
따라서 G의 위수는 유한이다. 즉, 유한군이다.
그리고 $G=\langle e \rangle$이면 G는 순환군이며, $G \neq \langle e \rangle$ 이면 $a \neq e$ 인 $a \in G$가 존재하며 $\langle a \rangle$는 G의 부분군이므로 $G, \langle e \rangle$ 둘 중 하나와 같다.
그런데 $a \neq e$ 이므로 $\langle a \rangle = G$
따라서 G는 순환군이다.

4. 아벨군의 잉여군(quotient group)과 행렬조작

아벨군 $\mathbb{Z} \oplus \mathbb{Z}$ 의 부분군 $\langle (a,b),(c,d) \rangle$ 에 대하여

$$\langle (a,b),(c,d) \rangle = \langle (c,d),(a,b) \rangle = \langle (-a,-b),(c,d) \rangle$$
$$= \langle (a,b),(c+ka,d+kb) \rangle$$

$$\mathbb{Z} \oplus \mathbb{Z} / \langle (a,b),(c,d) \rangle = \mathbb{Z} \oplus \mathbb{Z} / \langle (c,d),(a,b) \rangle$$
$$: \begin{pmatrix} a\,b \\ c\,d \end{pmatrix} \to \begin{pmatrix} c\,d \\ a\,b \end{pmatrix}$$

$$\mathbb{Z} \oplus \mathbb{Z} / \langle (a,b),(c,d) \rangle = \mathbb{Z} \oplus \mathbb{Z} / \langle (-a,-b),(c,d) \rangle$$
$$: \begin{pmatrix} a\,b \\ c\,d \end{pmatrix} \to \begin{pmatrix} -a & -b \\ c & d \end{pmatrix}$$

$$\mathbb{Z} \oplus \mathbb{Z} / \langle (a,b),(c,d) \rangle = \mathbb{Z} \oplus \mathbb{Z} / \langle (a,b),(c+ka,d+kb) \rangle$$
$$: \begin{pmatrix} a\,b \\ c\,d \end{pmatrix} \to \begin{pmatrix} a & b \\ c+ka & d+kb \end{pmatrix}$$

세 사상 $f_i : \mathbb{Z} \oplus \mathbb{Z} \to \mathbb{Z} \oplus \mathbb{Z}$, $f_1(x,y) = (y,x)$,

$$f_2(x,y) = (-x,y),$$
$$f_3(x,y) = (x, kx+y)$$

는 모두 군동형사상이므로 아래와 같은 군-동형이 성립한다.

$\mathbb{Z}\oplus\mathbb{Z}/\langle (a,b),(c,d)\rangle \cong \mathbb{Z}\oplus\mathbb{Z}/\langle (b,a),(d,c)\rangle$

$: \begin{pmatrix} a & b \\ c & d \end{pmatrix} \to \begin{pmatrix} b & a \\ d & c \end{pmatrix}$

$\mathbb{Z}\oplus\mathbb{Z}/\langle (a,b),(c,d)\rangle \cong \mathbb{Z}\oplus\mathbb{Z}/\langle (-a,b),(-c,d)\rangle : \begin{pmatrix} a & b \\ c & d \end{pmatrix} \to \begin{pmatrix} -a & b \\ -c & d \end{pmatrix}$

$\mathbb{Z}\oplus\mathbb{Z}/\langle (a,b),(c,d)\rangle \cong \mathbb{Z}\oplus\mathbb{Z}/\langle (a,b+ka),(c,d+kc)\rangle$

$: \begin{pmatrix} a & b \\ c & d \end{pmatrix} \to \begin{pmatrix} a & b+ka \\ c & d+kc \end{pmatrix}$

위 식에서 제시된 행렬은 부분군 $\langle (a,b),(c,d)\rangle$ 등등의 생성원을 행벡터로 둔 행렬이다.

행렬들의 조작들을 따로 정리하면, 정수$\mathbb{Z}$ 에 관한 기본조작임을 알 수 있다.

행조작 $\begin{pmatrix} a & b \\ c & d \end{pmatrix} \to \begin{pmatrix} c & d \\ a & b \end{pmatrix}$, $\begin{pmatrix} a & b \\ c & d \end{pmatrix} \to \begin{pmatrix} -a & -b \\ c & d \end{pmatrix}$, $\begin{pmatrix} a & b \\ c & d \end{pmatrix} \to \begin{pmatrix} a & b \\ c+ka & d+kb \end{pmatrix}$

열조작 $\begin{pmatrix} a & b \\ c & d \end{pmatrix} \to \begin{pmatrix} b & a \\ d & c \end{pmatrix}$, $\begin{pmatrix} a & b \\ c & d \end{pmatrix} \to \begin{pmatrix} -a & b \\ -c & d \end{pmatrix}$, $\begin{pmatrix} a & b \\ c & d \end{pmatrix} \to \begin{pmatrix} a & b+ka \\ c & d+kc \end{pmatrix}$

따라서 잉여군으로 주어진 유한생성아벨군의 부분군의 생성원을 행렬로 표시하여 다음의 기본조작을 반복하여도 대응하는 아벨군은 군-동형이다.

(1) 행과 행의 교환하기, 열과 열의 교환하기
(2) 행 또는 열에 -1 배 하기
(3) 한 행(열)에 정수배하여 다른 행(열)에 합산하기

위의 (1), (2), (3)은 행렬의 기본 조작 3가지를 정수환의 범위에서 시행하는 것을 의미한다.

즉, 행렬$\begin{pmatrix} a & b \\ c & d \end{pmatrix}$을 정수에 관한 행조작, 열조작하여 $\begin{pmatrix} p & q \\ r & s \end{pmatrix}$가 되었다면

$$\mathbb{Z}\oplus\mathbb{Z}/\langle (a,b),(c,d)\rangle \cong \mathbb{Z}\oplus\mathbb{Z}/\langle (p,q),(r,s)\rangle$$

또한 기본정리에 따르면 모든 정수행렬$\begin{pmatrix} a & b \\ c & d \end{pmatrix}$는 대각행렬$\begin{pmatrix} m & 0 \\ 0 & n \end{pmatrix}$으로 행-열조작할 수 있다.

$$\mathbb{Z}\oplus\mathbb{Z}/\langle (a,b),(c,d)\rangle \cong \mathbb{Z}\oplus\mathbb{Z}/\langle (m,0),(0,n)\rangle$$

부분군 $\langle (m,0),(0,n)\rangle = \langle m\rangle\oplus\langle n\rangle$ 이므로

> $\langle (m,n)\rangle$ 와 $\langle m\rangle\oplus\langle n\rangle$ 는 다른 부분군이다.

$$\mathbb{Z}\oplus\mathbb{Z}/\langle m\rangle\oplus\langle n\rangle \cong (\mathbb{Z}/\langle m\rangle)\oplus(\mathbb{Z}/\langle n\rangle) \cong \mathbb{Z}_m\oplus\mathbb{Z}_n$$

여기서 $\mathbb{Z}/\langle 1\rangle \cong \mathbb{Z}/\mathbb{Z} \cong \langle 0\rangle = \mathbb{Z}_1$이며 $\mathbb{Z}/\langle 0\rangle \cong \mathbb{Z} = \mathbb{Z}_0$ 임에 유의한다.

거꾸로 생각하면 $\mathbb{Z}\oplus\mathbb{Z}_n \cong \mathbb{Z}\oplus\mathbb{Z}/\langle (0,n)\rangle$ 이며

$$\mathbb{Z}_m\oplus\mathbb{Z}_n/\langle (a,b)\rangle \cong \mathbb{Z}\oplus\mathbb{Z}/\langle (m,0),(0,n),(a,b)\rangle$$

몇 가지 사례를 살펴보자.

① $\mathbb{Z}\oplus\mathbb{Z}/\langle (a,b)\rangle \cong \mathbb{Z}\oplus\mathbb{Z}_{\gcd(a,b)}$

$\mathbb{Z}\oplus\mathbb{Z}/\langle (a,b)\rangle$을 행렬로 나타내면 1×2행렬 $(a\ b)$ 이고 이를 열조작하면, $\gcd(a,b)=d$ 라 하면 $ax+by=d$ 인 정수 x, y 가 존재하므로

$(a\ b) \to (0\ \ ax+by) = (0\ d)$

행렬$(0d)$ 를 다시 아벨군으로 적으면 $\mathbb{Z}\oplus\mathbb{Z}_d$ 이다.

② $\mathbb{Z}_n \oplus \mathbb{Z}_m / \langle(1,k)\rangle \cong \mathbb{Z}_{\gcd(kn,m)}$

$\mathbb{Z}_n \oplus \mathbb{Z}_m / \langle(1,k)\rangle \cong \mathbb{Z} \oplus \mathbb{Z} / \langle(n,0),(0,m),(1,k)\rangle$

다음과 같이 행렬로 나타내어 행/열조작하자. $d = \gcd(kn, m)$ 라 두면

$$\begin{pmatrix} n & 0 \\ 0 & m \\ 1 & k \end{pmatrix} \to \begin{pmatrix} 1 & k \\ 0 & m \\ n & 0 \end{pmatrix} \to \begin{pmatrix} 1 & k \\ 0 & m \\ 0 & -nk \end{pmatrix} \to \begin{pmatrix} 1 & k \\ 0 & m \\ 0 & nk \end{pmatrix} \to \begin{pmatrix} 1 & 0 \\ 0 & m \\ 0 & nk \end{pmatrix} \to \begin{pmatrix} 1 & 0 \\ 0 & d \\ 0 & nk \end{pmatrix} \to \begin{pmatrix} 1 & 0 \\ 0 & d \\ 0 & 0 \end{pmatrix}$$

이제 아벨군으로 쓰면 $\mathbb{Z}_1 \oplus \mathbb{Z}_d \cong \mathbb{Z}_d$

③ $\mathbb{Z} \oplus \mathbb{Z}_2 / \langle(4,1)\rangle \cong \mathbb{Z}_8$

$\mathbb{Z} \oplus \mathbb{Z}_2 / \langle(4,1)\rangle \cong \mathbb{Z} \oplus \mathbb{Z} / \langle(0,2), (4,1)\rangle$ 이며, 열벡터로 행렬을 꾸며도 된다.

$$\begin{pmatrix} 0 & 4 \\ 2 & 1 \end{pmatrix} \to \begin{pmatrix} -8 & 0 \\ 2 & 1 \end{pmatrix} \to \begin{pmatrix} 8 & 0 \\ 2 & 1 \end{pmatrix} \to \begin{pmatrix} 8 & 0 \\ 0 & 1 \end{pmatrix}$$

따라서 $\mathbb{Z} \oplus \mathbb{Z}_2 / \langle(4,1)\rangle \cong \mathbb{Z}_8 \oplus \mathbb{Z}_1 \cong \mathbb{Z}_8$

여기서 열벡터로 행렬을 만들면 우측열에 변수 x , y 를 넣어 조작과정을 알 수 있다.

$$\left(\begin{array}{cc|c} 0 & 4 & x \\ 2 & 1 & y \end{array}\right) \to \left(\begin{array}{cc|c} -8 & 0 & x-4y \\ 2 & 1 & y \end{array}\right) \to \left(\begin{array}{cc|c} 8 & 0 & -x+4y \\ 2 & 1 & y \end{array}\right) \to \left(\begin{array}{cc|c} 8 & 0 & -x+4y \\ 0 & 1 & y \end{array}\right)$$

또한 $(-x+4y, y) \in \mathbb{Z}_8 \oplus \mathbb{Z}_1$ 이므로 $-x+4y \in \mathbb{Z}_8$ 이며 사상 $f : \mathbb{Z} \oplus \mathbb{Z}_2 \to \mathbb{Z}_8$ 를 $f(x,y) = -x+4y$ 라 정의하면, f 는 잘 정의된 전사 준동형사상이며 $\ker(f) = \langle(4,1)\rangle$

따라서 제1동형정리에 의하여 $\mathbb{Z} \oplus \mathbb{Z}_2 / \langle(4,1)\rangle \cong \mathbb{Z}_8$

④ $\mathbb{Z} \oplus \mathbb{Z}_6 / \langle(2,4)\rangle$ 의 원소 $(1,1) + \langle(2,4)\rangle$ 의 위수 구하기

열벡터로 행렬을 꾸미면 원소 $(1,1)$ 이 대응한 값을 구할 수 있다.

$$\left(\begin{array}{cc|c} 0 & 2 & 1 \\ 6 & 4 & 1 \end{array}\right) \to \left(\begin{array}{cc|c} 0 & 2 & 1 \\ 6 & 0 & -1 \end{array}\right) \to \left(\begin{array}{cc|c} 6 & 0 & -1 \\ 0 & 2 & 1 \end{array}\right) \to \left(\begin{array}{cc|c} 6 & 0 & 5 \\ 0 & 2 & 1 \end{array}\right)$$

문제에서 주어진 군과 원소는 각각 군 $\mathbb{Z}_6 \oplus \mathbb{Z}_2$ 와 원소 $(5,1)$ 와 동형적으로 대응한다.

따라서 $(5,1)$ 의 위수 $|(5,1)| = \mathrm{lcm}(|5|, |1|) = \mathrm{lcm}(6, 2) = 6$

예제1 잉여군 $\mathbb{Z}_{36} \oplus \mathbb{Z}_{15} / \langle(5, 10)\rangle$와 원소 $(3, 5) + \langle(5, 10)\rangle$의 위수를 구하시오.

풀이 열벡터로 행렬을 구성하여 동형인 군과 원소를 찾아보자.

$$\left(\begin{array}{ccc|c} 36 & 0 & 5 & 3 \\ 0 & 15 & 10 & 5 \end{array}\right) \to \left(\begin{array}{ccc|c} 1 & 0 & 5 & 3 \\ -70 & 15 & 10 & 5 \end{array}\right) \to \left(\begin{array}{ccc|c} 1 & 0 & 0 & 3 \\ -70 & 15 & 360 & 5 \end{array}\right) \to \left(\begin{array}{ccc|c} 1 & 0 & 0 & 3 \\ 5 & 15 & 0 & 5 \end{array}\right)$$

$$\to \left(\begin{array}{ccc|c} 1 & 0 & 0 & 3 \\ 0 & 15 & 0 & -10 \end{array}\right) \to \left(\begin{array}{ccc|c} 1 & 0 & 0 & 0 \\ 0 & 15 & 0 & 5 \end{array}\right)$$

문제에서 주어진 군과 원소는 각각 군 $\mathbb{Z}_1 \oplus \mathbb{Z}_{15} \cong \mathbb{Z}_{15}$ 와 원소 5 와 동형적으로 대응한다. $\mathbb{Z}_{15}$ 의 위수는 15이며, $\mathbb{Z}_{15}$ 에서 5 의 위수 3이다.

따라서 잉여군 $\mathbb{Z}_{36} \oplus \mathbb{Z}_{15} / \langle(5,10)\rangle$ 의 위수는 15이며,

원소 $(3,5) + \langle(5,10)\rangle$ 의 위수는 3이다.

윤양동

임용수학

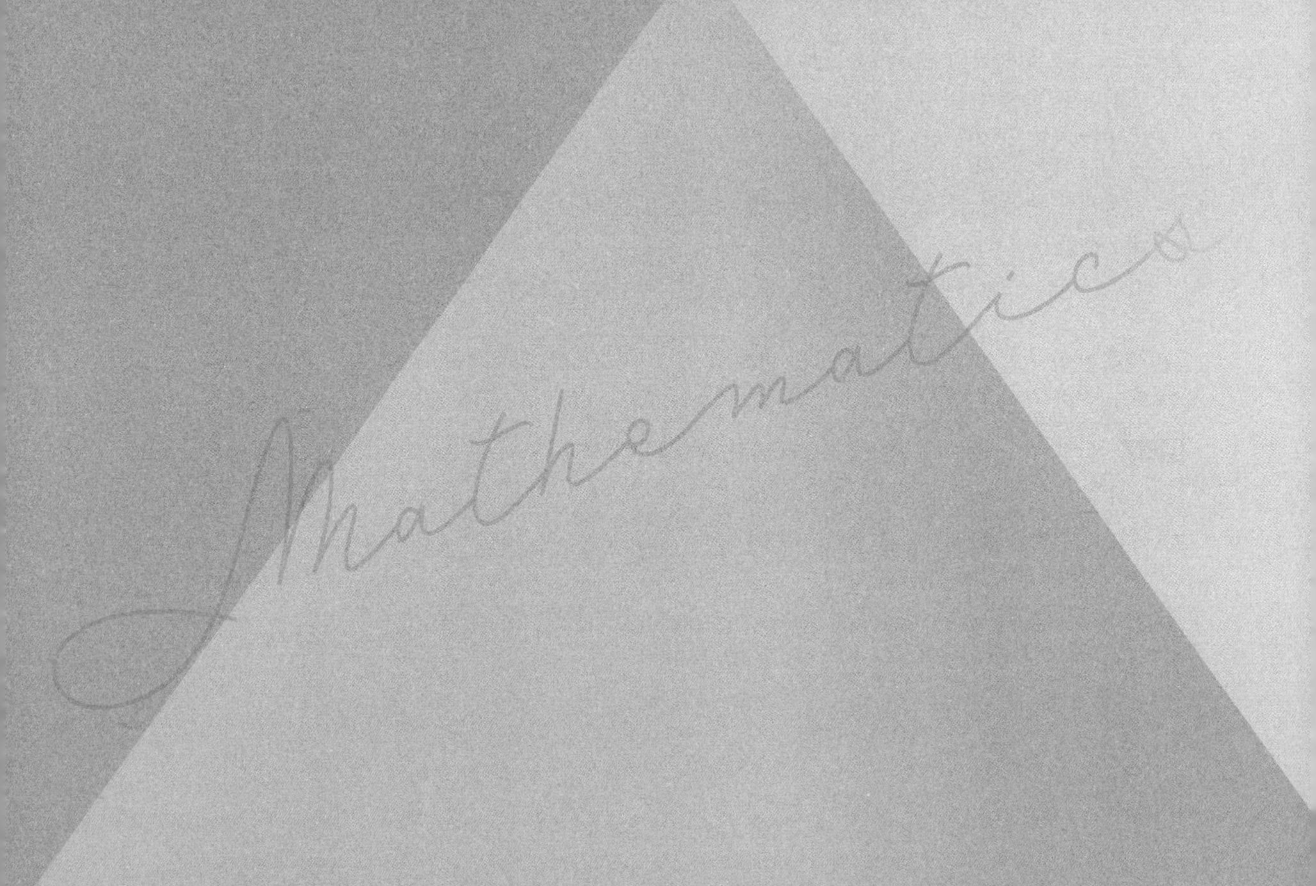

CHAPTER

2

동형정리와 실로우 정리

1. 동형정리

2. 공액류과 유등식

3. 실로우 정리

4. 군의 표현

5. 부분군 다이어그램

Chapter 02

동형정리와 실로우 정리

01 동형정리(Isomorphism Theorems)

1. 제1동형정리

준동형사상의 $\ker(f)$는 G의 정규부분군이므로 잉여군$G/\ker(f)$을 정의할 수 있다.

이 잉여군의 구조를 알 수 있는 다음 정리가 성립한다.

[제1동형정리] $f: G \to H$가 준동형사상이면 $G/\ker(f) \cong \mathrm{Im}(f)$

증명 $K = \ker(f)$라 두고, 사상$\phi : G/K \to \mathrm{Im}(f)$를 $\phi(aK) = f(a)$, $a \in G$ 라 정의하자.

(1) ϕ는 잘 정의(Well-defined)됨

$aK = bK$, $a,b \in G$라 하자. 그러면, $a^{-1}b \in K$이며, $f(a^{-1}b) = e$

f가 준동형사상이므로 $f(a)^{-1}f(b) = e$이며, $f(a) = f(b)$

따라서 $\phi(aK) = \phi(bK)$이며 ϕ는 잘 정의된 사상이다.

(2) ϕ는 준동형사상

임의의 $aK, bK \in G/K$에 대하여

$\phi((aK)(bK)) = \phi(abK) = f(ab) = f(a)f(b) = \phi(aK)\phi(bK)$

(3) ϕ는 전사

임의의 $f(a) \in \mathrm{Im}(f)$, $a \in G$에 대하여

$f(a) = \phi(aK) \in \mathrm{Im}(\phi)$이므로 $\mathrm{Im}(\phi) = \mathrm{Im}(f)$

(4) ϕ는 단사

$\phi(aK) = \phi(bK)$, $a,b \in G$라 하면, $f(a) = f(b)$이며, $f(a)^{-1}f(b) = e$

f가 준동형사상이므로, $f(a^{-1}b) = e$이며, $a^{-1}b \in K$이다.

따라서 $aK = bK$이다.

그러므로 $G/\ker(f) \cong \mathrm{Im}(f)$이 성립한다.

2. 제2동형정리

군G의 두 부분군M, N에 대하여 N이 정규부분군이면 MN은 G의 부분군이 되며, $M \triangleright N \cap M$, $MN \triangleright N$이 성립한다.

이때 $M/(N \cap M)$, MN/N 사이의 관계를 제1동형정리를 이용하여 알 수 있다.

[제2동형정리] $M < G$, $N \triangleleft G$이면 $M/(N \cap M) \cong MN/N$

증명 사상$f : \mathrm{M} \to \mathrm{MN/N}$ 를 $f(m) = m\mathrm{N}$ $(m \in \mathrm{M})$라 정의하자.

(1) f 는 준동형사상

임의의 $a, b \in \mathrm{M}$ 에 대하여 $f(ab) = ab\mathrm{N} = (a\mathrm{N})(b\mathrm{N}) = f(a)f(b)$

(2) f 는 전사

임의의 $mn\mathrm{N} \in \mathrm{MN/N}$, $m \in \mathrm{M}, n \in \mathrm{N}$ 에 대하여

$mn\mathrm{N} = (m\mathrm{N})(n\mathrm{N}) = (m\mathrm{N})(e\mathrm{N}) = m\mathrm{N} = f(m) \in \mathrm{Im}(f)$

이므로 $\mathrm{Im}(f) = \mathrm{MN/N}$ 이다.

(3) $\ker(f) = \{a \in \mathrm{M} : f(a) = e\mathrm{N}\} = \{a \in \mathrm{M} : a\mathrm{N} = e\mathrm{N}\}$

$= \{a \in \mathrm{M} : a \in \mathrm{N}\} = \mathrm{M} \cap \mathrm{N}$

그러므로 제1동형정리에 의하여, $\mathrm{M}/(\mathrm{M} \cap \mathrm{N}) \cong \mathrm{MN/N}$ 이 성립한다.

3. 제3동형정리

군G의 정규부분군N에 대하여 다음 대응정리가 성립한다.

[대응정리] $N \lhd G$일 때, $\Phi = \{H \mid N \le H \le G\}$ 에서 $\Psi = \{\overline{H} \mid \overline{H} \le G/N\}$ 로의 사상 $\varphi : \Phi \to \Psi$, $\varphi(H) = H/N$ 는
일대일 대응이다. 그리고 다음 두 성질이 성립한다.
(1) $N \le H \le K \le G$ 이면 $\varphi(H) \le \varphi(K)$
(2) H가 G의 정규부분군이면 $\varphi(H)$ 는 G/N의 정규부분군이다.

증명 (1) $\varphi(H_1) = \varphi(H_2)$ 이면 $H_1/N = H_2/N$이므로

$\bigcup_{\overline{x} \in H_1/N} \overline{x} = \bigcup_{\overline{x} \in H_2/N} \overline{x}$ 이다. $\bigcup_{\overline{x} \in H_1/N} \overline{x} = H_1$ 이며 $\bigcup_{\overline{x} \in H_2/N} \overline{x} = H_2$ 이므로 $H_1 = H_2$ 이다.

따라서 사상 φ 는 단사사상이다.

(2) 잉여군G/N의 임의의 부분군을 X라 하고, 집합 $\bigcup_{\overline{x} \in X} \overline{x} = H$라 놓자.

X는 부분군이므로 항등원 $N = \overline{e} \in X$이므로 $N \subset H$이다.

$a, b \in H$일 때, $\overline{a}, \overline{b} \in X$이며 X는 부분군이므로 $\overline{ab} = \overline{a}\,\overline{b} \in X$이고 $\overline{a^{-1}} = \overline{a}^{-1} \in X$

$\overline{ab} \in X$이고 $\overline{a^{-1}} \in X$이므로 $ab \in \overline{ab} \subset H$이고 $a^{-1} \in \overline{a^{-1}} \subset H$

따라서 H는 부분군이며 $N \subset H$이므로 $H \in \Phi$ 이다.

모든 $\overline{a} = aN \in H/N$ (단, $a \in H$)에 대하여 $\overline{a} \in X$이므로 $H/N \subset X$ 이다.

모든 $\overline{a} \in X$에 대하여 $a \in \overline{a} \subset H$이며 $\overline{a} = aN \in H/N$이므로 $X \subset H/N$ 이다.

따라서 $X = H/N = \varphi(H)$ 이므로 사상 φ는 전사사상이다.

그러므로 사상 φ는 일대일 대응이다.

① $N \le H \le K \le G$ 이면 $H/N \subset K/N$이므로 $\varphi(H) \le \varphi(K)$

② $\overline{a} = aN \in H/N$, $\overline{g} = gN \in G/N$일 때, $\overline{g}\,\overline{a}\,\overline{g}^{-1} = (gag^{-1})N$

$a \in H$ 이며 H은 G의 정규부분군이므로 $gag^{-1} \in H$, $\bar{g}\,\bar{a}\,\bar{g}^{-1} \in H/N$
따라서 H가 G의 정규부분군이면 $\varphi(H) = H/N$는 G/N의 정규부분군이다.

다음과 같은 정리가 성립함을 제1 동형정리를 통해 알 수 있다.

[제3동형정리] $N \subset M$, $N, M \lhd G$ 이면
$(G/N)/(M/N) \cong G/M$

증명 사상 $f : G/N \to G/M$ 를 $f(aN) = aM$, $a \in G$라 정의하자.

(1) f는 잘 정의(Well-defined)됨
$aN = bN$ (단, $a, b \in G$)이라 하자.
그러면, $a^{-1}b \in N$이다. $N \subset M$이므로 $a^{-1}b \in M$이다.
따라서 $aM = bM$이며, $f(aN) = f(bN)$ 이다.

(2) f는 준동형사상
임의의 $aN, bN \in G/N$에 대하여
$f((aN)(bN)) = f(abN) = abM = (aM)(bM) = f(aN)f(bN)$ 이다.

(3) f는 전사
임의의 $aM \in G/M$, $a \in G$에 대하여 $aM = f(aN) \in \mathrm{Im}(f)$ 이므로,
$\mathrm{Im}(f) = G/M$이다.

(4) $\ker(f) = M/N$
$\ker(f) = \{aN \in G/N \mid f(aN) = eM\} = \{aN \in G/N \mid aM = eM\}$
$= \{aN \in G/N \mid a \in M\} = M/N$
그러므로 제1동형정리에 의하여, $(G/N)/(M/N) \cong G/M$이 성립한다.

제1동형정리를 이용하면 다음 정리가 성립함을 보일 수 있다.

[정리] $N \lhd G$, $M \lhd H$ 이면 $N \times M \lhd G \times H$ 이며
$(G \times H)/(N \times M) \cong (G/N) \times (H/M)$

증명 사상 $f : G \times H \to (G/N) \times (H/M)$, $f(x, y) = (xN, yM)$라 정의하자.
첫째, 두 원소 $(a, b), (c, d) \in G \times H$에 대하여
$f(a,b)f(c,d) = (aN, bM)(cN, dM) = (aNcN, bMdM) = (acN, bdM)$
$= f(ac, bd) = f((a,b)(c,d))$
이므로 f는 준동형사상이다.
둘째, $\mathrm{Im}(f) = f(G \times H) = (G/N) \times (H/M)$
셋째, $\ker(f) = \{(x, y) \mid f(x,y) = (N, M)\} = \{(x, y) \mid xN = N, yM = M\}$
$= \{(x, y) \mid x \in N, y \in M\} = N \times M$
따라서 $N \times M \lhd G \times H$ 이며 제1동형정리에 의하여
$(G \times H)/(N \times M) \cong (G/N) \times (H/M)$

[정리] $f: G \to H$ 가 준동형사상이며 정규부분군 $M \lhd H$ 에 대하여 $N = f^{-1}(M)$ 이라 이면 $N \lhd G$ 이며 f 가 전사 준동형사상이면 $G/N \cong H/M$

증명 첫째, $N \lhd G$ 임을 보이자.
항등원 $e \in G$ 에 대하여 $f(e) = e_H \in M$ 이므로 $e \in f^{-1}(M) = N$
임의의 두 원소 $a, b \in N$ 과 $g \in G$ 에 대하여 $f(a), f(b) \in M$ 이며
M 은 부분군이므로 $f(a)f(b) = f(ab) \in M$, $f(a)^{-1} = f(a^{-1}) \in M$
M 은 정규부분군이므로 $f(gag^{-1}) = f(g)f(a)f(g)^{-1} \in M$
따라서 $ab, a^{-1}, gag^{-1} \in f^{-1}(M) = N$ 이며 N 은 G 의 정규부분군이다.
둘째, f 가 전사준동형사상일 때, $G/N \cong H/M$ 임을 보이자.
사상 $\phi : G \to H/M$ 를 $\phi(x) = f(x)M$ 라 정의하자.
(1) ϕ 는 준동형사상
임의의 $a, b \in G$ 에 대하여
$\phi(a)\phi(b) = (f(a)M)(f(b)M) = f(a)f(b)M = f(ab)M = \phi(ab)$
(2) $\mathrm{Im}(\phi) = H/M$
임의의 $hM \in H/M$ 에 대하여 f 는 전사이므로 $f(a) = h$ 인 a 가 있다.
$hM = f(a)M = \phi(a) \in \mathrm{Im}(\phi)$ 이므로 $\mathrm{Im}(\phi) = H/M$
(3) $\ker(\phi) = N$
$\ker(\phi) = \{a \in G \mid \phi(a) = M\} = \{a \in G \mid f(a)M = M\}$
$= \{a \in G \mid f(a) \in M\} = \{a \in G \mid a \in f^{-1}(M)\} = N$
따라서 제1동형정리에 의하여 $G/N \cong H/M$ 이 성립한다.

예제 1 G 의 교환자부분군을 G' 라 두고 $[G : G'] = 6$ 일 때, $G' \leq H \leq G$ 인 부분군 H 의 개수를 구하시오.

풀이 교환자부분군에 관한 잉여군 G/G' 는 가환군이며 $[G : G'] = 6$ 이므로 G/G' 는 위수 6인 가환군이다. 따라서 $G/G' \cong \mathbb{Z}_6$ 이다.
$G' \leq H \leq G$ 인 부분군 H 들과 잉여군 G/G' 의 부분군 사이에 일대일 대응이 있으므로 $G' \leq H \leq G$ 인 부분군 H 들의 개수는 G/G' 의 부분군의 개수와 같다.
$G/G' \cong \mathbb{Z}_6$ 이므로 G/G' 의 부분군의 개수와 $\mathbb{Z}_6$ 의 부분군 개수는 같다.
순환군 $\mathbb{Z}_6$ 의 부분군의 개수는 6의 양의 약수의 개수와 같으므로 4개 있다.
따라서 $G' \leq H \leq G$ 인 부분군 H 의 개수는 4개 있다.

4. 준동형사상의 결정 조건

두 군 G, H 사이의 준동형사상을 결정하기 위한 조건을 알아보자.
함수 $f : G \to H$가 군 준동형이면 임의의 $g \in G$에 관하여

$|f(g)| \,\Big|\, \gcd(|g|, |H|)$

이 성립한다. 특히 g가 G의 생성원이면 다음 성립한다.

$|f(g)| \,\Big|\, \gcd(|G|, |H|)$

준동형사상의 정의역이 순환군인 경우 생성원 1을 대응하는 방법에 따라 나머지 원의 대응관계도 결정되어 버린다.

$\because\ f(n) = f(1+1+\cdots+1) = f(1)+f(1)+\cdots+f(1) = n\cdot f(1)$

$f(-1)+f(1) = f(-1+1) = f(0) = 0$ 이므로 $f(-1) = -f(1)$

다음은 순환군의 경우를 세분해서 살펴본 결과이다.

(1) $\mathbb{Z} \to \mathbb{Z}$ 의 경우

정수군 사이의 자기준동형사상은 정수군 $\mathbb{Z}$ 의 생성원 1을 어디에 대응하느냐에 의해 완전히 결정된다. 따라서 $\mathbb{Z} \to \mathbb{Z}$ 인 준동형사상은 정수의 개수만큼 존재하며 특히, $f(1) = 1$ 또는 -1 이면 동형사상이 된다. 그러므로 자기동형사상은 2개 있다.

(2) $\mathbb{Z}_m \to \mathbb{Z}_n$ 의 경우

$\mathbb{Z}_m$ 의 생성원 1을 $\mathbb{Z}_n$ 의 원 k 에 대응시켰다면 원 k 의 위수는 m 과 n 을 나누어야 한다. 따라서 $\mathbb{Z}_m \to \mathbb{Z}_n$ 인 준동형사상은 $\gcd(m, n)$ 개 존재한다.
특히, $n = m$ 인 경우 자기동형사상은 $\mathbb{Z}_n$ 의 생성원의 개수인 $\varphi(n)$ 개 존재한다.

(3) $\mathbb{Z} \to \mathbb{Z}_n$ 와 $\mathbb{Z}_n \to \mathbb{Z}$ 의 경우

$\mathbb{Z}_n \to \mathbb{Z}$ 의 경우 준동형사상이 되려면 영사상 뿐이다.
$\mathbb{Z} \to \mathbb{Z}_n$ 의 경우는 $\mathbb{Z} \to \mathbb{Z}$ 의 경우와 마찬가지로 정수군의 생성원 1을 대응하는 방법이 준동형사상을 결정하므로 준동형사상은 n 개 있다. 이 중에서 1 이 $\mathbb{Z}_n$ 의 생성원에 대응되면 준동형사상은 전사가 된다. 따라서 전사 준동형사상의 개수는 $\varphi(n)$ 개 있다.

예제 1 (1) 준동형사상 $f : S_3 \to S_3$ 을 모두 결정하시오.
(2) 동형사상 $f : S_3 \to S_3$ 을 모두 결정하시오.

풀이 (1) 사상 $f : S_3 \to S_3$ 를 군준동형사상이라 하자.

$\mathrm{Im}(f)$ 는 S_3 의 부분군이 되므로 다음 중 하나이다.

S_3, $\langle(1\,2\,3)\rangle$, $\langle(1\,2)\rangle$, $\langle(1\,3)\rangle$, $\langle(2\,3)\rangle$, $\{e\}$

그리고 $\ker(f)$ 는 S_3 의 정규부분군이므로 다음 중 하나이다.

S_3, $\langle(1\,2\,3)\rangle$, $\{e\}$

① $\ker(f) = S_3$ 일 때

모든 $\sigma \in S_3$ 에 대하여 $f(\sigma) = e$ 이다.

② $\ker(f) = <(1\,2\,3)>$ 일 때

제1동형정리에 의하여 $\mathrm{Im}(f)$ 는 $S_3 / <(1\,2\,3)> \cong Z_2$ 와 동형이 되어야 한다. 따라서 $\mathrm{Im}(f)$ 는 $<(1\,2)>$, $<(1\,3)>$, $<(2\,3)>$ 이 될 수 있다.

$\mathrm{Im}(f) = <(1\,2)>$ 이면 $f((1\,2)) = f((1\,3)) = (1\,2)$

$\mathrm{Im}(f) = <(1\,3)>$ 이면 $f((1\,2)) = f((1\,3)) = (1\,3)$

$\mathrm{Im}(f) = <(2\,3)>$ 이면 $f((1\,2)) = f((1\,3)) = (2\,3)$

3 가지의 준동형사상이 있다.

③ $\ker(f) = \{e\}$ 일 때

f 는 단사이며, 정의역과 공역이 모두 S_3 이므로 f 는 전사이다. 이때 f 는 S_3 의 동형사상이다.

$S_3 = \langle (1\,2), (1\,3) \rangle$ 이므로 f는 $f((1\,2))$ 와 $f((1\,3))$ 에 의하여 결정된다.

$(1\,2)$ 의 위수는 2이므로 $f((1\,2))$ 의 위수도 2가 되어야 하며

$(1\,2), (1\,3), (2\,3)$ 이 될 수 있다.

같은 이유로 $f((1\,3))$ 가 될 수 있는 치환도$(1\,2), (1\,3), (2\,3)$ 이다.

그리고 $f((1\,2))$ 와 $f((1\,3))$ 에 의하여 S_3 이 생성되어야 하므로

$f((1\,2)) \neq f((1\,3))$ 이다.

따라서 $(f((1\,2)), f((1\,3))) = ((1\,2), (1\,3)), ((1\,2), (2\,3)),$
$((1\,3), (1\,2)), ((1\,3), (2\,3)), ((2\,3), (1\,2)), ((2\,3), (1\,3))$

으로 결정되는 6개의 준동형사상이 있다. 이들은 모두 동형사상이다.

그러므로 ①, ②, ③에 의하여 모두 10개의 준동형사상이 존재한다.

(2) 위의 풀이의 ③에서 구한 준동형사상이 모두 동형사상이므로 6개 있다.

(다른 풀이) 사상 $f : S_3 \to S_3$ 를 군준동형사상이라 하자.

$S_3 = \langle (1\,2), (1\,3) \rangle$ 이므로 f는 $f((1\,2))$ 와 $f((1\,3))$ 에 의하여 결정된다.

$(1\,2)$ 의 위수는 2이므로 $f((1\,2))$ 의 위수는 1 또는 2가 되어야 하며

$e, (1\,2), (1\,3), (2\,3)$ 이 될 수 있다.

같은 이유로 $f((1\,3))$ 도 $e, (1\,2), (1\,3), (2\,3)$ 이 될 수 있다.

이제 가능한 16가지 경우에 대하여 준동형사상이 될 수 있는지 조사하면

$f((1\,2)) = e$, $f((1\,3)) \neq e$ 인 경우 3 가지와

$f((1\,2)) \neq e$, $f((1\,3)) = e$ 인 경우 3 가지는 준동형사상이 될 수 없다.

따라서 (풀이)와 같은 10가지 준동형사상을 결정할 수 있다.

예제 2 $\mathbb{Z}_k \times \mathbb{Z}_l \to \mathbb{Z}_n \times \mathbb{Z}_m$ 으로 주어진 군-준동형사상의 개수는 $\gcd(k,n) \times \gcd(l,n) \times \gcd(k,m) \times \gcd(l,m)$ 임을 보이시오.

풀이 $\mathbb{Z}_k \times \mathbb{Z}_l \to \mathbb{Z}_n \times \mathbb{Z}_m$ 으로 주어진 군-준동형사상은

(1, 0) → (a, b), (0, 1) → (c, d)일 때 $f(x,y) = (ax + cy, bx + dy)$

$a \in \mathbb{Z}_n$, $\mathbb{Z}_k \to \mathbb{Z}_n$, $1 \to a$ 이므로 $|a| \,\big|\, \gcd(k,n)$ 이며 a 는 $\dfrac{n}{\gcd(k,n)}$ 의 배수들이다. 따라서 a 는 $\gcd(k,n)$ 개 있다.

$c \in \mathbb{Z}_n$, $\mathbb{Z}_l \to \mathbb{Z}_n$, $1 \to c$ 이므로 $|c| \,\Big|\, \gcd(l,n)$ 이며 c 는 $\dfrac{n}{\gcd(l,n)}$ 의 배수들이다. 따라서 c 는 $\gcd(l,n)$ 개 있다.

$b \in \mathbb{Z}_m$, $\mathbb{Z}_k \to \mathbb{Z}_m$, $1 \to b$ 이므로 $|b| \,\Big|\, \gcd(k,m)$ 이며 b 는 $\dfrac{m}{\gcd(k,m)}$ 의 배수들이다. 따라서 b 는 $\gcd(k,m)$ 개 있다.

$d \in \mathbb{Z}_m$, $\mathbb{Z}_l \to \mathbb{Z}_m$, $1 \to d$ 이므로 $|d| \,\Big|\, \gcd(l,m)$ 이며 a 는 $\dfrac{m}{\gcd(l,m)}$ 의 배수들이다. 따라서 d 는 $\gcd(l,m)$ 개 있다.

그러므로 모두 $\gcd(k,n) \times \gcd(l,n) \times \gcd(k,m) \times \gcd(l,m)$ 개의 군-준동형사상이 존재한다.

예제 3 전사 준동형사상 $f: \mathbb{Z}_{10} \times \mathbb{Z}_{100} \times \mathbb{Z} \to \mathbb{Z}_{20}$ 의 개수를 구하시오.

풀이 $\mathbb{Z}_{20} \cong \mathbb{Z}_4 \times \mathbb{Z}_5$ 이므로 전사 준동형사상 $f_1 : \mathbb{Z}_{10} \times \mathbb{Z}_{100} \times \mathbb{Z} \to \mathbb{Z}_4$ 과 $f_2 : \mathbb{Z}_{10} \times \mathbb{Z}_{100} \times \mathbb{Z} \to \mathbb{Z}_5$ 에 관한 순서쌍(f_1, f_2) 의 개수를 구하면 된다.
군-동형 $\mathbb{Z}_{10} \times \mathbb{Z}_{100} \times \mathbb{Z} \cong \mathbb{Z}_2 \times \mathbb{Z}_4 \times \mathbb{Z}_5 \times \mathbb{Z}_{25} \times \mathbb{Z}$ 이며,
준동형사상 $\mathbb{Z}_5 \times \mathbb{Z}_{25} \to \mathbb{Z}_4$ 와 $\mathbb{Z}_2 \times \mathbb{Z}_4 \to \mathbb{Z}_5$ 는 영-사상 뿐 하나이므로
$f_1 : \mathbb{Z}_{10} \times \mathbb{Z}_{100} \times \mathbb{Z} \to \mathbb{Z}_4$ 와 $g_1 : \mathbb{Z}_2 \times \mathbb{Z}_4 \times \mathbb{Z} \to \mathbb{Z}_4$ 의 전사-준동형사상의 개수는 같으며, $f_2 : \mathbb{Z}_{10} \times \mathbb{Z}_{100} \times \mathbb{Z} \to \mathbb{Z}_5$ 와 $g_2 : \mathbb{Z}_5 \times \mathbb{Z}_{25} \times \mathbb{Z} \to \mathbb{Z}_5$ 의 전사-준동형사상의 개수도 같다.
또한 $g_1 : \mathbb{Z}_2 \times \mathbb{Z}_4 \times \mathbb{Z} \to \mathbb{Z}_4$ 와 $h_1 : \mathbb{Z}_2 \times \mathbb{Z}_4 \times \mathbb{Z}_4 \to \mathbb{Z}_4$ 의 전사-준동형사상의 개수는 같으며, $g_2 : \mathbb{Z}_5 \times \mathbb{Z}_{25} \times \mathbb{Z} \to \mathbb{Z}_5$ 와 $h_2 : \mathbb{Z}_5 \times \mathbb{Z}_5 \times \mathbb{Z}_5 \to \mathbb{Z}_5$ 의 전사-준동형사상의 개수도 같다.
전사-준동형사상 $h_1 : \mathbb{Z}_2 \times \mathbb{Z}_4 \times \mathbb{Z}_4 \to \mathbb{Z}_4$ 는
$\mathbb{Z}_4 \times \mathbb{Z}_4$ 에서 위수 4 인 원소의 개수 12와 $\mathbb{Z}_2$ 의 위수 2를 곱한 24개 있다.
전사-준동형사상 $h_2 : \mathbb{Z}_5 \times \mathbb{Z}_5 \times \mathbb{Z}_5 \to \mathbb{Z}_5$ 의 개수는 $\mathbb{Z}_5 \times \mathbb{Z}_5 \times \mathbb{Z}_5$ 에서 위수 5인 원소의 개수 124와 같다.
따라서 전사 준동형사상 $f: \mathbb{Z}_{10} \times \mathbb{Z}_{100} \times \mathbb{Z} \to \mathbb{Z}_{20}$ 는 $24 \times 124 = 2976$ 개 있다.

예제 4 $\gcd(|H_1|, |H_2|) = 1$ 인 군 H_1 , H_2 의 직적군 $H_1 \times H_2$ 와 군 G 일 때, 준동형사상 f 를 다음과 같이 정의하자.

$$f: G \to H_1 \times H_2 ,\ f(x) = (f_1(x), f_2(x))$$

(단, 준동형사상 $f_1 : G \to H_1$, 준동형사상 $f_2 : G \to H_2$)

f 가 전사함수일 필요충분조건은 f_1 , f_2 가 모두 전사임을 보이시오.

풀이 (→) 사영사상 $\pi_k : H_1 \times H_2 \to H_k$ 는 전사 준동형사상이므로 $f_k = \pi_k \circ f$ 는 전사이다.
(←) 임의의 원소$(h_1, h_2) \in H_1 \times H_2$ 일 때, $h_k = f_k(a_k)$ 인 $a_k \in G$ 가 존재한다. (단, $k=1,2$) $|H_1| = n$, $|H_2| = m$ 라 두면 $\gcd(n,m) = 1$ 이므로 $ns + mt = 1$ 인 정수 s, t 가 존재한다. $x = a_1^{mt} a_2^{ns}$ 라 놓으면

$$f_1(x) = f_1(a_1^{mt} a_2^{ns}) = f_1(a_1)^{mt} f_1(a_2)^{ns} = f_1(a_1)^{1-ns} f_1(a_2)^{ns} = f_1(a_1) = h_1$$

$f_2(x)=f_2(a_1^{mt}a_2^{ns})=f_2(a_1)^{mt}f_2(a_2)^{ns}=f_2(a_1)^{mt}f_2(a_2)^{1-mt}=f_2(a_2)=h_2$
이므로 $f(x)=(f_1(x),f_2(x))=(h_1,h_2)$
따라서 f 는 전사이다.

위의 성질을 응용하여 전사 준동형사상의 개수를 구해보자.

예제 5 전사 준동형사상 $f:\mathbb{Z}_{15}\oplus\mathbb{Z}_{30}\to\mathbb{Z}_{30}$ 의 개수를 구하시오.

풀이 유한 아벨군의 기본정리를 이용하면
$\mathbb{Z}_{15}\oplus\mathbb{Z}_{30}\cong\mathbb{Z}_2\oplus\mathbb{Z}_3\oplus\mathbb{Z}_3\oplus\mathbb{Z}_5\oplus\mathbb{Z}_5$, $\mathbb{Z}_{30}\cong\mathbb{Z}_2\oplus\mathbb{Z}_3\oplus\mathbb{Z}_5$ 이므로
전사 준동형사상 $f:\mathbb{Z}_2\oplus\mathbb{Z}_3\oplus\mathbb{Z}_3\oplus\mathbb{Z}_5\oplus\mathbb{Z}_5\to\mathbb{Z}_2\oplus\mathbb{Z}_3\oplus\mathbb{Z}_5$ 의 개수를 구하면 문제의 답이 된다.
위수 $|\mathbb{Z}_2|,|\mathbb{Z}_3\oplus\mathbb{Z}_3|,|\mathbb{Z}_5\oplus\mathbb{Z}_5|$ 들은 서로소이므로
준동형사상 f 의 식은 $f(x,y_1,y_2,z_1,z_2)=(ax,by_1+cy_2,dz_1+ez_2)$
으로 쓸 수 있다.
$f_1(x)=ax_1$, $f_2(y_1,y_2)=by_1+cy_2$, $f_3(z_1,z_2)=dz_1+ez_2$ 라 두면
위수 $|\mathbb{Z}_2|,|\mathbb{Z}_3|,|\mathbb{Z}_5|$ 들도 서로소이므로 f 가 전사 준동형사상일 필요충분조건은 f_1,f_2,f_3 가 모두 전사 준동형사상인 것이다.
각각 전사 준동형사상 f_1,f_2,f_3 의 개수를 구하자.
전사 준동형사상 $f_1:\mathbb{Z}_2\to\mathbb{Z}_2$ 의 개수는 $\phi(2)=1$
전사 준동형사상 $f_2:\mathbb{Z}_3\oplus\mathbb{Z}_3\to\mathbb{Z}_3$ 의 개수는 $\phi_2(3)=3^2-1^2=8$
전사 준동형사상 $f_3:\mathbb{Z}_5\oplus\mathbb{Z}_5\to\mathbb{Z}_5$ 의 개수는 $\phi_2(5)=5^2-1^2=24$
모두 곱하면 $1\times8\times24=192$
따라서 모든 전사 준동형사상의 개수는 192 이다.

예제 6 양의 유리수집합 $\mathbb{Q}^+$ 는 곱셈에 관하여 군을 이룬다. 정수계수 다항식들은 덧셈에 관한 군 $\mathbb{Z}[x]$ 이 된다.
곱셈군 $\mathbb{Q}^+$ 와 덧셈군 $\mathbb{Z}[x]$ 는 동형임을 보이시오.

풀이 모든 소수(prime)들을 크기순으로
$p_0=2, p_1=3, p_2=5, p_3=7, p_4=11,\cdots$ 이라 쓰기로 하자.
사상 $\phi:\mathbb{Z}[x]\to\mathbb{Q}^+$ 를

$$\phi(r_0+r_1x+\cdots+r_nx^n)=p_0^{r_0}\cdot p_1^{r_1}\cdot p_2^{r_2}\cdot\cdots\cdot p_n^{r_n}$$

이라 정의하자.
$\mathbb{Z}[x]$ 의 두 원소

$$f(x)=r_0+r_1x+\cdots+r_nx^n,\ g(x)=s_0+s_1x+\cdots+s_mx^m$$

에 대하여 (단, $n\geq m$ 이며 $s_{m+1}=s_{m+2}=\cdots=s_n=0$)
$f(x)+g(x)=(r_0+s_0)+(r_1+s_1)x+\cdots+(r_n+s_n)x^n$
$\phi(f(x))=p_0^{r_0}\cdot p_1^{r_1}\cdot p_2^{r_2}\cdot\cdots\cdot p_n^{r_n}$, $\phi(g(x))=p_0^{s_0}\cdot p_1^{s_1}\cdot p_2^{s_2}\cdot\cdots\cdot p_n^{s_n}$

$$\phi(f(x)+g(x)) = p_0^{r_0+s_0} \cdot p_1^{r_1+s_1} \cdot p_2^{r_2+s_2} \cdot \cdots \cdot p_n^{r_n+s_n}$$
$$= (p_0^{r_0} \cdot p_1^{r_1} \cdot p_2^{r_2} \cdot \cdots \cdot p_n^{r_n})(p_0^{s_0} \cdot p_1^{s_1} \cdot p_2^{s_2} \cdot \cdots \cdot p_n^{s_n})$$
$$= \phi(f(x))\phi(g(x))$$

따라서 ϕ 는 군-준동형사상이다.

$f(x) = r_0 + r_1 x + \cdots + r_n x^n$ 에 대하여 $\phi(f(x)) = 1$ 이면

$p_0^{r_0} \cdot p_1^{r_1} \cdot p_2^{r_2} \cdot \cdots \cdot p_n^{r_n} = 1$ 이며 p_i 들은 서로 다른 소수들이므로

$r_0 = r_1 = \cdots = r_n = 0$

따라서 $f(x) = 0$ 이며 ϕ 는 단사이다.

임의의 양의 유리수 y 는 기약분수로 쓸 수 있으며 기약분수의 분자와 분모를 소인수분해하면 1 또는 서로 다른 소수들의 곱으로 나타낼 수 있다.

즉, $y = \dfrac{n}{m} = \dfrac{p_0^{r_0} p_1^{r_1} \cdots p_k^{r_k}}{p_0^{s_0} p_1^{s_1} \cdots p_k^{s_k}} = p_0^{r_0-s_0} p_1^{r_1-s_1} \cdots p_k^{r_k-s_k}$

이때 다항식 $g(x) = (r_0 - s_0) + (r_1 - s_1)x + \cdots + (r_k - s_k)x^k$ 라 두면

$\phi(g(x)) = y$ 이다.

따라서 ϕ 는 전사이다.

그러므로 ϕ 는 군-동형사상이다.

예제 7 군 G 의 정규부분군 H, K 에 대하여 $G = HK$ 이라 하자.
군-동형 $G/(H \cap K) \cong (G/H) \times (G/K)$ 이 성립함을 보이시오.

풀이 사상 $f: G \to (G/H) \times (G/K)$, $f(x) = (xH, xK)$ 이라 정의하자.

$f(xy) = (xyH, xyK) = (xH, xK)(yH, yK) = f(x)f(y)$ 이므로 사상 f 는 준동형사상이다.

임의의 원소 $(aH, bK) \in (G/H) \times (G/K)$ 일 때,

$a, b \in G = HK$ 이므로 $a = h_1 k_1$, $b = h_2 k_2$ 인 $h_1, h_2 \in H$, $k_1, k_2 \in K$ 가 존재한다. 이때 $x = h_2 k_1$ 라 놓으면

$f(x) = (xH, xK) = (h_2 k_1 H, h_2 k_1 K) = (k_1 H, h_2 K) = (aH, bK)$

따라서 f 는 전사사상이다.

$$\ker(f) = \{ x \in G \mid f(x) = (eH, eK) \} = \{ x \in G \mid (xH, xK) = (eH, eK) \}$$
$$= \{ x \in G \mid xH = eH,\ xK = eK \} = \{ x \in G \mid x \in H,\ x \in K \}$$
$$= H \cap K$$

그러므로 제1동형정리에 따라 군-동형 $G/(H \cap K) \cong (G/H) \times (G/K)$ 가 성립한다.

예제 8 잉여군 $(\mathbb{Z}_{20} \oplus \mathbb{Z}_{20}) / \langle (6,8) \rangle$ 는 직적군 $\mathbb{Z}_2 \oplus \mathbb{Z}_{20}$ 와 동형임을 보이시오.

풀이 사상 $f: \mathbb{Z}_{20} \oplus \mathbb{Z}_{20} \to \mathbb{Z}_2 \oplus \mathbb{Z}_{20}$, $f(x, y) = ([x]_2, [2x+y]_{20})$

이라 정의하자. (단, $[a]_n$ 는 a 를 n 으로 나눈 나머지이다.)

$\mathbb{Z}_{20} \oplus \mathbb{Z}_{20}$ 의 두 원소 (x_1, y_1), (x_2, y_2) 에 대하여

$$
\begin{aligned}
f(x_1, y_1) + f(x_2, y_2) &= ([x_1]_2, [2x_1 + y_1]_{20}) + ([x_2]_2, [2x_2 + y_2]_{20}) \\
&= ([x_1]_2 + [x_2]_2, [2x_1 + y_1]_{20} + [2x_2 + y_2]_{20}) \\
&= ([x_1 + x_2]_2, [2x_1 + y_1 + 2x_2 + y_2]_{20}) \\
&= ([x_1 + x_2]_2, [2(x_1 + x_2) + (y_1 + y_2)]_{20}) \\
&= f(x_1 + x_2, y_1 + y_2) = f((x_1, y_1) + (x_2, y_2))
\end{aligned}
$$

이므로 f 는 준동형사상이다.

$f(1,18) = (1,0)$, $f(0,1) = (0,1)$ 이며 $(1,0)$, $(0,1)$ 는 $\mathbb{Z}_2 \oplus \mathbb{Z}_{20}$ 를 생성하므로 준동형사상 f 는 전사사상이다.

$f(x,y) = (0,0)$ 일 때, $([x]_2, [2x+y]_{20}) = (0,0)$ 이며

$[x]_2 = 0$, $[2x+y]_{20} = 0$ 이므로 $x = 2k$, $y = -4k$ 라 쓸 수 있고 $y \in \mathbb{Z}_{20}$ 이므로 $y = 16k$ 이다.

이때 $(x,y) = (2k, 16k) = k(2,16)$ 이므로 $\ker(f) = \langle (2,16) \rangle$ 이다.

$(6,8) = 3(2,16) \in \langle (2,16) \rangle$ 이므로 $\langle (6,8) \rangle \subset \langle (2,16) \rangle$

$(2,16) = 7(6,8) \in \langle (6,8) \rangle$ 이므로 $\langle (6,8) \rangle \supset \langle (2,16) \rangle$

따라서 $\langle (6,8) \rangle = \langle (2,16) \rangle$ 이며 $\ker(f) = \langle (6,8) \rangle$ 이다.

그러므로 제1동형정리에 따르면

$(\mathbb{Z}_{20} \oplus \mathbb{Z}_{20}) / \langle (6,8) \rangle = (\mathbb{Z}_{20} \oplus \mathbb{Z}_{20}) / \ker(f) \cong \mathrm{Im}(f) = \mathbb{Z}_2 \oplus \mathbb{Z}_{20}$

이 성립하며, 동형사상은 $\phi : (\mathbb{Z}_{20} \oplus \mathbb{Z}_{20}) / \langle (6,8) \rangle \to \mathbb{Z}_2 \oplus \mathbb{Z}_{20}$ 는

$$\phi(\overline{(x,y)}) = f(x,y) = ([x]_2, [2x+y]_{20})$$

으로 정의된다.

예제 9 잉여군 $(\mathbb{Z}_{20} \oplus \mathbb{Z}_{20}) / \langle (6,8) \rangle$ 의 원소 $(5,6) + \langle (6,8) \rangle$ 의 위수(order)를 구하시오.

풀이 사상 $\phi : (\mathbb{Z}_{20} \oplus \mathbb{Z}_{20}) / \langle (6,8) \rangle \to \mathbb{Z}_2 \oplus \mathbb{Z}_{20}$,

$$\phi(\overline{(x,y)}) = f(x,y) = ([x]_2, [2x+y]_{20})$$

는 동형사상이다.

잉여군 $(\mathbb{Z}_{20} \oplus \mathbb{Z}_{20}) / \langle (6,8) \rangle$ 의 원소 $(5,6) + \langle (6,8) \rangle$ 는 동형사상에 의해

$\phi(\overline{(5,6)}) = ([5]_2, [16]_{20}) = (1,16)$ 로 대응한다.

군 $\mathbb{Z}_2 \oplus \mathbb{Z}_{20}$ 에서 원소 $(1,16)$ 의 위수를 구하면

$$|(1,16)| = lcm(|1|, |16|) = lcm(2, 5) = 10$$

따라서 잉여군의 원소 $(5,6) + \langle (6,8) \rangle$ 의 위수는 10 이다.

참고로, **예제 8** 에서 정의한 사상 $f(x,y) = ([x]_2, [2x+y]_{20})$ 의 식을 구하는 알고리즘은 다음과 같다.

$$\left(\begin{array}{ccc|c} 20 & 0 & 6 & x \\ 0 & 20 & 8 & y \end{array}\right) \sim \left(\begin{array}{ccc|c} 2 & 0 & 6 & x \\ -24 & 20 & 8 & y \end{array}\right) \sim \left(\begin{array}{ccc|c} 2 & 0 & 0 & x \\ -24 & 20 & 80 & y \end{array}\right) \sim \left(\begin{array}{ccc|c} 2 & 0 & 0 & x \\ -4 & 20 & 0 & y \end{array}\right) \sim \left(\begin{array}{ccc|c} 2 & 0 & 0 & x \\ 0 & 20 & 0 & 2x+y \end{array}\right)$$

(1열) − 3(3열) → (3열) − 3(1열) → (3열)-4(2열) → (2행)+2(1행)

또는

$$\begin{pmatrix} 20 & 0 \\ 0 & 20 \\ 6 & 8 \\ x & y \end{pmatrix} \sim \begin{pmatrix} 2 & -24 \\ 0 & 20 \\ 6 & 8 \\ x & y \end{pmatrix} \sim \begin{pmatrix} 2 & -24 \\ 0 & 20 \\ 0 & 80 \\ x & y \end{pmatrix} \sim \begin{pmatrix} 2 & -4 \\ 0 & 20 \\ 0 & 0 \\ x & y \end{pmatrix} \sim \begin{pmatrix} 2 & 0 \\ 0 & 20 \\ 0 & 0 \\ x & 2x+y \end{pmatrix}$$

(1행) − 3(3행) → (3행) − 3(1행) → (3행) − 4(2행) → (2열)+2(1열)

위의 알고리즘은 중간 단계의 차이에 따라 다르게 나타날 수 있다.

$$\begin{pmatrix} 20 & 0 \\ 0 & 20 \\ 6 & 8 \\ x & y \end{pmatrix} \sim \begin{pmatrix} 20 & 0 \\ -12 & 4 \\ 6 & 8 \\ x & y \end{pmatrix} \sim \begin{pmatrix} 20 & 0 \\ -12 & 4 \\ 30 & 0 \\ x & y \end{pmatrix} \sim \begin{pmatrix} 20 & 0 \\ -12 & 4 \\ 10 & 0 \\ x & y \end{pmatrix} \sim \begin{pmatrix} 0 & 0 \\ -12 & 4 \\ 10 & 0 \\ x & y \end{pmatrix} \sim \begin{pmatrix} 10 & 0 \\ -12 & 4 \\ 0 & 0 \\ x & y \end{pmatrix} \sim \begin{pmatrix} 10 & 0 \\ 0 & 4 \\ 0 & 0 \\ x+3y & y \end{pmatrix}$$

이 경우 잉여군$(\mathbb{Z}_{20} \oplus \mathbb{Z}_{20}) / \langle (6,8) \rangle \cong \mathbb{Z}_{10} \oplus \mathbb{Z}_4$ 이며 동형사상은

$\psi : (\mathbb{Z}_{20} \oplus \mathbb{Z}_{20}) / \langle (6,8) \rangle \to \mathbb{Z}_{10} \oplus \mathbb{Z}_4$, $\psi(\overline{(x,y)}) = ([x+3y]_{10}, [y]_4)$이다.

그런데 $\mathbb{Z}_2 \oplus \mathbb{Z}_{20} \cong \mathbb{Z}_2 \oplus \mathbb{Z}_4 \oplus \mathbb{Z}_5$, $\mathbb{Z}_{10} \oplus \mathbb{Z}_4 \cong \mathbb{Z}_2 \oplus \mathbb{Z}_5 \oplus \mathbb{Z}_4$ 이므로 두 직적군은 모두 같은 불변인자 $2, 4, 5$ 를 가지므로 군-동형이다.

즉, $\mathbb{Z}_{10} \oplus \mathbb{Z}_4 \cong \mathbb{Z}_2 \oplus \mathbb{Z}_{20}$ 이며 동형사상도 여러 가지 형태로 나타날 수 있다.

02 공액류과 유등식

1. 공액(Conjugation), 공액류(Conjugacy Class)

[정의] {공액, 켤레}

군 G의 두 원g_1, g_2가 서로 공액(conjugate, 켤레)이라 함은 $g_1 = g^{-1} g_2 g$가 성립하는 g가 존재할 때를 말한다. 두 원g_1, g_2이 공액(켤레)일 때 $g_1 \sim g_2$라 표기한다.

군G의 두 부분군H, K에 대하여 $gHg^{-1} = K$인 g가 있을 때, 두 부분군 H, K는 공액(켤레)라 한다.

정규부분군의 정의에 의하여 정규부분군의 공액은 항상 자기 자신이다.
역으로 공액인 부분군이 자기자신 뿐이면 그 부분군은 정규부분군이다.

[정리] 공액관계는 동치관계임을 보여라.

증명 (1) 반사율: 임의의 $g \in G$(군)에 대하여 $g = e^{-1} g e$ 이므로 $g \sim g$

(2) 대칭율: $g_1 \sim g_2$ 즉, $g_1 = g^{-1} g_2 g$ 이면, $g g_1 g^{-1} = g_2$ 이므로

$g_2 = (g^{-1})^{-1} g_1 g^{-1}$ 즉, $g_2 \sim g_1$

(3) 추이율: $g_1 \sim g_2$ 이며 $g_2 \sim g_3$ 즉, $g_1 = a^{-1} g_2 a$, $g_2 = b^{-1} g_3 b$ $(a, b \in G)$

이면 $g_1 = a^{-1} g_2 a = a^{-1}(b^{-1} g_3 b) a = (ba)^{-1} g_3 (ba)$ 이므로 $g_1 \sim g_3$

따라서 관계 $g_1 \sim g_2$은 동치관계이다.

군 G의 원 g의 공액류(conjugacy class, 켤레류)란 집합

$$[g] = \{ hgh^{-1} \in G \mid h \in G \}$$

를 말한다. 즉, 공액류의 원소는 원 g와 공액(conjugate)이다.
공액관계는 동치관계이므로 모든 공액류 $[g]$ 들의 합집합은 G가 된다.
군 G가 유한군일 때, 서로 다른 모든 공액류들을 $[g_1], \cdots, [g_m]$ 이라 하면
$|G| = n([g_1]) + \cdots + n([g_m])$ 이 성립한다.
군 G의 원소 g에 대해 $[g] = \{ g \}$ 이면 모든 $x \in G$에 대하여 $xgx^{-1} = g$ 이며
$gx = xg$ 이므로 $g \in \mathrm{C}(G)$ 이다.
역으로 $g \in \mathrm{C}(G)$ 이면 $xgx^{-1} = gxx^{-1} = g$ 이며 $[g] = \{ g \}$ 이다.
따라서 $[g] = \{ g \}$ 인 원소 g 들의 집합은 군 G의 중심(center) $\mathrm{C}(G)$ 이며, 이 때, $\mathrm{C}(G)$ 는 가환부분군이며, $\mathrm{Z}(G)$ 라 표기하기도 한다.
$[g] = \{ g \}$ 은 $n([g]) = 1$ 이 되는 것과 동치이므로
$\mathrm{C}(G) = \{ g \mid n([g]) = 1 \}$ 이라 할 수 있다.

2. 중심화 부분군(Centralizer)과 류등식(Class Equation)

군 G의 원소 x의 중심화 부분군을 $\mathrm{C}(x) = \{ g \in G \mid gx = xg \}$ 라 한다.

> **[정리]** 군 G의 임의의 원소 x의 공액류(conjugacy class) $[x] = \{gxg^{-1} \mid g \in G\}$ 와 x의 중심화 부분군 $C(x) = \{y \in G \mid xy = yx\}$ 에 대하여 다음 식이 성립한다.
> $$n([x]) = |G : C(x)|$$

증명 앞으로 $C(x)$를 편의상 C_x라 쓰기로 하자.
군 G의 부분군 C_x에 관한 좌잉여류(left coset)들의 집합을
$\Sigma = \{aC_x \mid a \in G\}$ 라 두자.
그리고 $f : \Sigma \to [x]$ 를 $f(aC_x) = axa^{-1}$ 라 정의하자.

(1) f는 잘 정의된 함수이다.
$aC_x = bC_x$ 라 하면, $a^{-1}b \in C_x$ 이므로, $x(a^{-1}b) = (a^{-1}b)x$
따라서 $axa^{-1} = bxb^{-1}$ 이며, $f(aC_x) = f(bC_x)$

(2) f는 단사이다.
$f(aC_x) = f(bC_x)$ 라 하면, $axa^{-1} = bxb^{-1}$ 이며 $x(a^{-1}b) = (a^{-1}b)x$
따라서 $a^{-1}b \in C_x$ 이며, $aC_x = bC_x$ 이다.

(3) f는 전사이다.
임의의 $gxg^{-1} \in [x]$ $(g \in G)$에 대하여
$gC_x \in \Sigma$ 이며, $f(gC_x) = gxg^{-1}$ 이므로 $gxg^{-1} \in \mathrm{Im}(f)$
따라서 $[x] = \mathrm{Im}(f)$
그러므로 (1), (2), (3)으로부터 $|[x]| = |\Sigma|$ 이다.

앞의 논의에 따라 군 G에 대하여 다음의 관계식이 성립한다.

[류등식] 지수 $|G: C(x_k)| \geq 2$ 을 만족하는 서로 다른 공액류 $[x_1], [x_2], \cdots, [x_m]$ 에 대하여

$$|G| = |C(G)| + \sum_{i=1}^{m} |G: C(x_i)|$$

이 성립한다. 특히, $|C(G)|, |G: C(x_i)|$ 는 $|G|$의 약수이다.
이 등식을 유등식 또는 류방정식(Class equation)이라 한다.

[정리] 소수 p 에 관하여 군G 의 위수 $|G| = p^n$ 일 때,
(1) $|C(G)| \geq p$
(2) 군G 의 정규부분군N 의 위수 $|N| = p$ 이면 $N \subset C(G)$ 이다.
(3) 군G 는 위수 p 인 정규부분군을 갖는다.
(4) 군G 는 위수가 각각 $p, p^2, \cdots, p^n$ 인 정규부분군들을 모두 갖는다.

증명 (1) $2 \leq |G: C(x_i)|$ 이며 $|G: C(x_i)|$ 는 $|G|$의 약수이므로 $|G: C(x_i)|$ 는 p 의 배수이다.

유등식으로부터 $|C(G)| = |G| - \sum_{i=1}^{m} |G: C(x_i)|$ 이며 우변은 p 의 배수

따라서 $|C(G)|$는 p 의 배수이며 $|C(G)| \geq p$ 이다.

(2) $N \not\subset C(G)$ 라 가정하자. 즉, $a \in N - C(G)$ 인 원소a 가 있다 하자.
$a \notin C(G)$ 이므로 a 의 공액류$[a] = \{g^{-1}ag \mid g \in G\}$ 은 $[a] \neq \{a\}$ 이며 $n([a]) \geq 2$
또한 $n([a])$ 은 $|G| = p^n$ 의 약수이므로 $n([a]) \geq p$
$a \in N$ 이며 N 이 정규부분군이므로 $[a] \subset N$ 이며 $n([a]) \leq |N| = p$
따라서 $n([a]) = p = |N|$ 이며 $[a] = N$
이때 항등원$e \in N$ 이므로 $e \in [a]$ 이며 $e = g^{-1}ag$ 인 적당한 g 가 있다.
따라서 $a = geg^{-1} = e$ 이며, $e \in C(G)$ 이므로 $a \notin C(G)$ 임에 모순된다!
그러므로 $N \subset C(G)$ 이다.

(3) 라그랑주 정리에 따라 $|C(G)| = p^r$ 이며 (1)로부터 $r \geq 1$ 이다.
중심 $C(G)$ 는 유한아벨군이며 p 는 약수이므로 위수p 인 부분군H 를 갖는다.
임의의 원소$g \in G$ 에 대하여 $gH = Hg$이므로 H 는 G 의 정규부분군이다.

(4) $k = 1, \cdots, n$ 일 때, 수학적 귀납법을 적용하자.
$k = 1$ 인 경우, (3)으로부터 위수p 인 정규부분군N_1 이 있다.
$k < n$ 일 때, 위수p^k 인 정규부분군N_k 가 있다고 가정하자.
잉여군 G/N_k 는 위수가 p^{n-k} 이며 $n-k \geq 1$이므로 (3)을 적용하면
잉여군 G/N_k 는 위수가 p 인 정규부분군H 을 갖는다.
대응정리에 따라 H 에 대응하는 $N_k \leq M \leq G$ 인 정규부분군M 이 있다.
$p = |H| = |M/N_k|$ 이므로 $|M| = p \times |N_k| = p^{k+1}$ 이다.

따라서 G는 위수p^{k+1}인 정규부분군M을 갖는다.
수학적 귀납법에 따라 군G는 위수가 각각 $p, p^2, \cdots, p^n$인 정규부분군들을 모두 갖는다.

정리 (4)로부터 위수p^n인 군G는 위수 $|N_k| = p^k$ (단, $1 \le k \le n$)인 정규부분군N_k들을 갖는다. 특히 증명과정을 살펴보면 수학적 귀납법을 적용하여 $N_k \le N_{k+1}$이 성립한다.
$k = n$이면 위수가 p^n이 되므로 $N_n = G$이며 $N_0 = \{e\}$는 위수p^0이다.
이 정규부분군N_k들을 다음과 같이 배열할 수 있다.

$$N_0 = \{e\} \le N_1 \le \cdots \le N_{n-1} \le N_n = G$$

이때, N_{k+1}/N_k는 위수p이므로 순환군$\mathbb{Z}_p$와 군동형이다.
그리고 $N_k < H < N_{k+1}$인 부분군H를 끼워 넣을 수 없다.

따라서 위수p^n인 군G의 부분군N_k들의 나열

$$N_0 = \{e\} \le N_1 \le \cdots \le N_{n-1} \le N_n = G$$

는 정규열(normal series)이고, 주요열(chief series)이며 가해열(solvable series)이다.
즉, G를 가해군(solvable group)이다.
위의 정리는 「위수p^n인 모든 군G는 가해군(solvable group)이다.」를 말하는 것이다.

예제 1 $N \lhd G$, N은 순환부분군이며 $\gcd(|G|, \varphi(|N|)) = 1$이면 $N \le C(G)$임을 보이시오.

풀이 $|G| = m$, $|N| = p$라 하고 N은 순환부분군이므로 $N = \langle n \rangle$인 생성원 n이 존재한다.
임의의 $g \in G$에 대하여 라그랑주 정리에 의해 $g^m = e$
$N \lhd G$이므로 $g^{-1}ng \in N$이며 $N = \langle n \rangle$이므로 $g^{-1}ng = n^r$ (단, $0 \le r < p$)
$N = g^{-1}Ng = \langle g^{-1}ng \rangle = \langle n^r \rangle$이므로 r은 $|n| = p$와 서로소이다.
$g^m = e$이므로 $n = g^{-m}ng^m = n^{r^m}$, $n^{r^m} = n$
$|n| = p$이므로 $r^m \equiv 1 \pmod p$
p와 r이 서로소이며 오일러 정리 $r^{\varphi(p)} \equiv 1 \pmod p$
m과 $\varphi(p)$는 서로소이므로 $ms + \varphi(p)t = 1$인 정수 s, t가 존재하며
$r = r^{ms+\varphi(p)t} \equiv 1 \pmod p$
따라서 $r = 1$이며 $g^{-1}ng = n$, $ng = gn$이므로 $n \in C(G)$이며, $N = \langle n \rangle \subset C(G)$

예제 2 이면체군 $D_4=\{e, a, a^2, a^3, b, ab, a^2b, a^3b\}$ (단, $ba=a^3b,\ a^4=b^2=e$) 의 중심을 구하고, 유등식이 성립함을 보이시오.

풀이 $ba=a^3b \neq ab$ 이므로 $a, b \notin C(D_4)$ 이다.

$ba^2=a^3ba=a^6b=a^2b$ 이며 $aa^2=a^3=a^2a$ 이므로 $a^2 \in C(D_4)$

따라서 $C(D_4)=\{e, a^2\}$ 이다.

공액류를 구하면, $[a]=\{a, a^3\}$, $[b]=\{b, a^2b\}$, $[ab]=\{ab, a^3b\}$ 이므로 유등식은 $|D_4|=8=2+2+2+2$

3. 정규화 부분군(Normalizer)

부분군 $H<G$ 와 원소 $x \in G$ 에 대하여

$C(H)=\{g \in G \mid \forall x \in H: gx=xg\}$ 를 H 의 중심화 부분군 (centralizer)이라 하며 중심화부분군을 $C_G(H)$ 라 쓰기도 한다.

$N(H)=\{g \in G \mid gHg^{-1}=H\}$ 를 H 의 정규화 부분군(normalizer)이라 한다. 정규화부분군을 $N_G(H)$ 라 표기하기도 한다.

일반적으로 $C(H) \subset N(H)$ 이며 같지 않을 수 있다.

원소 x 의 중심화 부분군 $C(x)=\{g \in G \mid gx=xg\}$ 와 원소 x 의 정규화 부분군 $N(x)=\{g \in G \mid gxg^{-1}=x\}$ 는 같다.

이때, 군 G 의 원소x 의 공액류의 기수(cardinality)는 지표(index) $|G:C(x)|$ 와 같음을 앞에서 증명하였다.

[정리] G의 부분군H에 대하여 $N(H)=\{g \in G \mid g^{-1}Hg=H\}$은 G의 부분군이고 H는 $N(H)$ 의 정규부분군임을 보이시오.

증명 첫째, $N_G(H)=\{g \in G \mid g^{-1}Hg=H\}$ 은 G의 부분군임을 보이자.

(1) 항등원e 에 대하여 $e^{-1}He=H$이므로 $e \in N_G(H)$

(2) $a, b \in N_G(H)$ 에 대하여 $a^{-1}Ha=H,\ b^{-1}Hb=H$이므로
$(ab)^{-1}H(ab)=b^{-1}(a^{-1}Ha)b=b^{-1}Hb=H$이다. 따라서 $ab \in N_G(H)$

(3) $a \in N_G(H)$ 에 대하여 $a^{-1}Ha=H$이므로 양면 a, a^{-1}를 연산하면
$a(a^{-1}Ha)a^{-1}=aHa^{-1}$이며 $a(a^{-1}Ha)a^{-1}=(aa^{-1})H(aa^{-1})=eHe=H$
이므로 $aHa^{-1}=(a^{-1})^{-1}Ha^{-1}=H$이다.
따라서 $a^{-1} \in N_G(H)$

(1), (2), (3)으로부터 $N_G(H)$ 은 G의 부분군이다.

둘째, H는 $N_G(H)$ 의 정규부분군임을 보이자.

H가 G의 부분군이므로 $N_G(H)$ 의 부분군이다.

임의의$a \in N_G(H)$ 에 대하여 $a^{-1}Ha=H$이므로 H는 $N_G(H)$ 의 정규부분군이다.

03 실로우(Sylow) 정리

1. p -군(p-group), Sylow p -부분군(Sylow p-subgroup)

[정의] {p-군, p-부분군, 실로우 p-부분군}
소수 p 에 대하여 군 G 의 모든 원 g 의 위수가 p 의 거듭제곱일 때, G 를 p -군이라 한다.
군 G 의 부분군 H 가 p -군일 때, 군 G 의 p -부분군이라 하며, 특히, 극대 p -부분군을 Sylow p -부분군이라 한다.

p -군이기 위한 조건을 쉽게 알 수 있는 다음 정리가 성립한다.

[Cauchy 정리] 소수 p 에 대하여 $p \mid |G|$ 이면, 군 G 는 위수 p 의 원소를 갖는다.

코시 정리에 의하여, 유한군G 가 p -군이기 위한 필요충분조건은 G 의 위수가 p 의 거듭제곱인 것이다.

예 Z_8, $Z_2 \oplus Z_4$, Q_8, D_4 등은 위수 8인 2-군의 예이다.

2. Sylow 정리

[제1Sylow 정리] 군G 의 위수가 $p^n m$이며, p 는 소수, $\gcd(p, m) = 1$ 일 때,
각각의 $k\ (1 \le k \le n)$ 에 대하여 위수가 p^k인 G 의 부분군이 존재한다.
위수 p^k 인 부분군은 위수 p^{k+1} 인 적당한 부분군의 정규부분군이 된다.

코시 정리는 소수p 에 대하여, 위수가 p 인 원소가 존재함을 말한는데 비해, 제1Sylow 정리는 위수 p^k 인 부분군이 존재함을 말한다. 따라서 코시 정리의 일반화라 할 수 있다.

[제2Sylow 정리] 모든 Sylow p-부분군은 서로 공액(conjugate)이다.
즉, 군G 의 Sylow p-부분군 H, K에 대하여 $g^{-1}Hg = K$인 $g \in G$가 존재한다.

[제3Sylow 정리] Sylow p-부분군의 개수는 $kp+1$ 개이며, $kp+1$ 는 $|G|$ 의 약수이다.

$|G| = p^n m$ 이면, $kp+1$ 는 p^n 과 서로소이므로, $kp+1$ 가 $|G|$ 의 약수이면 $kp+1$ 는 m 의 약수이다. Sylow p -부분군의 개수가 단 하나 뿐이면, Sylow p -부분군은 정규부분군이 된다.

실로우 정리들로부터 다음 따름정리를 증명할 수 있다.

(3)은 (2)에 의해 역도 성립한다.

[정리] 군 G의 위수가 $p^n m$이며, p는 소수, $\gcd(p, m) = 1$ 이라 하자.
(1) $m = 1$ 즉, $|G| = p^n$ 이면 $|H| = p^{n-1}$ 인 부분군 H는 정규부분군이다.
(2) 위수 $|H| = d$ 인 부분군 H가 단 하나 존재하면 H는 정규부분군이다.
(3) $|H| = p^n$ 인 부분군 H가 정규부분군이면 위수 p^n 인 부분군은 H 하나만 존재한다.
(4) 군 G가 가환군이면 위수 p^n 인 부분군은 단 하나 존재한다.

증명 (1) 제1실로우 정리에 의하여 $|H| = p^{n-1}$ 인 부분군 H는 존재한다.
또한 제1실로우 정리에 의하여 $H \lhd K$, $|K| = p^n$ 인 부분군 K가 있다.
그런데 $|G| = p^n$ 이므로 $G = K$
따라서 $H \lhd G$이다.

(2) 임의의 원소 $g \in G$에 관하여 부분군 H의 켤레 부분군 gHg^{-1}의 위수 $|gHg^{-1}| = |H|$이므로 gHg^{-1}는 위수 d 인 부분군이다.
명제의 조건에 따라 위수 d 인 부분군은 H 단 하나 존재하므로
$gHg^{-1} = H$
따라서 H는 G의 정규부분군이다.

(3) $|K| = p^n$ 인 부분군 K가 있다고 하면 H와 K는 실로우 p-부분군이므로 제2실로우 정리에 의하여 $K = gHg^{-1}$ 인 적당한 원소 $g \in G$ 가 있다.
조건에 의해 H는 G의 정규부분군이므로 $gHg^{-1} = H$
따라서 $K = H$이며 위수 p^n 인 부분군은 단 하나 존재한다.

(4) 제1실로우 정리에 의하여 $|H| = p^n$ 인 부분군 H가 있다.
군 G가 가환군이면 부분군 H는 정규부분군이다.
따라서 명제(3)에 의하여 위수 p^n 인 부분군은 H 단 하나 존재한다.

아벨군의 기본정리를 적용하면 자명하다.

[정리] 군 G가 유한 아벨군이며 $|G| = p_1^{n_1} \cdots p_k^{n_k}$ (소인수 분해)이면

$$G \cong H_1 \oplus \cdots \oplus H_k, \quad |H_i| = p_i^{n_i}$$

가 성립하는 G의 부분군 H_i 들이 있다.

증명 수학적 귀납법을 적용하자. $k = 1$ 이면 $H_1 = G$이므로 자명하다.
k일 때, 위의 정리가 성립한다고 가정하자.
$k+1$ 일 때, $|G| = p_1^{n_1} \cdots p_k^{n_k} p_{k+1}^{n_{k+1}}$ 이면 실로우 정리에 의하여
$|H_{k+1}| = p_{k+1}^{n_{k+1}}$ 인 부분군 H_{k+1} 가 존재한다. $m = p_1^{n_1} \cdots p_k^{n_k}$ 이라 두자.
$K = \{x \in G \mid x^m = e\}$ 라 두면 G가 가환군이므로 K는 부분군이다.
K, H_{k+1} 는 정규부분군이며 $K \cap H_{k+1} = \{e\}$, $G = KH_{k+1}$ 이 성립한다.

일부 증명과정이 생략되어 있다.

따라서 $G = K \oplus H_{k+1}$ 이며 $|H| = m = p_1^{n_1} \cdots p_k^{n_k}$
가정에 의하여 $K \cong H_1 \oplus \cdots \oplus H_k$ 이므로 $G \cong H_1 \oplus \cdots \oplus H_k \oplus H_{k+1}$
그러므로 위의 정리는 모든 k에 대하여 성립한다.

3. 몇 가지 유한군의 분류

위수가 소수 p 인 군 $\cong \mathbb{Z}_p$ 순환군

위수가 소수의 제곱인 군 $\cong \mathbb{Z}_{p^2}$, $\mathbb{Z}_p \oplus \mathbb{Z}_p$ 모두 Abel군

위수가 홀수 소수의 2 배인 군 $\cong \mathbb{Z}_{2p}$, D_p (이면체군)

예제 1 순환군이 아닌 군 G 의 위수가 p^2 (p :소수)일 때, 군 G 가 가환군임을 보이시오.

증명 G가 순환군이 아니므로 G의 원소 중에 위수가 p^2 인 원소 a 는 없으며, Lagrange 정리에 의하여, 항등원이 아닌 모든 원소의 위수는 p 이다.
항등원이 아닌 G의 한 원소를 a 라 두면 위수가 p 이므로 $\langle a \rangle$ 에 포함되지 않는 원소 b 가 존재한다. b 도 위수가 p 이므로 $\langle a \rangle \cap \langle b \rangle = \{e\}$ 이다.
이때, Sylow 1-정리에 의하여 위수 p 인 두 부분군 $\langle a \rangle$, $\langle b \rangle$ 는 위수 p^2 인 부분군의 정규부분군인데, 위수 p^2 인 부분군은 G 이므로 $\langle a \rangle$, $\langle b \rangle$ 는 G의 정규부분군이다.
또한 결합 $\langle a \rangle \langle b \rangle$ 의 위수는 $p \times p = p^2$ 이므로 $G = \langle a \rangle \langle b \rangle$ 이다.
그리고 $aba^{-1}b^{-1} \in \langle a \rangle \cap \langle b \rangle$ 이므로 $ab = ba$ 이 성립한다.
G의 임의 두 원소 $a^n b^m, a^s b^t$ 에 대하여
$(a^n b^m)(a^s b^t) = a^{n+s} b^{m+t} = (a^s b^t)(a^n b^m)$ 이 성립한다.
그러므로 G 는 가환군이다.

예제 2 $|G| = 2 \cdot p$ (단, $3 \le p$ 는 소수)이며 $|N| = 2$ 인 정규부분군 N 이 있으면 G 는 순환군임을 보이시오.

풀이 제3실로우 정리를 적용하면 Sylow p-부분군은 1개 있으므로 정규부분군이다.
이 정규부분군을 M 이라 두면, $2, p$ 가 서로소이므로
$N \cap M = \{e\}$ 이며 $NM = G$
따라서 $G \cong N \times M$ 이다.
또한 N, M 각각의 위수가 소수이므로 $N \cong Z_2$, $M \cong Z_p$
그러므로 $G \cong Z_2 \oplus Z_p \cong Z_{2p}$ 이며 G 는 순환군이다.

예제 3 $p < q$, $p \nmid q-1$ 인 두 소수 p, q 에 관하여 군 G 의 위수가 pq 일 때, G 가 순환군임을 보이시오.

증명 G 는 제1Sylow 정리에 의하여 Sylow p-부분군 H 와 Sylow q-부분군 K 를 갖는다.
제3Sylow 정리에 의하여 Sylow q-부분군의 개수는 $qk+1$ 이며 p 의 약수이다.
$p < q$ 이므로 따라서 k=0
제3Sylow 정리에 의하여 Sylow p-부분군의 개수는 $pk+1$ 이며 q 의 약수이다.
$p \nmid q-1$ 이므로 k=0
따라서 Sylow p-부분군 H 와 Sylow q-부분군 K 는 단 하나씩 존재한다.
Sylow p-부분군 H 는 단 하나뿐이므로 정규부분군이며, Sylow q-부분군 K 도 정규부분군이다.

라그랑주 정리에 의하여 $H\cap K=\{e\}$ 이며, H, K 는 각각 순환군이다.
$h\in H$, $k\in K$ 이면, $khk^{-1}h^{-1}\in H$ 이며 $khk^{-1}h^{-1}\in K$ 이므로
$khk^{-1}h^{-1}=e$, $kh=hk$
또한 $|HK|=\dfrac{|H|\cdot|K|}{|H\cap K|}=pq=|G|$ 이므로 $G=HK$ 이다.
따라서 G 의 임의의 두 원소를 h_1k_1 , h_2k_2 라 둘 수 있으며,
$(h_1k_1)(h_2k_2)=h_1k_1h_2k_2=h_1h_2k_1k_2=h_2h_1k_2k_1=h_2k_2h_1k_1=(h_2k_2)(h_1k_1)$
그러므로 G 는 가환군이다. 이때, $G\cong H\oplus K\cong \mathbb{Z}_p\oplus\mathbb{Z}_q\cong\mathbb{Z}_{pq}$

> **예제 4** $p\nmid q-1$, $p\mid q^2-1$ 인 두 소수 p , q 에 관하여 군 G 의 위수가 pq^2 일 때, G 는 위수 p 이거나 위수 q^2 인 정규부분군을 가짐을 보이시오.

풀이 제3실로우 정리을 적용하여 실로우 부분군의 개수를 조사하자.
위수 q^2 인 부분군의 개수$=qk+1\mid p$ 이므로 위수 q^2 인 부분군의 개수는 1개 또는 p 개이다.
위수 p 인 부분군의 개수$=pk+1\mid q^2$ 이므로 위수 p 인 부분군의 개수는 1개 또는 q 개 또는 q^2 개 이다. 문제의 조건에 따라 q 개는 될 수 없다.
위수 p 인 부분군이 1개인 경우, 제2실로우 정리에 의해 위수 p 인 부분군은 정규부분군이다.
위수 p 인 부분군이 q^2 개인 경우, 위수 p 인 부분군을 $H_1, \cdots, H_{q^2}$ 라 두면 각 부분군에서 위수 p 인 원소가 $p-1$ 개이므로 군 G 에서 위수 p 인 원소는 적어도 $(p-1)q^2$ 개 있다.
군 G 에서 위수가 p 가 아닌 원소는 많아야 $pq^2-(p-1)q^2=q^2$ 개 있다.
따라서 위수 q^2 인 부분군은 1개만 있으며 제2 실로우 정리에 의해 정규부분군이다.
그러므로 G 는 위수 p 이거나 위수 q^2 인 정규부분군을 가진다.

> **예제 5** $\dfrac{m}{2}<p<m$ 인 소수 p 에 관하여 군 G 의 위수가 $p^n m$ 일 때, G 는 위수 p^n 이거나 p^{n-1} 인 정규부분군을 가짐을 보이시오.

풀이 위수 p^n 인 부분군이 1개이면 제2실로우 정리에 의하여 정규부분군이다.
위수 p^n 인 부분군이 2개 이상 있다고 할 때, 그 중 2개를 H_1, H_2 라 하자.
$|H_1\cap H_2|=\dfrac{p^n\cdot p^n}{|H_1H_2|}\geq\dfrac{p^{2n}}{p^nm}=\dfrac{p^n}{m}>\dfrac{p^n}{2p}=\dfrac{p^{n-1}}{2}$ 이며
$|H_1\cap H_2|\,\Big|\,p^{n-1}$ 이므로 $H_1\cap H_2$ 의 위수는 p^{n-1} 이다.
제1 실로우 정리에 의하여 $H_1\cap H_2\lhd H_1$, $H_1\cap H_2\lhd H_2$ 이므로
H_1 , H_2 는 $H_1\cap H_2$ 의 정규화 부분군 $N(H_1\cap H_2)$ 에 포함된다.
H_1 , $H_2\subset N(H_1\cap H_2)$ 이므로
$H_1H_2\subset N(H_1\cap H_2)$ 이며 $p^{n+1}\leq|N(H_1\cap H_2)|\,\Big|\,p^nm$ 이다.

$|\mathrm{N}(H_1 \cap H_2)| = p^n k$ 라 두고 조건 $\frac{m}{2} < p < m$ 을 적용하면

$m = kl$, $\frac{pl}{2} < \frac{kl}{2} < p$, $l < 2$

따라서 $l = 1$ 이며 $|\mathrm{N}(H_1 \cap H_2)| = p^n m = |G|$ 이므로 $\mathrm{N}(H_1 \cap H_2) = G$

그러므로 위수 p^{n-1} 인 부분군 $H_1 \cap H_2$ 는 G 의 정규부분군이다.

04 군의 표현(Presentation)

1. 자유군(Free Group)

집합 A 의 원들의 축약어(reduced word)들의 집합 $F(A)$ 는 단어의 병렬과 축약을 연산으로 하는 군의 구조를 갖는다. 이 군 $F(A)$ 를 집합 A 의 원을 생성원으로 하는 자유군(free group)이라 한다.

특히, Abel군 F 가 다음 동치명제를 만족할 때, 자유 Abel군이라 한다.

(1) Abel군 F 는 공이 아닌 기저 B 를 갖는다.

(2) F 는 무한순환군 즉, $\mathbb{Z}$ (정수군)들의 직합(direct sum)이다.

이때, $|B|$ 를 F 의 계수(rank)라 한다.

2. 군의 생성원(Generator)과 관계(Relation)

집합 A 의 원을 생성원으로 하는 자유군 $F(A)$ 의 원소들로 이루어진 집합 R 을 포함하는 최소의 정규부분군을 $N(R)$ 이라 할 때, 잉여군(qoutient group) $F(A)/N(R)$ 에서 군 G 로의 동형사상을 군 G 의 표현(presentation)이라 한다.

[정리] {군의 표현} $A = \{a_i\}$, $R = \{r_j\}$ 일 때, $G = (a_i : r_j)$ 로 표기한다.

3. 군 표현의 예

$G = (a, b : a^3 = 1, b^2 = 1, ba = a^2 b)$ 의 위수를 결정해보자.

$ba = a^2 b$ 관계로부터 군 G의 원소를 모두 $a^n b^m$ 의 꼴로 쓸 수 있으므로 모두 나열하면, $1, a, b, ab, a^2, a^2 b$ 이고 이들 사이의 연산표를 작성하면 다음과 같다.

·	1	a	a^2	b	ab	a^2b
1	1	a	a^2	b	ab	a^2b
a	a	a^2	1	ab	a^2b	b
a^2	a^2	1	a	a^2b	b	ab
b	b	a^2b	ab	1	a^2	a
ab	ab	b	a^2b	a	1	a^2
a^2b	a^2b	ab	b	a^2	a	1

이 연산표를 관찰하면 a=(1 2 3), b=(2 3)에 대응되는 대칭군S_3과 동형임을 알 수 있다. 따라서 위의 군G는 대칭군S_3의 표현이 된다.

예제 1 $b^2=1$, $ba=a^3b$의 관계를 갖는 두 원 a, b로 생성된 군G가 비가환군일 때, 원소a의 위수(order)의 최솟값을 구하시오.

풀이 $ba=a^3b$이므로 $b=a^3ba^{-1}$

또한 $b^2=1$이므로

$$1=b^2=(a^3ba^{-1})(a^3ba^{-1})=a^3ba^2ba^{-1}$$

$$ba^2=(ba)a=(a^3b)a=a^3(ba)=a^3(a^3b)=a^6b$$

이므로

$$1=a^3(a^6b)ba^{-1}=a^9b^2a^{-1}=a^9a^{-1}=a^8$$

따라서 $a^8=1$. a는 위수(order)는 1, 2, 4, 8이다.

그런데 a의 위수가 1, 2이면 G가 가환군이다.

그러므로 a의 최소 위수는 4이다.

예제 2 $|a|=5$, $ab=b^2a$, $b\neq e$ (항등원)일 때, b의 위수를 구하시오.

풀이 $b^2=aba^{-1}$, $b^4=(aba^{-1})^2=ab^2a^{-1}=a(aba^{-1})a^{-1}=a^2ba^{-2}$

$a^kba^{-k}=a^{k-1}b^2a^{-k+1}=(a^{k-1}ba^{-k+1})^2=(aba^{-1})^{2^{k-1}}=b^{2^k}$,

$a^5ba^{-5}=b^{2^5}$, $b=b^{32}$, $b^{31}=e$

따라서 $|b|\neq1$이므로 $|b|=31$

예제 3 다음과 같이 주어진 군G의 위수를 구하시오.

① $\langle\, a, b \mid a^3=b^7=1,\ ba=ab^2 \,\rangle$ ② $\langle\, a, b \mid a^3=b^9=1,\ ba=ab^4 \,\rangle$

풀이 ① $ba=ab^2$이므로

$$G=\langle a,b\rangle=\{\,a^nb^m \mid 0\le n<3,\ 0\le m<7\,\}$$

따라서 $|G|=3\times7=21$

② $ba=ab^4$이므로 $G=\langle a,b\rangle=\{\,a^nb^m \mid 0\le n<3,\ 0\le m<9\,\}$

따라서 $|G|=3\times9=27$

위의 예제 ①에서

$\langle\, a, b \mid a^3=b^7=1,\ ba=ab^2 \,\rangle\cong\langle\,(235)(476),\ (1234567)\,\rangle$

서로 다른 두 소수의 곱인 위수 $|G|=3\times7=21$이며 군G는 비가환군이다.

또한 예제 ②에서 위수 $|G|=3^3$이며 군G는 비가환군이다.

05 부분군 다이어그램(Subgroup diagram)

1. 부분군 다이어그램(Subgroup diagram)

군 G의 모든 부분군들을 포함관계에 따라 위아래로 배열한 도표를 부분군 다이어그램(Subgroup diagram) 또는 하세-다이어그램(Hasse diagram)이라 하며, 어떤 두 군이 군-동형이면 부분군 다이어그램의 형태도 같은 형태로 나타난다.

몇 가지 부분군들의 부분군 다이어그램을 살펴보자.

2. 아벨군의 부분군 다이어그램(Subgroup diagram)

(1) 소수 p 의 거듭제곱 p^n 위수 순환군(Cyclic Group)

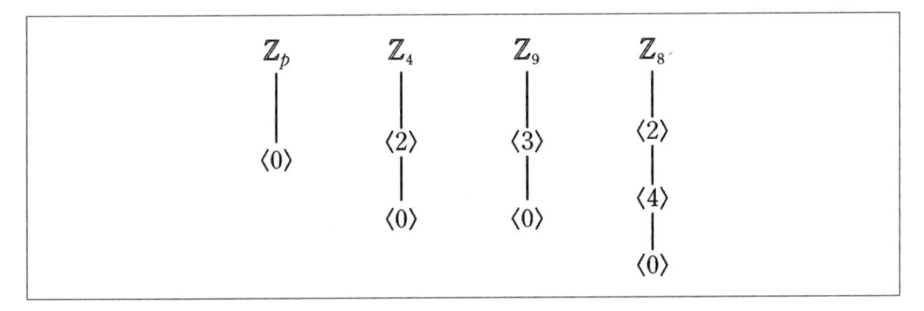

(2) 기타 위수 순환군(Cyclic Group)

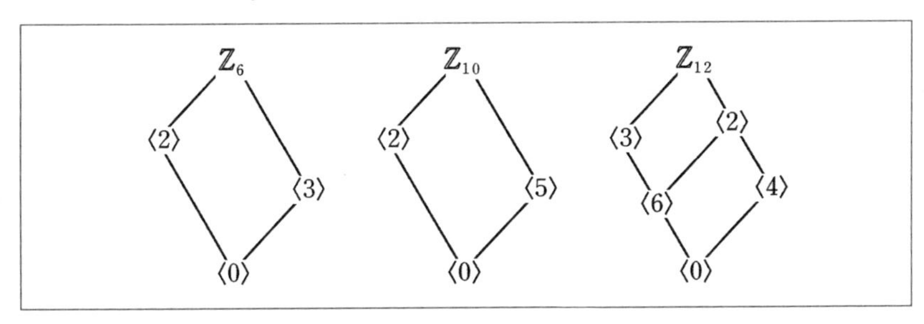

(3) 비순환 가환군(Abelian Group)

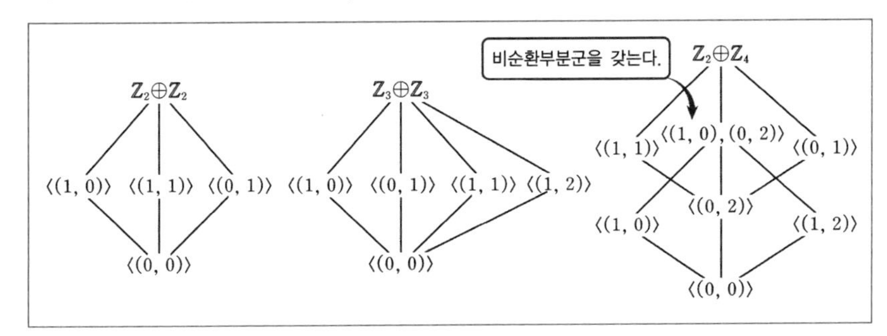

3. 비가환군의 부분군 다이어그램(Subgroup diagram)

N으로 표기한 부분군은 모두 정규부분군이며, H로 표기한 부분군은 모두 비-정규부분군이다.
자명한 부분군과 군 자신은 항상 정규부분군이므로 정규 구분을 표시하지 않는다.

(1) 3차 대칭군(Symmetry Group) S_3 =3차 이면체군 D_3

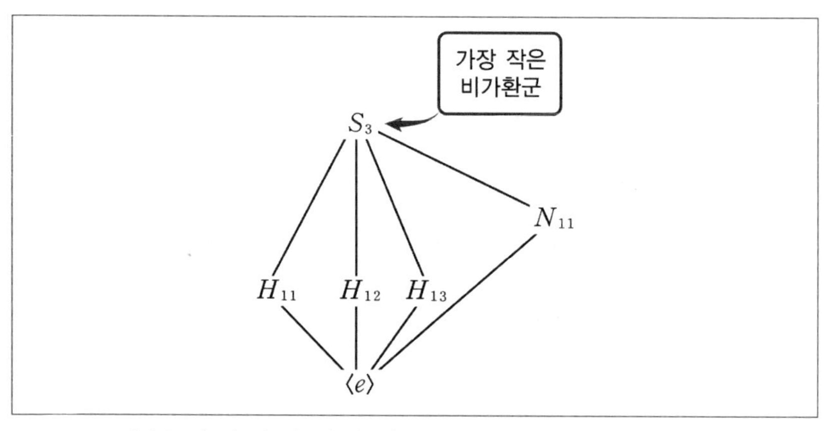

$D_3 = S_3 = \{ (1), (12), (13), (23), (123), (132) \}$

$D_3 = S_3 = \langle\, a, b \mid a^3 = 1, b^2 = 1, ba = a^2 b \,\rangle$

$N_{11} = \langle (123) \rangle$

$H_{11} = \langle (12) \rangle$

$H_{12} = \langle (13) \rangle$

$H_{13} = \langle (23) \rangle$

(2) 5차 이면체군(Dihedral Group) D_5

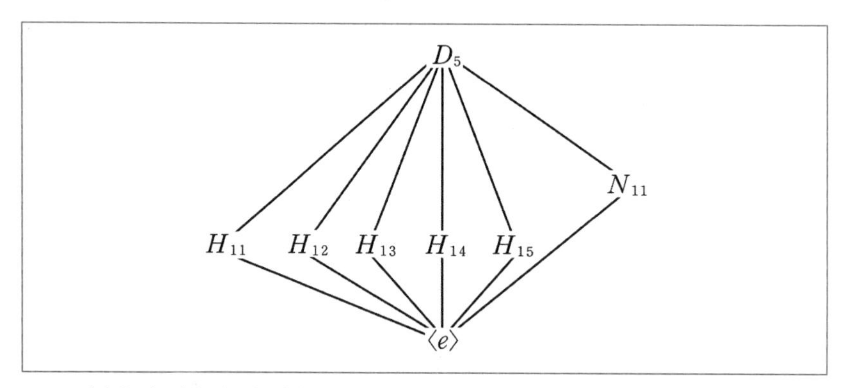

$D_5 = \{ (1), (12)(35), (13)(45), (14)(23), (15)(24), (25)(34),$
$(12345), (13524), (14253), (15432) \}$

$D_5 = \langle\, a, b \mid a^5 = 1, b^2 = 1, ba = a^4 b \,\rangle$

$N_{11} = \langle (12345) \rangle$

$H_{11} = \langle (14)(23) \rangle$

$H_{12} = \langle (12)(35) \rangle$

$H_{13} = \langle (15)(24) \rangle$

$H_{14} = \langle (13)(45) \rangle$

$H_{15} = \langle (25)(34) \rangle$

(3) 사원수군(Quaternion Group) Q_8

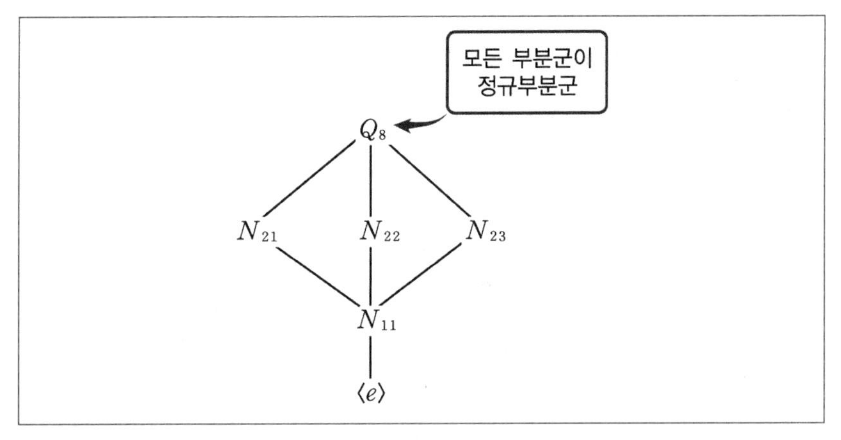

$Q_8 = \{ \pm 1, \pm i, \pm j, \pm k \}$

$Q_8 = \langle a, b \mid a^4 = 1, b^2 = a^2, ba = a^3 b \rangle$

$N_{21} = \langle i \rangle$

$N_{22} = \langle j \rangle$

$N_{23} = \langle k \rangle$

$N_{11} = \langle -1 \rangle$

(4) 4차 이면체군(Dihedral Group) D_4

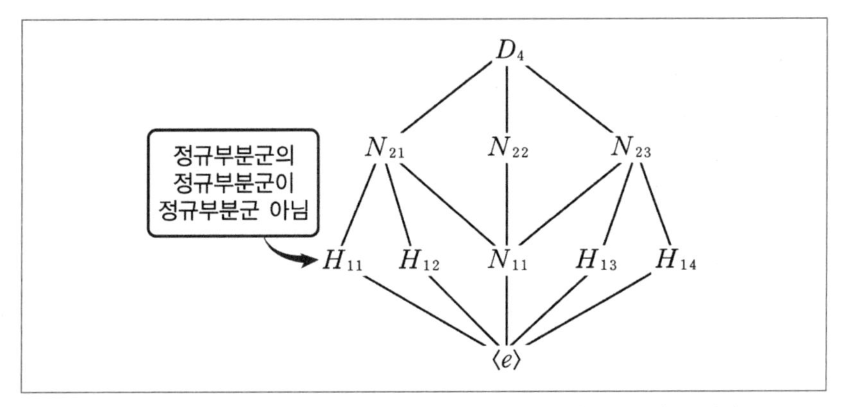

$D_4 = \{ (1), (13), (24), (12)(34), (13)(24), (14)(23), (1234), (1432) \}$

$D_4 = \langle a, b \mid a^4 = 1, b^2 = 1, ba = a^3 b \rangle$

$N_{21} = \langle (13), (24) \rangle$

$N_{22} = \langle (1234) \rangle$

$N_{23} = \langle (12)(34), (14)(23) \rangle$

$N_{11} = \langle (13)(24) \rangle$

$H_{11} = \langle (13) \rangle$

$H_{12} = \langle (24) \rangle$

$H_{13} = \langle (12)(34) \rangle$

$H_{14} = \langle (14)(23) \rangle$

(5) 4차 교대군(Alternate Group) A_4

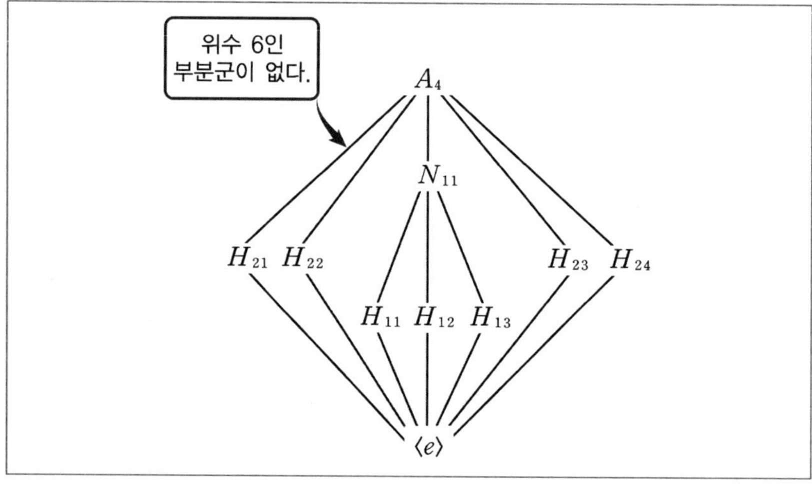

$A_4 = \{ (1), (12)(34), (13)(24), (14)(23), (123), (124),$
$(134), (132), (142), (143), (234), (243) \}$

$A_4 = \langle a, b \mid a^3 = 1, b^2 = 1, (ab)^3 = 1 \rangle$

$N_{11} = \langle (12)(34), (13)(24) \rangle$

$H_{21} = \langle (123) \rangle$

$H_{21} = \langle (124) \rangle$

$H_{21} = \langle (134) \rangle$

$H_{21} = \langle (234) \rangle$

$H_{11} = \langle (12)(34) \rangle$

$H_{12} = \langle (13)(24) \rangle$

$H_{13} = \langle (14)(23) \rangle$

(6) 6차 이면체군(Dihedral Group) D_6

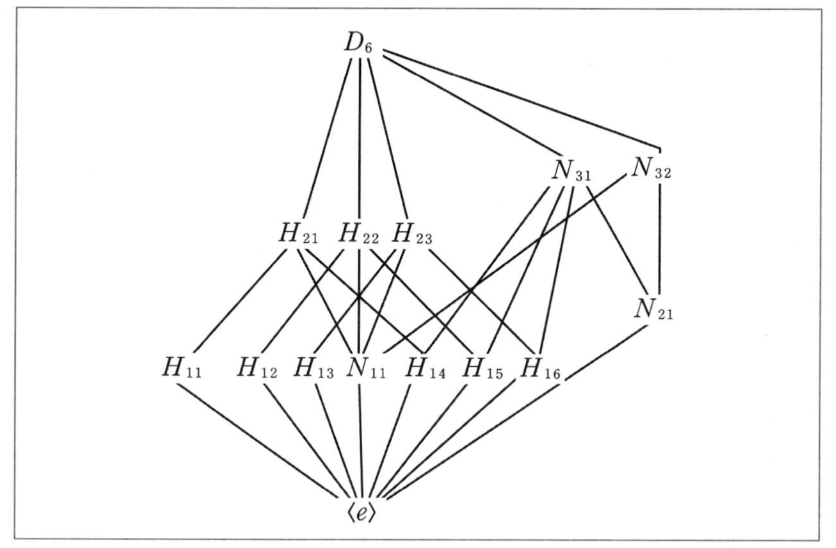

$D_6 = \{ (1), (12)(36)(45), (14)(23)(56), (14)(25)(36), (16)(25)(34),$
$(13)(46), (15)(24), (26)(35), (135)(246), (153)(264), (123456), (165432)\}$

$D_6 = \langle\ a, b \mid a^6 = 1, b^2 = 1, ba = a^5 b\ \rangle$

$N_{31} = \langle (135)(246), (15)(24) \rangle$

$N_{32} = \langle (123456) \rangle$

$N_{21} = \langle (135)(246) \rangle$

$N_{11} = \langle (14)(25)(36) \rangle$

$H_{21} = \langle (12)(36)(45), (15)(24) \rangle$

$H_{22} = \langle (14)(23)(56), (26)(35) \rangle$

$H_{23} = \langle (16)(25)(34), (13)(46) \rangle$

$H_{11} = \langle (12)(36)(45) \rangle$

$H_{12} = \langle (14)(23)(56) \rangle$

$H_{13} = \langle (16)(25)(34) \rangle$

$H_{14} = \langle (15)(24) \rangle$

$H_{15} = \langle (26)(35) \rangle$

$H_{16} = \langle (13)(46) \rangle$

윤양동
임용수학

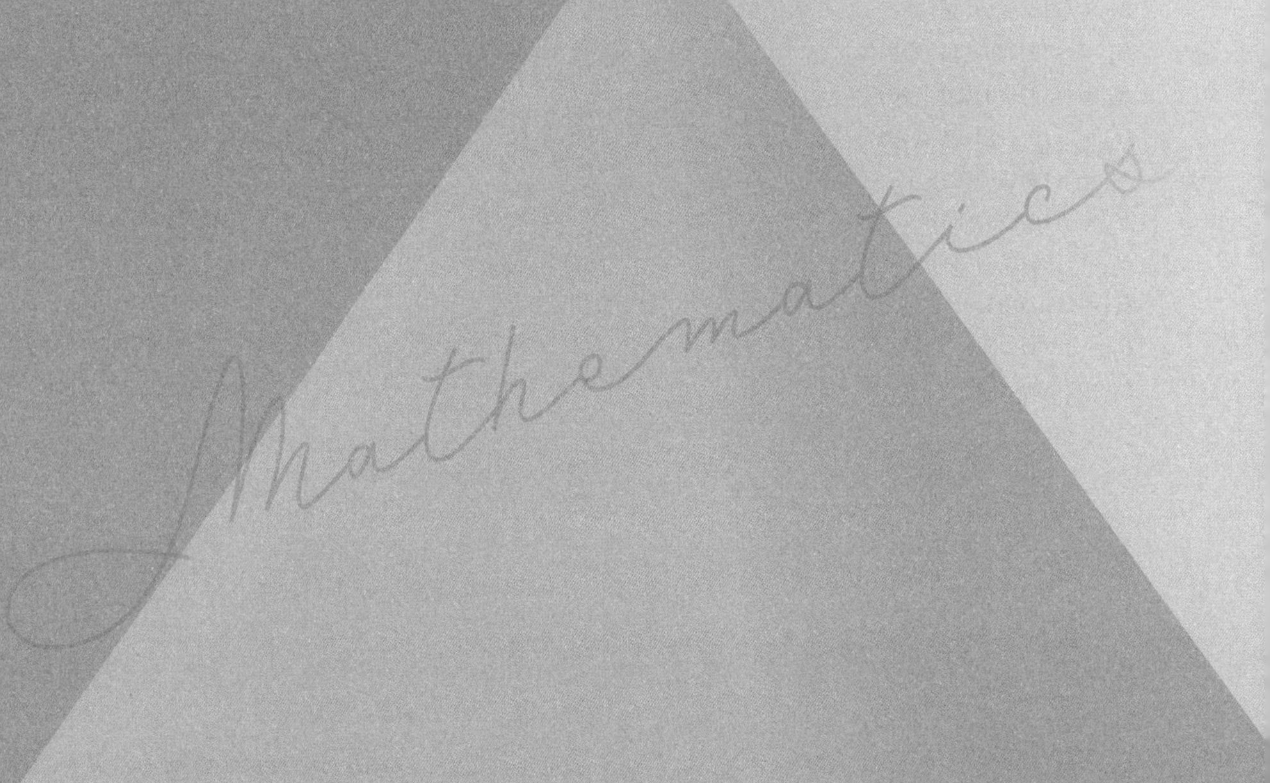

CHAPTER

3

환

1. 환
2. 아이디얼과 잉여환
3. 소 아이디얼과 극대 아이디얼
4. 환 준동형사상

Chapter 03

환(Ring)

01 환(Ring)

1. 환(Ring)과 환준동형사상

[정의] {환}
공집합이 아닌 집합 R 과 두 이항연산(binary operation) $+$, $\cdot$: $R\times R \to R$ 가 다음 조건을 만족할 때, $(R, +, \cdot)$ 을 환(Ring)이라 한다.
(1) $(R, +)$ 는 Abel 군이다.
(2) 결합법칙 : 모든 $a, b, c \in R$ 에 대하여 $(a\cdot b)\cdot c = a\cdot(b\cdot c)$ 이 성립한다.
(3) 분배법칙 : 모든 $a, b, c \in R$ 에 대하여 다음이 성립한다.
$(a+b)\cdot c = a\cdot c + b\cdot c$, $a\cdot(b+c) = a\cdot b + a\cdot c$

덧셈+에 대한 항등원을 영원(또는 영, 0, zero)이라 하고,
곱셈 $\cdot$ 에 대한 항등원이 영이 아닐 때, 곱셈의 항등원을 줄여서 항등원(identity) 또는 단위원(unity)이라 하고 1_R 이라 쓴다.
모든 $a, b \in R$ 에 대하여 교환법칙 $a\cdot b = b\cdot a$ 을 만족할 때, 가환환(commutative ring)이라 하며, 연산 $\cdot$ 에 대한 항등원 1_R 이 존재하면 환 R 을 단위원(항등원)을 갖는 환(ring with unity)이라 한다. 가환환이며 단위원을 가지면 【단위원을 갖는 가환환】이라 한다.

[정의] {환준동형사상}
환 $(R, +, \cdot)$, $(S, +, \cdot)$ 과 사상 $f : R \to S$ 가 $a, b \in R$ 에 대하여
$$f(a+b) = f(a) + f(b) , \ f(a\cdot b) = f(a)\cdot f(b)$$
을 만족할 때, f 를 준동형사상(homomorphism)이라 한다.

특히, f 가 전단사이면 동형사상(isomorphism)이라 하고 이때, 두 환 R, S 는 서로 동형이라 하고 $R \cong S$ 로 쓴다.

몇 가지 환의 예를 보이면 다음과 같다.
① 정수환 $\mathbb{Z}$, 법 n 에 관한 잉여류환 $\mathbb{Z}_n$
② 다항식 환 $\mathbb{Q}[x]$, $\mathbb{Z}[x]$
③ n 차 정사각행렬들의 환 $\mathrm{Mat}_n(\mathbb{Z})$
④ $\mathbb{Q}(\sqrt{m}) = \{a+b\sqrt{m} \mid a,b \in \mathbb{Q}\}$, $\mathbb{Z}[\sqrt{m}] = \{a+b\sqrt{m} \mid a,b \in \mathbb{Z}\}$

예제 1 집합 U 의 멱집합 $\wp(U)$ 에 다음 연산을 정의하면 단위원을 갖는 가환환임을 보여라. $A, B \in \wp(U)$ 에 대하여
$A+B=A\triangle B=(A\cup B)-(A\cap B)$, $A\cdot B=A\cap B$

풀이 영원과 단위원이 각각 공집합 $\varnothing$ 과 전체집합 U 이며 집합 A 의 음원은 A 자신이다.
$(A+B)+C$
$=[(A\cup B\cup C)-\{(A\cap B)\cup(B\cap C)\cup(C\cap A)\}]\bigcup(A\cap B\cap C)$
$=A+(B+C)$
$(A\cdot B)\cdot C=A\cdot(B\cdot C)=A\cap B\cap C$
$(A+B)\cdot C=(A\cap C)\cup(B\cap C)-(A\cap B\cap C)=(A\cdot C)+(B\cdot C)$

예제 2 환 R 의 원소 a, b 에 관하여 $a\cdot 0=0$, $(-a)\cdot(-b)=a\cdot b$ 이 성립함을 보이시오.

풀이 ① $a\cdot 0=0$
분배법칙에 의하여 $a\cdot 0=a\cdot(0+0)=a\cdot 0+a\cdot 0$
양변에 $a\cdot 0$ 의 덧셈에 관한 역원을 더하면 $a\cdot 0=0$
② $(-a)\cdot(-b)=a\cdot b$
$a\cdot b+a\cdot(-b)=a\cdot(b+(-b))=a\cdot 0=0$
$(-a)\cdot(-b)+a\cdot(-b)=((-a)+a)\cdot(-b)=0\cdot(-b)=0$
이므로 $a\cdot b+a\cdot(-b)=(-a)\cdot(-b)+a\cdot(-b)$
양변에 $a\cdot(-b)$ 의 덧셈에 관한 역원을 더하면 $(-a)\cdot(-b)=a\cdot b$

예제 3 환 $\mathbb{Z}_{10}$ 의 부분집합 $S=\{0,2,4,6,8\}$ 위에 $\mathbb{Z}_{10}$ 의 $+$, $\cdot$ 을 연산을 부여할 때, S 가 환이 되는지 조사하고, 곱 $\cdot$ 에 관한 항등원이 존재하는 지 판단하시오.

풀이 S 는 $+$에 관해 아벨군이며, 배분법칙과 $\cdot$에 관해 결합법칙을 만족하므로 환이다.
$6\cdot 0=0$, $6\cdot 2=2$, $6\cdot 4=4$, $6\cdot 6=6$, $6\cdot 8=8$ 이므로 6 이 항등원이다.

예제 4 환 R 의 모든 원소가 멱등원(idempotent, $x^2=x$)이면, 환 R 은 가환환임을 보여라.

풀이 $x, y\in R$ 이라 하면 $x+y\in R$
R 의 원소는 멱등원이므로 $(x+y)^2=x+y$
따라서 $x^2+xy+yx+y^2=x+xy+yx+y$ 이므로 $xy+yx=0$ 이다.
$xy=-yx=(-yx)^2=(yx)^2=yx$ 이므로 R는 가환환이다.

2. 위수(Order), 표수(Characteristic)

환R 의 위수는 집합R 의 기수(cardinal number) $|R|$ 로 정의한다.

[정의] {표수} 환R 에서 모든 원 $r \in R$ 에 대하여 $nr = r + \cdots + r = 0$ 을 만족하는 최소의 양의 정수n 이 존재하면 n 을 R 의 표수(characteristic)라 한다.
그러한 정수n 이 존재하지 않을 때, R 의 표수를 0으로 정의한다. 이때, 각각 $\mathrm{char}(R) = n$ 과 $\mathrm{char}(R) = 0$ 으로 표기한다.

단위원을 갖는 환의 표수는 다음과 같이 구할 수 있다.

[정리] (1) 단위원 1_R 을 갖는 환R 의 표수는 다음과 같다.
1_R 의 덧셈군에 관한 위수(order)가 ∞ 이면 $\mathrm{char}(R) = 0$
1_R 의 덧셈군에 관한 위수(order)가 양의 정수 n 이면 $\mathrm{char}(R) = n$
(2) 단위원1_R 을 갖는 환R과 단위원1_S을 갖는 부분환$S \subset R$에 대하여
$1_R = 1_S$ 이면 $\mathrm{char}(R) = \mathrm{char}(S)$

증명 (1) 단위원1_R 의 덧셈 위수가 ∞ 인 경우,
$k \cdot 1_R = 1_R + 1_R + \cdots + 1_R = 0$ 인 자연수k 가 존재하지 않으므로
$\mathrm{char}(R) = 0$ 이다.
단위원1_R 의 덧셈 위수가 양의 정수 n 인 경우,
$1 \le k < n$ 이면 $k \cdot 1_R = 1_R + 1_R + \cdots + 1_R \neq 0$ 이며
임의의 원소 $r \in R$ 에 대하여
$nr = (1_R + 1_R + \cdots + 1_R)r = (n1_R)r = 0$
따라서 표수 $\mathrm{char}(R) = n$
(2) $1_R = 1_S$ 이므로 1_R , 1_S는 덧셈에 관한 위수가 같다.
따라서 명제(1)에 의하여 $\mathrm{char}(R) = \mathrm{char}(S)$

예 (1) $\mathrm{char}(\mathbb{Z}) = 0$, $\mathrm{char}(\mathbb{Z}_7) = 7$, $\mathrm{char}(\mathbb{Z}_4[x]) = 4$
(2) 환$\mathbb{Z}_{10}$ 의 부분환 $S = \{0,2,4,6,8\}$는 단위원 6을 갖는다. $\mathbb{Z}_{10}$ 의 단위원 1과 6은 다른 원소이므로 두 환의 표수는 같다고 할 수 없다.
$\mathrm{char}(\mathbb{Z}_{10}) = 10$ 이며 $\mathrm{char}(S) = 5$
환의 표수는 그 환의 부분환의 표수와 다를 수 있다.
환의 단위원은 그 환의 부분환의 단위원과 다를 수 있다.

3. 정역(Integral domain)과 체(Field)

환$(R, +, \cdot)$의 0 아닌 원소 $a, b \in R$에 대하여 $a \cdot b = 0$ 일 때, a, b를 영인자(zero divisor)라 한다.

단위원1_R을 갖는 환R의 원소 $a \in R$에 대하여 $a \cdot b = b \cdot a = 1$인 원소 $b \in R$가 있을 때, a를 가역원(invertible element) 또는 단원(unit)이라 하고, b를 곱에 관한 a의 역원(줄여서 역원)이라 하며 $b = a^{-1}$로 표기한다.

단위원을 갖는 환$(R, +, \cdot)$의 모든 가역원들의 집합을 R^* 또는 $\mathrm{U}(R)$로 표기한다.

[정리] 환R이 단위원을 갖는 환이면 $(R^*, \cdot)$는 곱셈에 관하여 군(group)을 이룬다.

증명 단위원1_R는 가역원이므로 곱셈의 항등원 $1_R \in R^*$

$a \in R^*$ 이면 $aa^{-1} = a^{-1}a = 1_R$ 이므로 a^{-1}는 역원a를 갖는 가역원이며

$a^{-1} \in R^*$

$a, b \in R^*$ 이면 $a^{-1}, b^{-1} \in R^*$ 이며 $(b^{-1}a^{-1})(ab) = b^{-1}a^{-1}ab = 1_R$

이므로 ab는 역원$b^{-1}a^{-1}$을 갖는 가역원이며 $ab \in R^*$

또한 환의 정의에 의하여 곱셈에 관한 결합법칙은 성립한다.

따라서 R^*는 곱셈에 관하여 군이다.

이 곱셈군을 환R의 단원군(unit group)이라 한다.

예 $\mathbb{Z}_n^* = \{x \in \mathbb{Z}_n \mid \gcd(n, x) = 1\}$, $\mathbb{Z}^* = \{1, -1\}$,
$\mathrm{U}(\mathbb{Z}[x]) = \mathbb{Z}[x]^* = \{1, -1\}$

[정의] {정역, 체}
단위원을 갖는 가환환D가 영인자를 갖지 않을 때, D를 정역(integral domain)이라 한다.
단위원을 갖는 가환환F의 모든 영 아닌 원소는 가역원일 때, F를 체(field)라 한다.

환R이 체이면 영을 제외한 모든 원소가 단원이므로 단원군 $R^* = R - \{0\}$이다.

단위원을 갖는 환R의 모든 영 아닌 원소가 단원(unit)일 때, R을 나눗셈환(division ring)이라 한다.

나눗셈환이며 가환환이면 체(field)다.

체가 아닌 나눗셈환을 의사체(skew field)라 한다.

예 사원수환$\mathbb{H} = \{a + bi + cj + dk \mid a, b, c, d \in \mathbb{R}\}$는 체가 아닌 나눗셈환이다.

소거법칙이라 한다.
좌-우 소거법칙 성립

[정리]

(1) 모든 체 F는 정역이다.
(2) 단위원을 갖는 가환환 R이 유한집합이면 영과 영인자가 아닌 모든 원소는 가역원이다.
(3) 모든 유한 정역은 체이다.
(4) 정역의 표수는 0 또는 소수(prime)이다.
(5) 정역 D의 부분환 S가 $S \neq \{0\}$이면 $\text{char}(S) = \text{char}(D)$
(6) 정역 D에서 $ax = ay$, $a \neq 0$이면 $x = y$
(7) 정역 D의 부분환 S가 단위원 1_S를 가지면 $1_D = 1_S$

증명 (1) $a, b \in F$에 대하여 $a \cdot b = 0$, $a \neq 0$이라 하면 a는 가역원이므로 역원 a^{-1}가 존재한다. 이때, $a^{-1}(a \cdot b) = a^{-1} \cdot 0 = 0$이며, $b = 0$이다. 따라서 F는 영인자를 갖지 않는다.
따라서 정역이다.

(2) $R = \{a_1, \cdots, a_n\}$라 하고, 원소 r이 영(0)도 아니고 영인자도 아니라고 하자. $rR = \{ra_1, \cdots, ra_n\} \subset R$이 성립한다.
$ra_i = ra_j$이라 하면 $r(a_i - a_j) = 0$이며 r이 영(0)도 아니고 영인자도 아니므로 $a_i - a_j = 0$, 즉 $a_i = a_j$이다.
두 집합이 같은 위수를 갖는 유한집합이므로 $rR = \{ra_1, \cdots, ra_n\} = R$
$1_R \in R$이므로 $1_R \in \{ra_1, \cdots, ra_n\}$이며, $ra_k = 1_R$인 a_k가 존재한다.
따라서 r은 가역원이다.

(3) 정역은 영인자를 갖지 않으므로 (2)에 의하여 영 아닌 모든 원소는 가역원이다.
따라서 유한 정역은 체이다.

(4) 정역의 표수가 영도 아니며 소수도 아니라 하면 표수는 적당한 합성수 nm (단, $n, m \geq 2$)이 된다. $n \cdot 1 \neq 0 \neq m \cdot 1$이며
$0 = nm \cdot 1 = (n \cdot 1)(m \cdot 1)$이므로 영인자를 갖는다.
따라서 정역의 표수는 소수 또는 영(0)이다.

(5) $\text{char}(D) = 0$인 경우
$\text{char}(S) \neq 0$라 가정하면 $na = 0$인 양의 정수 n과 영 아닌 원소 $a \in S$가 있다. 정역 D에서 $(n1)a = 0$, $a \neq 0$이므로 $n1 = 0$. 표수=0에 모순
따라서 $\text{char}(S) = \text{char}(D)$
$\text{char}(D) = p$ (소수)인 경우
S의 임의의 영 아닌 원소 a에 대하여 $pa = 0$이므로 덧셈위수 $|a| = p$
$|a| = p$이므로 $1 \leq k < p$이면 $ka \neq 0$
따라서 $\text{char}(S) = \text{char}(D)$

(6) $ax = ay$이면 $a(x - y) = 0$
$a \neq 0$이며 D는 영인자를 갖지 않으므로 $x - y = 0$. 따라서 $x = y$

(7) $1_S 1_D = 1_S = 1_S 1_S$이며 $1_S \neq 0$이므로 $1_D = 1_S$

예제1 $|R|=p$ (소수)이면 환$R \cong O_p$ (곱셈이 영사상) 또는 $R \cong \mathbb{Z}_p$ 임을 보이시오.

증명 $|R|=p$ 이므로 $(R,+)$는 순환군이며, 생성원을 r 이라 두고
$(R,+)=\langle r \rangle=\{0,r,2r,\cdots,(p-1)r\}$이라 하자.
$r \cdot r=nr$ (단, $0 \le n < p$)이라 하자.
첫째, $n=0$ 이면 $r \cdot r=0$ 이며 임의의 두 원소 kr, lr 에 대하여
$(kr)\cdot(lr)=(kl)r\cdot r=0$
따라서 $n=0$ 이면 $R \cong O_p$ (곱셈이 영사상)이다.
둘째, $n \neq 0$ 이면 $\mathbb{Z}_p$ 의 곱셈에 관한 n 의 역원n^* 가 존재한다.
사상$\varphi : \mathbb{Z}_p \to R$, $\varphi(k)=(kn^*)r$ 라 정의하자.
$\varphi(k_1+k_2)=(k_1+k_2)n^*r=k_1n^*r+k_2n^*r=\varphi(k_1)+\varphi(k_2)$
$\varphi(k_1)\cdot\varphi(k_2)=(k_1n^*r)\cdot(k_2n^*r)=(k_1k_2n^*n^*)r\cdot r$
$=(k_1k_2n^*n^*)nr=(k_1k_2n^*)r=\varphi(k_1k_2)$
임의의 $kr \in R$에 대하여 $\varphi(kn)=(knn^*)r=kr$ 이므로 φ 는 전사이며 전단사이다.
그러므로 φ 는 환동형사상이며 $R \cong \mathbb{Z}_p$ 이다.

예제2 환R 에 대하여 모든 영 아닌 a 에 대하여 $aba=a$ 가 성립하는 b 가 유일하게 존재하면 R 은 나눗셈환임을 보이시오. (단, $|R| \ge 2$)

증명 영 아닌 a 에 대하여 유일하게 존재하는 b 를 a^* 라 표기하자. 즉, $aa^*a=a$
영 아닌 a 에 대하여 적당한 c 가 존재하여 $ac=0$ 라 하면
$a(a^*+c)a=aa^*a+aca=a+0a=a$ 이므로 유일성에 의해 $a^*+c=a^*$ 이며 $c=0$
따라서 환R 은 영인자를 갖지 않는다.
$aa^*aa^*a=aa^*a=a$ 이므로 $a^*aa^*=a^*$ 이다.
따라서 $a^{**}=a$
영 아닌 a,b 에 대하여 $a(a^*a-bb^*)b=aa^*ab-abb^*b=ab-ab=0$ 이며, R 은 영인자를 갖지 않으므로 $a^*a-bb^*=0$, $a^*a=bb^*$
$a=b$ 이면 $a^*a=aa^*$ 이므로 임의의 영 아닌 두 a,b 에 대하여 $aa^*=bb^*$
여기서 영 아닌 한 원소r 에 대하여 $rr^*=e$ 라 두면, 임의의 영 아닌 원소 a 에 대하여 $aa^*=e$ 이다.
자명하게 $0\cdot e=0=e\cdot 0$ 이 성립하며, 영 아닌 임의의 원소 a 에 대하여
$ae=aaa^*=aa^*a=a=ea$ 이 성립하므로 e 는 곱셈에 관한 항등원이다.
또한 영 아닌 임의의 원소 a 에 대하여 $a^*a=aa^*=e$ 이므로 a^* 는 a 에 관한 역원이며, a 는 가역원이다.
따라서 환R 은 단위원을 갖고 영 아닌 모든 원소가 가역원인 나눗셈환이다.

4. 분수체(Field of quotients)

[정리] 정역D를 포함하는 체F가 항상 존재한다.

증명 정역D에 대하여 $D^* = D-\{0\}$라 하자.
곱집합$D\times D^*$의 두 원소(a,b), (c,d) 사이에 다음과 같은 관계를 정의하면,

$$(a,b) \sim (c,d) \ \leftrightarrow \ ad = bc$$

관계$\sim$ 는 동치관계가 되며, 동치류$[a,b]$들의 집합 $D\times D^*/\sim$ 를 얻는다.
이때 이 집합을 $F = D\times D^*/\sim \ = \{[a,b] : (a,b) \in D\times D^*\}$라 두자.
그리고 F의 임의의 두 원소$[a,b]$, $[c,d]$ 사이에 다음과 같은 연산을 정의한다.

$$[a,b]+[c,d]=[ad+bc, bd], \ [a,b]\cdot[c,d]=[ac,bd]$$

그러면, F는 연산$+$, $\cdot$ 에 관하여 환(ring)이 된다.

환이 됨을 보이는 과정은 생략하였다.

D가 가환환이므로 $[a,b]\cdot[c,d]=[ac,bd]=[ca,db]=[c,d]\cdot[a,b]$
D의 단위원1에 대하여 $[a,b]\cdot[1,1]=[a,b]=[1,1]\cdot[a,b]$
F의 영(0)은 $[0,1]$이며 $[a,b]\neq[0,1]$일 때, $a\neq 0$이며

$$[a,b]\cdot[b,a]=[ab,ab]=[1,1]=[b,a]\cdot[a,b]$$

F는 단위원$[1,1]$을 갖는 가환환이며, 영 아닌 $[a,b]$는 역원$[b,a]$를 갖는다.
따라서 F는 연산$+$, $\cdot$ 에 관하여 체(field)가 된다.
체F의 부분집합 $\mathrm{D}=\{[a,1] : a\in D\}$에 대하여
사상 $i : D\to \mathrm{D}$, $i(x)=[x,1]$라 정의하면 $i(D)=\mathrm{D}$이다.
$i(x)=i(y)$ 이면 $[x,1]=[y,1]$, $x=y$이므로 사상i는 단사사상이다.
$i(x)+i(y)=[x,1]+[y,1]=[x+y,1]=i(x+y)$
$i(x)i(y)=[x,1][y,1]=[xy,1]=i(xy)$
이므로 사상i는 환-동형사상이다.
따라서 F의 부분집합 $\mathrm{D}=\{[a,1] : a\in D\}$는 F의 부분환이 되며,
D와 D는 환-동형이다.
D의 원소$[a,1]$와 D의 원소a를 같은 원소로 간주하면, $D\subset F$이다.
그러므로 F는 정역D를 포함하는 체(field)이다.

동치류 $[a,b]$를 분수$\frac{a}{b}$ 또는 a/b로 쓰기로 한다.
이때, $a/b = a\cdot b^{-1}$이다.

[정의] {분수체} 체F에 대하여 $D\subset F$, $F=\{a/b \mid a,b\in D, b\neq 0\}$일 때, 체$F$를 D의 분수체(field of quotients)라 한다.

분수체의 전형적인 예로서 유리수체$\mathbb{Q}$는 정수환$\mathbb{Z}$의 분수체이다.
정의에 따르면 분수체는 유일하지 않으며, 환동형의 관점에서 유일하다.
동치류$[a,b]$를 이용하여 정의한 체F 만 정역D의 분수체라고 오해하지 않도록 유의해야 한다.
동치류$[a,b]$를 이용하여 정의한 체F도 정역D의 분수체가 된다.

정역D의 분수체는 정역D를 포함하는 최소의 체가 됨을 다음과 같이 살펴보자.

[정리]
(1) 정역D를 포함하는 모든 체K는 D의 분수체와 동형인 부분체를 갖는다.
(2) 정역D의 분수체F와 정역R에 대하여 $D \leq R \leq F$이면 F는 R의 분수체이다.

증명 (1) 정역D의 분수체를 F라 두고, 사상 $f : F \to K$를 $f(a/b) = a \cdot b^{-1}$라 정의하자.

① 잘정의됨: $a/b = c/d$이면 $ad = bc$이며 체K에서 $ab^{-1} = cd^{-1}$이므로 $f(a/b) = f(c/d)$

② 준동형: $f(a/b \cdot c/d) = f(ac/bd) = (ac)(bd)^{-1}$
$= (ab^{-1})(cd^{-1}) = f(a/b) \cdot f(c/d)$
$f(a/b + c/d) = f(ad + bc/bd) = (ad+bc)(bd)^{-1} = ab^{-1} + cd^{-1}$
$= f(a/b) + f(c/d)$

③ 단사: $f(a/b) = a \cdot b^{-1} = 0$이면 $a = 0$이므로 $a/b = 0$
따라서 f는 단사사상
그러므로 분수체F는 체K의 부분체$f(F)$와 동형이다.

(2) $a, b \in R$, $b \neq 0$일 때, $a, b \in F$이므로 $a/b = ab^{-1} \in F$
임의의 원소 $x \in F$에 대하여 체F는 정역D의 분수체이므로 $x = a/b$, $a, b \in D$, $b \neq 0$ 인 a, b가 있다.
$D \subset R$이므로 $x = a/b$, $a, b \in R$이다.
따라서 $F = \{a/b \mid a, b \in R, b \neq 0\}$이며 체$F$는 정역$R$의 분수체이다.

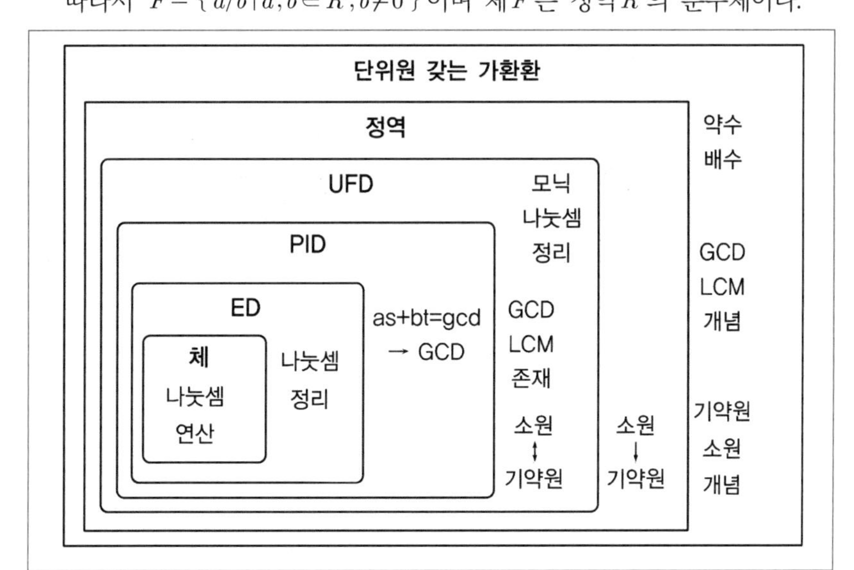

5. 기약원(irreducible element)과 유일 인수분해 정역(UFD)

정역 D 에서 $rs = a$ 일 때, $r \mid a$ 라 쓰고, a 를 r 의 배수, r 을 a 의 약수(인수)라 한다.

$a \mid b$ 이며 $b \mid a$ 일 때, a 와 b 를 동반원(associate element)이라 한다.

a, b 가 동반원이면 $ra = b$, $sb = a$ 이며 $sra = a$, $sr = 1$ 이므로 s, r 은 가역원이다.

따라서 모든 가역원은 단위원 1_R 과 동반원이며 곱셈에서 1_R 과 같은 역할로 본다.

정수환 $\mathbb{Z}$ 에서 소수(prime number)의 정의와 동치명제이다.

$p \neq 0$, $p \neq \pm 1$ (± 1 는 $\mathbb{Z}$ 의 가역원)인 정수 p 에 대하여

【$p = ab \rightarrow a = \pm 1$ 또는 $b = \pm 1$】 $\leftrightarrow$ 【$p \mid ab \rightarrow p \mid a$ 또는 $p \mid b$】

두 명제의 동치성은 일반적인 정역에서 성립하지 않는다.

정수 $\mathbb{Z}$ 의 소수개념은 일반적인 정역에서 기약원과 소원으로 분화할 필요가 있다. 단 $\mathbb{Z}^* = \{+1, -1\}$ 이므로 위 식의 '± 1'을 '가역원'으로 바꾼다.

[정의] {기약원, 소원}
정역 D 에서 $p \neq 0$, $p \neq$ 가역원 인 원소 p 에 대하여
$p = ab \rightarrow a$ 또는 b 는 가역원을 만족할 때, p 을 기약원(irreducible element)이라 하고,
정역 D 에서 $p \neq 0$, $p \neq$ 가역원 인 원소 p 에 대하여
$p \mid ab \rightarrow p \mid a$ 또는 $p \mid b$ 을 만족할 때, p 를 소원(prime element)라 한다.

소원과 기약원이 동치이기 위해서는 유일 인수분해 정역(UFD)이 되어야 한다.

[정의] {유일 인수분해 정역(Unique Factorization Domain)}
정역 D 가 다음 조건을 만족할 때, 유일 인수분해정역(UFD)이라 한다.
(1) $r \neq 0$, $r \neq$ 가역원 인 모든 원소 r 은 기약원들의 곱 $r = p_1 p_2 \cdots p_n$ 으로 쓸 수 있다.
(2) 기약원들의 곱 $p_1 p_2 \cdots p_n = q_1 q_2 \cdots q_m$ 이면 $n = m$ 이며, 각각의 p_i 에 대하여 q_j 가 1-1 대응하여 $p_i \mid q_j$, $q_j \mid p_i$ (즉, p_i, q_j 는 동반원)이 성립한다.

유일 인수분해 정역 D 에서 $r = p_1 p_2 \cdots p_n$ (단, p_i 는 기약원)를 r 의 기약 인수분해(irreducible decomposition)라 하며, 이것은 정수의 소인수분해를 일반화한 개념이다.

정역에서 소원이면 기약원이지만, 일반적으로 역은 성립하지 않는다.

예 환 $\mathbb{Z}[\sqrt{-5}]$ 의 원소 2, 3, $1 + \sqrt{-5}$, $1 - \sqrt{-5}$ 등은 기약원이다. 그러나 소원은 아니다.

[정리]
(1) 정역 D 에서 모든 소원은 기약원이다.
(2) 유일 인수분해 정역 D 에서 기약원은 소원이다.

증명 (1) p 가 정역 D 의 소원이라 하고 $p = ab$ 라 하자.
$p | ab$ 이며 p 는 소원이므로 $p | a$ 또는 $p | a$
$p | a$ 일 때, $px = a$ 이며 $p = ab = pxb$
p 를 소거하면 $1 = xb$ 이므로 b 는 가역원
$p | b$ 일 때, $xp = b$ 이며 $p = ab = axp$
p 를 소거하면 $1 = ax$ 이므로 a 는 가역원
따라서 $p = ab$ 이면 a 또는 b 는 가역원이다. 그러므로 p 는 기약원이다.
(2) p 가 유일 인수분해 정역 D 의 기약원이라 하고 $p | ab$ 라 하면 $pq = ab$ 인 q 가 있다.
D 는 유일 인수분해 정역이므로 q, a, b 의 기약 인수분해를
$q = q_1 \cdots q_k$, $a = a_1 \cdots a_n$, $b = b_1 \cdots b_m$ 라 쓸 수 있으며
$p\,q_1 \cdots q_k = a_1 \cdots a_n b_1 \cdots b_m$
유일성에 의해 p 의 동반원이 a_i 또는 b_j 중에 있다.
따라서 a 또는 b 는 p 의 배수이다. 즉, $p | a$ 또는 $p | b$
그러므로 p 는 소원이다.

원소들의 인수분해와 관련하여 최대공약수, 최소공배수개념을 정의할 수 있다.

[정의] {최대공약수, 최소공배수}
정역 D 의 원소 $a_1, \cdots, a_n$ 에 대하여 다음 조건을 만족하는 $g \in D$ 가 있을 때,

① $g \mid a_i$ ② $x \mid a_i$ 이면 $x \mid g$

g 를 $a_1, \cdots, a_n$ 의 최대공약수(greatest common divisor)라 하고,
$\gcd(a_1, \cdots, a_n) = g$ 라 쓴다. (g 는 유일하게 결정되지 않을 수 있다.)
정역 D 의 원소 $a_1, \cdots, a_n$ 에 대하여 다음 조건을 만족하는 $l \in D$ 이 있을 때,

① $a_i \mid l$ ② $a_i \mid x$ 이면 $l \mid x$

l 를 $a_1, \cdots, a_n$ 의 최소공배수(least common multiple)라 하고, $\text{lcm}(a_1, \cdots, a_n) = l$ 라 쓴다. (l 는 유일하게 결정되지 않을 수 있다.)

유일 인수분해 정역에서 최대공약수와 최소공배수는 항상 존재한다.

예제1 환 R 에 대하여 다음 물음에 답하시오.
(1) "$a^2 = 0$ 이면 $a = 0$"이며, $(xy)^2 = x^2y^2$ 이면 환 R 은 가환환이다.
(2) 단위원 1 을 갖고 $(ab)^2 = a^2b^2$ 이면 환 R 은 가환환이다.

풀이 (1) $x = a$, $y = a + b$ 를 식 $(xy)^2 = x^2y^2$ 에 대입하면
$a^2ba = aba^2$ 이며 $a(ab - ba)a = 0$
$\{(ab - ba)a\}^2 = \{a(ab - ba)\}^2 = 0$ 이므로 $(ab - ba)a = a(ab - ba) = 0$

a, b 를 바꾸어 대입하면 $(ab-ba)b = b(ab-ba) = 0$

따라서 $(ab-ba)^2 = 0$ 이며 $ab-ba = 0$, $ab = ba$. 환 R 은 가환환이다.

(2) 주어진 식을 정리하면 $a(ab-ba)b = 0$ 이며,

$((1+a)b)^2 = (1+a)^2 b^2$ 을 전개하면 $a(ab-ba) = 0$

$((1+a)(1+b))^2 = (1+a)^2(1+b)^2$ 을 전개하면 $ab = ba$

따라서 환 R 은 가환환이다.

예제 2 다항식환 $\mathbb{Z}[x]$ 에서 $\gcd(2, x)$ 를 구하시오.

풀이 ① $1 \mid 2$, $1 \mid x$, ② $f(x) \mid 2$, $f(x) \mid x$ 이라 하자.

$2 = f(x)g(x)$ 인 $g(x)$ 가 있으며, 양변의 차수를 비교하면 $f(x)$ 는 정수

$x = f(x)h(x)$ 인 $h(x)$ 가 있으며, 계수를 비교하면 $f(x) = \pm 1$

따라서 $f(x) \mid 1$

그러므로 $\gcd(2, x) = 1$ (또는 ± 1)

예제 3 환 $\mathbb{Z}[\sqrt{-5}] = \{a+b\sqrt{-5} \mid a, b \in \mathbb{Z}\}$ 에 대하여 다음 명제를 증명하시오. ① $\mathbb{Z}[\sqrt{-5}]$ 은 정역이다. ② $a+b\sqrt{-5}$ 이 가역원일 필요충분조건은 $a^2+5b^2 = 1$ 이다. ③ $\sqrt{-5}$ 는 소원이다. ④ 3은 기약원이며 소원은 아니다. ⑤ $\mathbb{Z}[\sqrt{-5}]$ 은 유일 인수분해 정역이 아니다.

풀이 ① $\mathbb{Z}[\sqrt{-5}]$ 는 단위원1을 갖는 가환환이다.

$(a+b\sqrt{-5})(c+d\sqrt{-5}) = 0$ 이라 하면

켤레식 $(a-b\sqrt{-5})(c-d\sqrt{-5}) = 0$ 을 곱하면 $(a^2+5b^2)(c^2+5d^2) = 0$

따라서 $a^2+5b^2 = 0$ 또는 $c^2+5d^2 = 0$ 이므로

$a+b\sqrt{-5} = 0$ 또는 $c+d\sqrt{-5} = 0$

그러므로 $\mathbb{Z}[\sqrt{-5}]$ 는 정역이다.

② $a+b\sqrt{-5}$ 가 가역원이면 $(a+b\sqrt{-5})(c+d\sqrt{-5}) = 1$ 인 역원

$c+d\sqrt{-5}$ 가 있다.

켤레식 $(a-b\sqrt{-5})(c-d\sqrt{-5}) = 1$ 을 곱하면 $(a^2+5b^2)(c^2+5d^2) = 1$

따라서 $a^2+5b^2 = 1$

$a^2+5b^2 = (a-b\sqrt{-5})(a+b\sqrt{-5}) = 1$ 이면 $a+b\sqrt{-5}$ 는 역원

$a-b\sqrt{-5}$ 을 갖는 가역원이다.

③ $\sqrt{-5} \mid (a+b\sqrt{-5})(c+d\sqrt{-5})$

즉, $\sqrt{-5}(p+q\sqrt{-5}) = (a+b\sqrt{-5})(c+d\sqrt{-5})$ 라 하자.

절댓값을 구하면 $5(p^2+5q^2) = (a^2+5b^2)(c^2+5d^2)$ 이므로 $5 \mid (a^2+5b^2)$ 또는 $5 \mid (c^2+5d^2)$

$5 \mid (a^2+5b^2)$ 이면 적당한 정수 Q 가 있어서 $5Q = a^2+5b^2$, $5(Q-b^2) = a^2$,
$a = 5m$ (단, m 은 정수)이며
$a+b\sqrt{-5} = 5m + b\sqrt{-5} = (b - m\sqrt{-5})\sqrt{-5}$ 이므로
$\sqrt{-5} \,\Big|\, (a+b\sqrt{-5})$
$5 \mid (c^2+5d^2)$ 이면 같은 방법으로 $c = 5m$ (단, m 은 정수)이며
$\sqrt{-5} \,\Big|\, (c+d\sqrt{-5})$
따라서 $\sqrt{-5}$ 는 소원이다.

④ $3 = (a+b\sqrt{-5})(c+d\sqrt{-5})$ 라 하자.
절댓값을 구하면 $|3|^2 = |(a+b\sqrt{-5})(c+d\sqrt{-5})|^2$,
$9 = (a^2+5b^2)(c^2+5d^2)$ 이므로 $a^2+5b^2 = 1, 3, 9$
만약 $a^2+5b^2 = 3$ 이면 $a^2 \equiv 3 \pmod 5$
그러나 르장드르 기호 $\left(\frac{3}{5}\right) = -1$ 이므로 $a^2 \equiv 3 \pmod 5$ 는 해가 없다.
따라서 $a^2+5b^2 = 1$ 또는 $c^2+5d^2 = 1$ 이며 $a+b\sqrt{-5}$ 또는 $c+d\sqrt{-5}$ 는 가역원이다. 즉, 3 은 정역 $\mathbb{Z}[\sqrt{-5}]$ 의 기약원이다.
그러나 $3 \,\Big|\, (1+\sqrt{-5})(1-\sqrt{-5}) = 6$ 이지만 3 은 $1+\sqrt{-5}$, $1-\sqrt{-5}$ 의 약수가 아니다.
따라서 3 은 정역 $\mathbb{Z}[\sqrt{-5}]$ 의 소원이 아니다.

⑤ 3 은 $\mathbb{Z}[\sqrt{-5}]$ 의 기약원인 반면 소원은 아니다.
그러므로 $\mathbb{Z}[\sqrt{-5}]$ 는 유일인수분해정역이 아니다.
(다른 방법) $2 \times 3 = (1+\sqrt{-5})(1-\sqrt{-5})$ 이지만 2와 3은 각각
$1+\sqrt{-5}$, $1-\sqrt{-5}$ 와 서로 동반원이 아니다.
따라서 정역$\mathbb{Z}[\sqrt{-5}]$ 는 유일 인수분해 정역이 아니다.

참고로 $\mathbb{Z}[i]$ 는 ED이며 PID이다.
이와 같이 $\mathbb{Z}[\delta]$ 형태의 환의 특징을 판별하는 것은 대수학의 주요 결과 중의 일부이다.
몇 가지 알려진 결과를 살펴보면 다음과 같다.
그러나 몇 가지 세부적인 증명은 수준을 넘는다. 참고만 하자.

δ 에 따라 정역 $\mathbb{Z}[\delta]$ 의 UFD - PID 판별

$$\delta = \sqrt{2},\ \sqrt{3},\ \frac{1+\sqrt{5}}{2},\ \sqrt{6},\ \sqrt{7},\ \sqrt{11},\ \frac{1+\sqrt{13}}{2},\ \frac{1+\sqrt{17}}{2},\ \sqrt{19},\ \cdots$$

이면 $\mathbb{Z}[\delta]$ 는 PID이다.

$$\delta = \sqrt{-1},\ \sqrt{-2},\ \frac{1+\sqrt{-3}}{2},\ \frac{1+\sqrt{-7}}{2},\ \frac{1+\sqrt{-11}}{2},\ \frac{1+\sqrt{-19}}{2},$$

$$\frac{1+\sqrt{-43}}{2},\ \frac{1+\sqrt{-67}}{2},\ \frac{1+\sqrt{-163}}{2}$$ 이면 $\mathbb{Z}[\delta]$ 는 PID이다.

특히, $\delta = \dfrac{1+\sqrt{-19}}{2}$ 이면 $\mathbb{Z}[\delta]$ 는 ED 아니다.

$\delta = \sqrt{-5}\,,\ \sqrt{-3}\,,\ \sqrt{5}\,,\ \sqrt{10}\,,\ \sqrt{15}\,,\ \sqrt{26}\,,\ \sqrt{30}\,,\ \sqrt{34}\,,\ \sqrt{35}\,, \cdots$ 이면 $\mathbb{Z}[\delta]$ 는 UFD 아니다.

예제 4 환$\mathbb{Z}[\sqrt{10}]$ 에서 $a+b\sqrt{10}$ 에 대하여 $a^2-10b^2 = \pm 1$ 이면 $a+b\sqrt{10}$ 는 가역원임을 보이시오.

풀이 $a^2-10b^2 = (a-b\sqrt{10})(a+b\sqrt{10}) = \pm 1$ 이므로
$\pm(a-b\sqrt{10})$ 는 $a+b\sqrt{10}$ 의 역원이다.

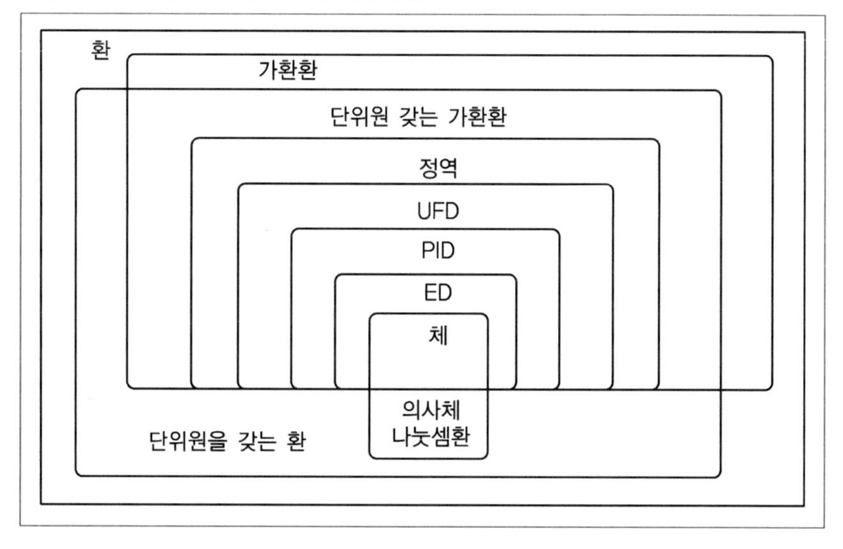

정역 $\mathbb{Z}[i]$ 의 가역원을 구해보자.

예제 5 정역$\mathbb{Z}[i]$ 의 모든 가역원을 구하시오.

풀이 가역원을 $a+bi$ 라 놓으면
$(a+bi)(c+di)=1$ 인 원소 $c+di$ 가 존재한다.
양변에 켤레를 구하면 $(a-bi)(c-di)=1$
두 식을 곱하면 $(a+bi)(c+di)(a-bi)(c-di) = 1\times 1 = 1$,
$(a^2+b^2)(c^2+d^2)=1$, $a^2+b^2=1$, $(a,b)=(\pm 1, 0)\,,\,(0, \pm 1)$
따라서 가역원 $a+bi = \pm 1\,, \pm i$ 이다.

임의의 원소 $a+bi$ 는 동반원 $-a-bi$, $-b+ai$, $b-ai$ 를 갖는다.
정역 $\mathbb{Z}[i]$ 는 PID이므로 기약원과 소원은 동치 개념이 된다.

> **예제 6** 정역 $\mathbb{Z}[i]$ 의 원소 $a+bi$ 에 대하여 $a^2+b^2=p$ 가 소수이면 $a+bi$ 는 $\mathbb{Z}[i]$ 의 기약원임을 보이시오.

풀이 $a^2+b^2=p$ 가 소수이면 $a\neq 0$, $b\neq 0$ 이므로 $a+bi$ 는 0 도 아니고 가역원도 아니다.
$a+bi=(c_1+d_1 i)(c_2+d_2 i)$ 이라 하자.
양변에 켤레를 구하면 $a-bi=(c_1-d_1 i)(c_2-d_2 i)$
두 식을 곱하면 $(a+bi)(a-bi)=(c_1+d_1 i)(c_2+d_2 i)(c_1-d_1 i)(c_2-d_2 i)$,
$p=a^2+b^2=(c_1^2+d_1^2)(c_2^2+d_2^2)$
p 는 소수이므로 $c_1^2+d_1^2=1$ 또는 $c_2^2+d_2^2=1$ 이다.
따라서 $c_1+d_1 i$ 또는 $c_2+d_2 i$ 는 가역원이다.
그러므로 $a+bi$ 는 $\mathbb{Z}[i]$ 의 기약원이다.

> **예제 7** 정역 $\mathbb{Z}[i]$ 의 원소 중에서 두 정수 a, b 로부터 $a^2+b^2=p$ 로 나타낼 수 없는 소수 p 이면 소수 p 는 $\mathbb{Z}[i]$ 의 기약원임을 보이시오.

풀이 p 는 0 도 아니고 가역원 ± 1, $\pm i$ 도 아니다.
$p=(c_1+d_1 i)(c_2+d_2 i)$ 이라 하자.
양변에 켤레를 구하면 $p=(c_1-d_1 i)(c_2-d_2 i)$
두 식을 곱하면 $p^2=(c_1+d_1 i)(c_2+d_2 i)(c_1-d_1 i)(c_2-d_2 i)$,
$p^2=(c_1^2+d_1^2)(c_2^2+d_2^2)$
p 는 $a^2+b^2=p$ 로 나타낼 수 있는 정수 a, b 를 갖지 않으므로
$c_1^2+d_1^2\neq p$, $c_2^2+d_2^2\neq p$
p^2 의 약수는 $1, p, p^2$ 이므로 $c_1^2+d_1^2=1$ 또는 $c_2^2+d_2^2=1$ 이다.
따라서 $c_1+d_1 i$ 또는 $c_2+d_2 i$ 는 가역원이다.
그러므로 p 는 $\mathbb{Z}[i]$ 의 기약원이다.

소수 p 에 대하여 $p=a^2+b^2$ 로 나타낼 수 있기 위한 필요충분조건을 정수론에서 찾을 수 있다.

> **예제 8** 소수 p 에 대하여 $p=x^2+y^2$ 인 정수 x, y 가 존재하기 위한 필요충분조건은 $p=2$ 또는 $p=4k+1$ 임을 보이시오.

증명 $(\rightarrow)$ 소수 p 에 대하여 $p=x^2+y^2$ 라 쓸 수 있다고 하자.
$x, y=\pm 1$ 이면 $p=2$ 이다. $p\neq 2$ 인 경우 p 는 홀수이므로 x, y 는 각각 홀수, 짝수 로 나타나야 한다. 각각 홀수를 $2n-1$, 짝수를 $2m$ 이라 두면
$p=(2n-1)^2+(2m)^2=4(n^2-n+m^2)+1$ 이므로 $p=4k+1$ 이다.
$(\leftarrow)$ $p=2=1^2+1^2$ 일 때 성립한다. $p=4k+1$ 인 경우를 조사하자.

$\left(\frac{-1}{p}\right)=1$ 이므로 $x^2+1^2=pn$ 인 정수n 과 $|x|\le\frac{p}{2}$ 인 정수x 가 있다.

$|x|\le\frac{p}{2}$ 이므로 $1\le n<p$ 이다.

$pl=x^2+y^2$ 이 정수해x , y 를 갖는 소수p 의 배수pl 들 중에서 최소인 l 을 m 이라 하자.

그 정수해를 x_1 , y_1 이라 하자. 즉 $pm=x_1^2+y_1^2$

이때, $1\le m\le n<p$ 이다.

$1<m$ 이라 가정하자.

$x_1\equiv x_2\pmod m$, $y_1\equiv y_2\pmod m$, $|x_2|\le\frac{m}{2}$, $|x_2|\le\frac{m}{2}$ 인 정수x_2 , y_2 가 있다.

만약 $x_2=y_2=0$ 이라 가정하면 $pm=x_1^2+y_1^2\equiv 0\pmod{m^2}$ 이므로

$p\equiv 0\pmod m$. 이것은 p 가 소수임에 모순

따라서 $x_2^2+y_2^2\ne 0$

그리고 $x_2^2+y_2^2\equiv x_1^2+y_1^2\equiv 0\pmod m$ 이므로 $x_2^2+y_2^2=mk$ 인 정수k 가 있으며 $k\ge 1$ 이다.

$pm=x_1^2+y_1^2$ 와 $x_2^2+y_2^2=mk$ 으로부터

$pm^2k=(x_1^2+y_1^2)(x_2^2+y_2^2)=(x_1x_2+y_1y_2)^2+(x_1y_2-y_1x_2)^2$

또한 $x_1x_2+y_1y_2\equiv x_1^2+y_1^2\equiv 0\pmod m$,

$x_1y_2-y_1x_2\equiv x_1y_1-y_1x_1\equiv 0\pmod m$

이므로 $x_1x_2+y_1y_2$ 와 $x_1y_2-y_1x_2$ 는 m 의 배수이다.

따라서 $pk=\left(\frac{x_1x_2+y_1y_2}{m}\right)^2+\left(\frac{x_1y_2-y_1x_2}{m}\right)^2$ 이며 $pk=x^2+y^2$ 는 정수해x , y 를 갖는다.

$|x_2|\le\frac{m}{2}$, $|x_2|\le\frac{m}{2}$ 으로부터 $k=\frac{x_2^2+y_2^2}{m}\le\frac{m}{2}$ 이므로 m 의 최소성에 모순이다.

그러므로 $m=1$ 이며 $p=x^2+y^2$ 인 정수x , y 가 존재한다.

예제 8 을 적용하여 **예제 6** 과 **예제 7** 을 정리하면 다음과 같다.

소수 $p=2$, $4k+1$ 인 경우 $a^2+b^2=p$ 을 만족하는 $a+bi$ 는 $\mathbb{Z}[i]$ 의 기약원이다.

소수 $p=4k+3$ 인 경우 p 는 $\mathbb{Z}[i]$ 의 기약원이다.

$\mathbb{Z}[i]$ 의 기약원은 위의 두 가지 경우 뿐임을 보이자.

> **예제 9.** 정역 $\mathbb{Z}[i]$ 의 원소 $a+bi$ 가 기약원일 때,
> ① $a=0$ 또는 $b=0$ 인 경우 $a+bi$ 는 $p=n^2+m^2$ 로 나타낼 수 없는 소수 p 와 동반원임을 보이고,
> ② $a\neq 0$, $b\neq 0$ 인 경우 $a^2+b^2=p$ 가 소수임을 보이시오.

풀이 ① 기약원 $a+bi$ 가 $a=0$ 또는 $b=0$ 인 경우, 간단히 $b=0$ 이라 하고, 양의 정수 a 가 $\mathbb{Z}[i]$ 의 기약원인 경우만 생각하면 충분하다.
a 가 $\mathbb{Z}[i]$ 에서 기약원이면 부분정역 $\mathbb{Z}$ 에서도 기약원이다.
따라서 a 는 소수이며 이 소수를 p 라 하면 $a+bi$ 는 p 와 동반원이다.
만약 소수 p 가 $p=n^2+m^2$ 로 나타낼 수 있다면 $n+mi$, $n-mi$ 로 인수분해되므로 기약원임에 위배된다.
따라서 $a+bi$ 는 $p=n^2+m^2$ 로 나타낼 수 없는 소수 p 와 동반원이다.
② 기약원 $a+bi$ 가 $a\neq 0$, $b\neq 0$ 인 경우
만약 $a-bi$ 가 기약원이 아니면 $a-bi$ 를 인수분해하여 켤레를 구하면 $a+bi$ 도 기약원이 아니게 되어 모순이다. 따라서 $a-bi$ 도 기약원이다.
$(a+bi)(a-bi)=a^2+b^2$ 는 $\mathbb{Z}[i]$ 에서 단 2개의 기약원의 곱으로 인수분해 되며 약수 $a+bi$ 는 정수와 동반원이 아니다.
$\mathbb{Z}[i]$ 는 UFD이므로 a^2+b^2 는 가역원이 아닌 정수를 인수로 갖지 않는다.
정수 a^2+b^2 는 2 이상의 두 정수의 곱으로 나타낼 수 없으므로 소수이다.
따라서 $\mathbb{Z}[i]$ 의 기약원 $a+bi$ 가 $a\neq 0$, $b\neq 0$ 이면 $a^2+b^2=p$ 가 소수이다.
그러므로 $\mathbb{Z}[i]$ 의 기약원 $a+bi$ 는 ①과 ② 두 가지 종류만 있다.

정역 $\mathbb{Z}[i]$ 의 모든 기약원을 분류한 것을 이용하는 예제를 살펴보자.

> **예제 10** 정역 $\mathbb{Z}[i]$ 에서 300 의 모든 약수들의 개수를 구하시오.

풀이 $\mathbb{Z}[i]$ 에서 300 을 소인수분해하면

$$300=2^2\times 3\times 5^2=(1+i)^4\times 3\times(1+2i)^2\times(2+i)^2$$

300 의 모든 약수는 $(\text{가역원})\times(1+i)^a\times 3^b\times(1+2i)^c\times(2+i)^d$

(단, $0\le a\le 4$, $0\le b\le 1$, $0\le c\le 2$, $0\le d\le 2$)

로 나타낼 수 있다.
따라서 300의 모든 약수의 개수는 $4\times(4+1)\times(1+1)\times(2+1)\times(2+1)$ 이므로 360개이다.

> **예제 11** 영이 아닌 임의의 두 원소 a, b 에 대하여 항상 최대공약수 $\gcd(a,b)$ 가 존재하며 $c\gcd(a,b)=\gcd(ca,cb)$ 인 정역 D 일 때, 기약원과 소원은 동치개념임을 보이시오.

풀이 정역 D 에서 소원은 기약원이다.
역으로 기약원이 소원임을 보이자.
D 의 원소 p 가 기약원이라 하자.
$p \mid ab$ 일 때, $pq=ab$ 인 원소 q 가 존재하며, $\gcd(p,a)=d$ 이라 놓자.

$cd = p$ 인 적당한 원소 c 가 존재한다.
p 가 기약원이므로 c 또는 d 는 가역원이다.
c 가 가역원인 경우: $d = c^{-1}p$

$\gcd(p,a) = d$, $a = de$ 인 원소 e 가 있으며 $a = de = pc^{-1}e$ 이므로 $p \mid a$

d 가 가역원인 경우: $c = d^{-1}p$

$\gcd(p,a) = d$ 이며 $\gcd(d^{-1}p, d^{-1}a) = 1$

$b = \gcd(pd^{-1}b, abd^{-1}) = \gcd(pd^{-1}b, pqd^{-1}) = p\gcd(d^{-1}b, qd^{-1})$

이므로 $p \mid b$

따라서 p 는 소원이다.

UFD에서 항상 최대공약수가 존재하고 위의 예제의 성질을 만족한다.
UFD에서 기약원과 소원은 동치개념이다.
PID이면 UFD이므로 PID에서도 기약원과 소원은 동치개념이다.

02 아이디얼(Ideal)과 잉여환(Quotient ring)

1. 부분환(Subring), 아이디얼(Ideal)

환 $(R, +, \cdot)$ 의 공집합이 아닌 부분집합 S 가 연산 $+$, $\cdot$ 에 관하여 환을 이룰 때, S 를 부분환이라 한다. 부분환의 특별한 경우를 정의하자.

[정의] {아이디얼(ideal)} 환 R 의 부분환 I 에 대하여

$r \in R$, $i \in I$ 에 대하여 ri , $ir \in I$

을 만족할 때, I 를 R 의 아이디얼(ideal, 아이디얼)이라 한다.

환의 부분집합이 아이디얼이 될 필요충분조건을 정리하면 다음과 같다.

[정리] 환 R 의 부분집합 I 가 아이디얼이 될 필요충분조건은 다음과 같다.
(1) $0 \in I$ (또는 $I \neq \varnothing$)
(2) $a, b \in I$ 이면 $a - b \in I$
(3) $r \in R$, $a \in I$ 이면 ar , $ra \in I$

예 유리수환 Q 의 정수 부분집합 Z 는 부분환이다. 그러나 아이디얼은 아니다.

체의 아이디얼을 결정하는 다음 정리를 통해 아이디얼의 정의를 적용하는 방법을 살펴보자.

[정리]
(1) 체F의 아이디얼은 F와 {0} 뿐이다. 즉, 단순환(simple ring)이다.
(2) 단위원을 갖는 가환환이 단순환이면체이다.

증명 (1) 체F의 아이디얼 I가 $\{0\}$이 아니라 하자.
그러면, $0 \neq a \in I$인 원소 a가 존재한다.
F는 체이므로 a는 가역원이며 곱셈의 역원 a^{-1}가 존재한다.
I는 아이디얼이므로 $1 = aa^{-1} \in I$
또한 임의의 $x \in \mathrm{F}$ 에 대하여 $x = xaa^{-1} \in I$
따라서 $I = \mathrm{F}$ 이며 F는 단순환이다.
(2) 다음에 소개할 주요 아이디얼의 개념을 이용하여 증명한다.
단위원을 갖는 가환환R이 단순환이라 하자.
임의의 영 아닌 원소a에 대하여 주요 아이디얼aR은 자명한 아이디얼이 아니므로 $aR = R$
따라서 단위원 $1 \in aR$ 이며 $1 = ab$ 인 $b \in R$ 가 있으므로 a 는 가역원이다.
그러므로 R은 체이다.

체와 같이 아이디얼이 자기자신과 자명한 아이디얼 뿐인 환을 단순환이라 한다.
아이디얼들을 조작하여 새로운 아이디얼을 만드는 방법들을 살펴보자.
환R의 두 아이디얼I, J에 대하여, 합$I+J$과 곱IJ을 다음과 같이 정의한다.

$$I+J = \{ a+b \mid a \in I, b \in J \},$$
$$IJ = \{ a_1b_1 + \cdots + a_nb_n \mid a_i \in I, b_i \in J \}$$

이때, $I+J$와 IJ은 모두 아이디얼이며, $IJ \subset I \cap J \subset I+J$ 이 성립한다.

[정리] 환R의 아이디얼 I, J에 대하여 교집합 $I \cap J$, 합(sum) $I+J$, 곱IJ는 아이디얼이다.

증명 (1) $I \cap J$ 는 아이디얼
① $0 \in I,\ 0 \in J$이므로 $0 \in I \cap J$
② $a, b \in I \cap J$이라 하면 $a, b \in I$이며 I가 아이디얼이므로 $a-b \in I$
또한 $a, b \in J$이며 J가 아이디얼이므로 $a-b \in J$. 따라서 $a-b \in I \cap J$
③ $a \in I \cap J$, $r \in R$이라 하면, $a \in I$이며 I가 아이디얼이므로 $ra, ar \in I$
또한 $a \in J$이며 J가 아이디얼이므로 $ra, ar \in J$. 따라서
$ar, ra \in I \cap J$
그러므로 ①, ②, ③으로부터 $I \cap J$은 아이디얼이다.
(2) $I+J$는 아이디얼
① $0 \in I,\ 0 \in J$이므로 $0 = 0+0 \in I+J$
② $a+b, c+d \in I+J$ $(a, c \in I, b, d \in J)$에 대하여 $a, c \in I$이며
I가 아이디얼이므로 $a-c \in I$
또한 $b, d \in J$이며 J가 아이디얼이므로 $b-d \in J$
따라서 $(a+b)-(c+d) = (a-b)+(b-d) \in I+J$
③ $r \in R$, $a+b \in I+J$ $(a \in I, b \in J)$에 대하여, $a \in I$이며 I가 아이디얼이므로 $ra, ar \in I$

또한 $a \in J$이며 J가 아이디얼이므로 ra , $ar \in J$

따라서 $r(a+b) = ra + rb \in I + J$이며, $(a+b)r = ar + br \in I + J$

그러므로 ①, ②, ③으로부터 $I+J$는 아이디얼이다.

(3) IJ는 아이디얼

① $0 \in I, 0 \in J$이므로 $0 = 0 \cdot 0 \in IJ$

② $a_1b_1 + \cdots + a_nb_n$, $c_1d_1 + \cdots + c_md_m \in IJ$ $(a_i, c_i \in I, b_i, d_i \in J)$에 대하여

$(a_1b_1 + \cdots + a_nb_n) - (c_1d_1 + \cdots + c_md_m)$

$= a_1b_1 + \cdots + a_nb_n + (-c_1)d_1 + \cdots + (-c_m)d_m \in IJ$

③ $r \in R$, $a_1b_1 + \cdots + a_nb_n \in IJ$ $(a_i \in I, b_i \in J)$라 두면, I, J가 아이디얼이므로 $ra_i \in I$, $b_ir \in J$

따라서 $r(a_1b_1 + \cdots + a_nb_n) = (ra_1)b_1 + \cdots + (ra_n)b_n \in IJ$ 이며

$(a_1b_1 + \cdots + a_nb_n)r = a_1(b_1r) + \cdots + a_n(b_nr) \in IJ$

그러므로 ①, ②, ③으로부터 IJ은 아이디얼이다.

또한 다음과 같은 성질이 더 성립한다.

[정리] 가환환R의 아이디얼 I, J에 대하여
$K = \{a \in R \mid x \in I \rightarrow ax \in J\}$ 도 아이디얼이다.

증명 (1) 모든 $x \in I$에 대하여 $0x = 0 \in J$이므로 $0 \in K$

(2) $a, b \in K$이라 하면 모든 $x \in I$에 대하여 $ax, bx \in J$이므로

$(a-b)x = ax - bx \in J$

따라서 $a - b \in K$

(3) $a \in K$, $r \in R$이라 하면,

모든 $x \in I$에 대하여 $ax \in J$이며 J가 아이디얼이이므로 $rax \in J$

따라서 $ra \in K$. 또한 R이 가환환이므로 $ar = ra \in K$

따라서 $ar, ra \in K$

그러므로 (1), (2), (3)으로부터 K는 아이디얼이다.

[정리] 단위원을 갖는 가환환 R의 아이디얼 J에 대하여
$I = \{a \in R \mid a^n \in J\}$ 도 아이디얼이다.
이때, $I = \text{rad}(J)$ 라 쓰고, I를 아이디얼 J의 radical ideal이라 한다.

증명 (1) $0 \in J$이므로 $0 \in I$

(2) $a, b \in I$ 이라 하면 $a^n, b^m \in J$ 인 양의 정수 n, m 이 존재한다.

$0 \le k \le m$ 일 때, $a^{n+m-k}b^k = a^n(a^{m-k}b^k)$ 이며 J가 아이디얼이므로 $a^{n+m-k}b^k \in J$이다.

또한, $m < k \le n+m$ 일 때, $a^{n+m-k}b^k = (a^{n+m-k}b^{k-m})b^m$ 이며,
J가 아이디얼이므로 $a^{n+m-k}b^k \in J$이다.

따라서 $(a-b)^{n+m} = \sum_{k=0}^{n+m} {}_{n+m}C_k(-1)^k a^{n+m-k} b^k \in J$이며, $a-b \in I$

(3) $a \in I$, $r \in R$이라 하면

$a^n \in J$ 인 양의 정수n이 존재하고 R이 가환환이므로

$(ar)^n = (ra)^n = r^n a^n \in J$. 따라서 $ar = ra \in I$

(1), (2), (3)으로부터 I는 R의 아이디얼(ideal)이다.

> **예제 1** 단위원을 갖는 가환환 R의 아이디얼 I, J에 대하여 $I+J=R$일 때, $I \cap J = IJ$임을 보이시오.

풀이 $IJ \subset I$, $IJ \subset J$이므로 $IJ \subset I \cap J$

$I+J=R$이며 R은 단위원을 가지므로 $i_0 + j_0 = 1_R$, $i_0 \in I$, $j_0 \in J$인 i_0, j_0가 있다.

임의의 $x \in I \cap J$에 대하여 $x = x(i_0 + j_0) = i_0 x + x j_0 \in IJ$이므로

$I \cap J \subset IJ$

따라서 $I \cap J = IJ$

2. 주 아이디얼(Principal Ideal), 생성원(Generator)

S가 환R의 부분집합일 때, S를 포함하는 R의 모든 아이디얼 I들의 교집합은 R의 아이디얼을 이루며, 이 아이디얼을 S에 의해 생성된 R의 아이디얼이라 하고 $\langle S \rangle$로 표기한다. 이때, S의 원소를 생성원(generator)이라 한다.

> **[정의] {주 아이디얼(Principal Ideal)}**
> 아이디얼I가 하나의 원소a에 의하여 생성될 때, 즉 $I = \langle a \rangle$, I를 주 아이디얼 또는 주요 아이디얼(Principal Ideal)이라 한다.

환R의 모든 아이디얼이 주 아이디얼일 때, 환R을 주 아이디얼 환(principal ideal ring, PIR) 또는 주요 아이디얼 환이라 한다. 특히 환R이 정역인 경우 다음과 같이 정의한다.

> **[정의] {주 아이디얼 정역(Principal Ideal Domain)}**
> 정역D의 모든 아이디얼이 주 아이디얼일 때, 정역D를 주 아이디얼 정역(PID)라 한다.

단위원을 갖는 가환환의 주 아이디얼은 훨씬 간단히 표현할 수 있다.

> **[정리]** 단위원을 갖는 가환환R과 $a \in R$에 대하여 $\langle a \rangle = \{ar \mid r \in R\} = aR$이다.

증명 $\langle a \rangle$는 a를 포함하는 아이디얼이므로 $aR \subset \langle a \rangle$

$0 = a0 \in aR$. $ar, as \in aR$이면 $ar - as = a(r-s) \in aR$

$r \in R$, $as \in aR$이면

$r(as) = (as)r = a(rs) \in aR$. $a = a1_R \in aR$

따라서 aR는 a를 포함하는 아이디얼이다.

$\langle a \rangle$는 a를 포함하는 최소의 아이디얼이므로 $aR \supset \langle a \rangle$

그러므로 $aR = \langle a \rangle$

그러나 일반적인 환R의 경우

$$\langle a \rangle = \left\{ na + ar_1 + r_2 a + \sum_{r_3, r_4} r_3 a r_4 \;\middle|\; r_i \in R,\ n \in \mathbb{Z} \right\}$$

또한 유한개의 원소로 생성한 아이디얼은 다음과 같이 나타낼 수 있다.

$$I = \langle a_1, \cdots, a_n \rangle = \langle a_1 \rangle + \cdots + \langle a_n \rangle$$

예제 1 정수환$\mathbb{Z}$의 아이디얼$\langle m, n \rangle$이 주 아이디얼임을 보이시오.

풀이 두 정수m, n이 모두 0이면 $\langle m, n \rangle = \{0\} = \langle 0 \rangle$이므로 주 아이디얼이다.
적어도 하나는 0이 아닌 두 정수 m, n의 최대공약수를 d라 하자.
m, n은 모두 d의 배수이므로 $m, n \in \langle d \rangle$이다. 따라서 $\langle m, n \rangle \subset \langle d \rangle$
또한 m, n의 최대공약수가 d이므로 $ms + nt = d$인 양의 정수s, t가 있다.
따라서 $d \in \langle m, n \rangle$이며, $\langle d \rangle \subset \langle m, n \rangle$이다.
그러므로 $\langle m, n \rangle = \langle d \rangle$이며, $\langle m, n \rangle$는 주 아이디얼이다.

예제 2 (1) 환R에 대하여 J는 R의 아이디얼이고, I는 J의 아이디얼이지만 I는 R의 아이디얼이 아닌 예를 찾아 제시하시오.
(2) 환R에 대하여 J는 R의 아이디얼이고, I는 J의 아이디얼이며 I가 단위원을 갖는 부분환이면, I는 R의 아이디얼이다.

풀이 (1) $R = \mathbb{Z}_4 \times \mathbb{Z}_4$ (단위원을 갖는 가환환), $J = \langle 2 \rangle \times \langle 2 \rangle$,
$I = \{(0,0), (2,2)\}$이면 I는 J의 아이디얼이고 J는 R의 아이디얼이다.
$(1,0) \cdot (2,2) = (2,0) \notin I$이므로 I는 R의 아이디얼이 아니다.

(2) I의 단위원을 i_1이라 두면 $i_1^2 = i_1$이다.
모든 $x \in I$에 대하여 $x = x i_1 \in \langle i_1 \rangle$이므로 $I \subset \langle i_1 \rangle$
$i_1 \in I \subset J$이므로 $\langle i_1 \rangle \subset J$. 따라서 $I \subset \langle i_1 \rangle \subset J$
$\langle i_1 \rangle$의 원소 $ri_1, i_1 r$ (단, $r \in R$)에 대하여
$ri_1, i_1 r \in J$이며 I는 J의 아이디얼이므로
$ri_1 = (ri_1) \cdot i_1 \in I$이며 $i_1 r = i_1 \cdot (i_1 r) \in I$이다.
따라서 $\langle i_1 \rangle \subset I$
그러므로 $I = \langle i_1 \rangle$이며 I는 R의 아이디얼이다.

예제 3 단위원 갖는 가환환R의 멱등원e에 대하여 $R = eR \oplus fR$ 임을 보이시오.
(단, $f = 1 - e$)

풀이 (1) $f^2 = (1-e)^2 = 1 - 2e + e^2 = 1 - 2e + e = 1 - e = f$
이므로 f는 멱등원이다.
또한 $e + f = e + (1-e) = 1$, $ef = fe = (1-e)e = e - e^2 = e - e = 0$

(2) 단위원을 갖는 가환환R의 eR, fR은 아이디얼이다.
임의의 원소$a \in R$에 대하여
$$a = a1 = a(e+f) = ae + af \in eR + fR$$
이므로 $R = eR + fR$

$a \in eR \cap fR$ 이라 하면 $a = er = fs$ 인 $r, s \in R$ 이 존재한다.

$ea = e(er) = e^2 r = er = a$,

$ea = e(fs) = (ef)s = (e(1-e))s = (e-e^2)s = 0s = 0$

이므로 $a = 0$

따라서 $eR \cap fR = \{0\}$

그러므로 $R = eR \oplus fR$ 이다.

3. 잉여환(상환, Quotient Ring)

[정의] {잉여환}

환R의 아이디얼I를 가환군의 부분군으로 이해하여 얻은 잉여군 R/I에 두 연산

$R/I = \{a+I \mid a \in R\}$의 두 원소 $a+I$, $b+I$에 대하여

$(a+I)+(b+I) = (a+b)+I, \quad (a+I)(b+I) = ab+I$

을 정의하면 R/I는 환을 이루며, 이 환을 잉여환(quotient ring 또는 상환)이라 한다.

그리고 잉여류(coset)사이에 다음의 상등관계가 성립한다.

[정의] {상등조건}

$a+I = b+I \leftrightarrow a-b \in I$, $a+I = 0+I \leftrightarrow a \in I$

주의 동일한 환 R을 환으로서 잉여환을 계산할 때와 가환군으로서 잉여군을 계산할 때는 서로 다르니 환인지 군인지를 명확히 구분해야 한다.

$\mathbb{Z}[i]/\langle 2+i \rangle \cong \mathbb{Z}_5$ (환) $\qquad \mathbb{Z}[i]/\langle 2+i \rangle \cong \mathbb{Z}$ (가환군)

$\mathbb{Z} \oplus \mathbb{Z}/\langle (2,3) \rangle \cong \mathbb{Z}_2 \oplus \mathbb{Z}_3$ (환) $\qquad \mathbb{Z} \oplus \mathbb{Z}/\langle (2,3) \rangle \cong \mathbb{Z}$ (가환군)

아이디얼과 부분군이 다른 집합임에 유의한다.

[정리]

(1) 환R의 아이디얼I에 대하여 연산$(a+I) \cdot (b+I) = ab+I$ 은 잘 정의된 연산이다.

(2) 환R이 단위원을 갖는 가환환이며 $R \neq I$이면 잉여환 R/I도 단위원을 갖는 가환환이다.

증명 (1) $a+I = a'+I$, $b+I = b'+I$이라 하면 $a-a' \in I$, $b-b' \in I$

$ab - a'b' = (a-a')b + a'(b-b')$ 이며,

I가 아이디얼이므로 $(a-a')b, a'(b-b') \in I$

따라서 $ab - a'b' \in I$이며, $ab+I = a'b'+I$이다.

그러므로 $(a+I) \cdot (b+I) = (a'+I) \cdot (b'+I)$

(2) ① 환R이 단위원 가지면, $R \neq I$이므로 R/I도 단위원 갖는다.

환R의 단위원을 1_R이라 할 때, 임의의 $a+I \in R/I$에 대하여

$(a+I)(1_R+I) = a \cdot 1_R + I = a+I$, $(1_R+I)(a+I) = 1_R \cdot a + I = a+I$,

$R \neq I$이므로 $0+I \neq 1_R+I$

따라서 1_R+I 은 환R/I의 단위원이다.

② 환R이 가환환이면, R/I도 가환환이다.

임의의 $a+I, b+I \in R/I$ $(a, b \in R)$에 대하여 $ab = ba$ 이므로

$(a+I)(b+I) = ab+I = ba+I = (b+I)(a+I)$

따라서 환R/I은 가환환이다.

다항식환의 잉여환에 관하여 다음과 같은 몇 가지 성질이 성립한다.

(1) 정역 D에서 다항식 $f(x) \in D[x]$로 나눈 잉여환 $D[x]/\langle f(x) \rangle$의 위수(order)는 $|D|^{\deg(f)}$이다.

(2) $\mathbb{Z}[x]/\langle x^2+1 \rangle \cong \mathbb{Z}[i]$

(3) $\mathbb{Z}[x]/\langle x^2+1, 3 \rangle \cong \mathbb{Z}_3[x]/\langle x^2+1 \rangle \cong \mathbb{Z}_3[i]$

(4) $\mathbb{Z}[x]/\langle f(x) \rangle \cong \mathbb{Z}[\alpha]$, 단, $f(x)$는 α를 근으로 갖는 모닉 기약다항식

(5) $\mathbb{Q}[x]/\langle f(x) \rangle \cong \mathbb{Q}(\alpha)$, 단, $f(x)$는 α를 근으로 갖는 모닉 기약다항식

예제 1 잉여환 $\mathbb{Z}/\langle m \rangle$과 $\mathbb{Z}_n/\langle m \rangle$과 동형인 환을 구하시오. (단, $m > 0$)

풀이 (1) $\mathbb{Z}/\langle m \rangle$의 임의의 원소 $a+\langle m \rangle$에 대하여

나눗셈 $a = mq+r$ (단, $0 \le r < a$)이 성립하는 q, r이 있으며

$a-r = mq \in \langle m \rangle$이므로 $a+\langle m \rangle = r+\langle m \rangle$

따라서 $\mathbb{Z}/\langle m \rangle = \{r+\langle m \rangle \mid r=0, \cdots, m-1\}$이므로 $\mathbb{Z}/\langle m \rangle \cong \mathbb{Z}_m$

(2) $\mathbb{Z}_n$에서 $\gcd(n, m) = d$라 두면

$d = ns+mt \in \langle m \rangle$이므로 $\langle d \rangle \subset \langle m \rangle$

m은 d의 배수이므로 $m \in \langle d \rangle$이며 $\langle m \rangle \subset \langle d \rangle$

따라서 $\langle d \rangle = \langle m \rangle$

$\mathbb{Z}_n/\langle d \rangle$의 임의의 원소$a+\langle d \rangle$에 대하여

나눗셈 $a = dq+r$ (단, $0 \le r < d$)이 성립하는 q, r이 있으며

$a-r = dq \in \langle d \rangle$이므로 $a+\langle d \rangle = r+\langle d \rangle$

따라서 $\mathbb{Z}_n/\langle d \rangle = \{r+\langle d \rangle \mid r=0, \cdots, d-1\}$이므로

$\mathbb{Z}_n/\langle m \rangle = \mathbb{Z}_n/\langle d \rangle \cong \mathbb{Z}_{\gcd(n,m)}$

예제 2 잉여환 $\mathbb{Z}[x]/\langle 2, x \rangle$의 위수(order)와 표수를 구하시오.

풀이 $\mathbb{Z}[x]/\langle 2, x \rangle$의 원소$f(x)+\langle 2, x \rangle$에 대하여

$f(x) = a_0 + x(a_1 + \cdots + a_n x^{n-1})$라 나타낼 수 있으므로

$f(x)+\langle 2, x \rangle = a_0+\langle 2, x \rangle$이며, a_0를 2로 나누어 $a_0 = 2q+r$라 하면

$a_0+\langle 2, x \rangle = r+\langle 2, x \rangle$

따라서 $\mathbb{Z}[x]/\langle 2, x \rangle = \{r+\langle 2, x \rangle \mid r=0, 1\} \cong \mathbb{Z}_2$

그러므로 $\mathbb{Z}[x]/\langle 2, x \rangle$의 위수=2, $\mathbb{Z}[x]/\langle 2, x \rangle$의 표수=2

예제 3 잉여환 $\mathbb{Q}[x]/\langle x^2+1 \rangle$과 동형인 환을 구하시오.

풀이 $\mathbb{Q}[x]/\langle x^2+1 \rangle$의 임의의 원소 $f(x)+\langle x^2+1 \rangle$에 대하여

$f(x) = (x^2+1)q(x)+a+bx$이 성립하는 다항식$q(x)$와 유리수a, b가 있으므로

$f(x)+\langle x^2+1 \rangle = a+bx+\langle x^2+1 \rangle$

환$\mathbb{Q}(i)$의 원소 $a+bi$를 $a+bx+\langle x^2+1 \rangle$와 일대일 대응하면 환동형사상이 된다.

따라서 $\mathbb{Q}[x]/\langle x^2+1 \rangle$는 $\mathbb{Q}(i)$와 환동형이다.

예제 4 다음 명제를 증명하시오.

① 잉여환 $\mathbb{Z}[\sqrt{m}]/\langle a+b\sqrt{m}\rangle$ 의 위수는 $|a^2-mb^2|$ 이며 표수는 $\dfrac{|a^2-mb^2|}{\gcd(a,b)}$ 이다. (단, m 은 정수이며 제곱수가 아니다.)

② 잉여환 $\mathbb{Z}[i]/\langle a+bi\rangle$ 위수는 a^2+b^2 이며 표수는 $\dfrac{a^2+b^2}{\gcd(a,b)}$ 이다.

③ $p=a^2+b^2$ 이 소수이면 $\mathbb{Z}[i]/\langle a+bi\rangle \cong \mathbb{Z}_p$ 이다.

증명 ① $\gcd(a,b)=g$, $\dfrac{|a^2-mb^2|}{g}=D$ 라 놓자.

$\gcd(a,b)=g$ 이므로 $as+bt=g$ 이며 서로소인 정수 s,t 존재한다.

$D=\dfrac{|a^2-mb^2|}{g}=\pm\dfrac{a-b\sqrt{m}}{g}(a+b\sqrt{m})\in\langle a+b\sqrt{m}\rangle$ 이며

$(a+b\sqrt{m})(t+s\sqrt{m})=(at+mbs)+(as+bt)\sqrt{m}=(at+mbs)+g\sqrt{m}$

$\in\langle a+b\sqrt{m}\rangle$ 이므로 $\overline{D}=\overline{0}$, $\overline{g\sqrt{m}}=\overline{-mbs-at}$

$y=gq+r$, $x-q(mbs+at)=DQ+R$ (단, $0\le r<g, 0\le R<D$)

라 하면 잉여환의 임의의 원소 $\overline{x+y\sqrt{m}}=\overline{x+(gq+r)\sqrt{m}}$

$=\overline{x+q(g\sqrt{m})+r\sqrt{m}}=\overline{x-q(mbs+at)+r\sqrt{m}}$

$=\overline{DQ+R+r\sqrt{m}}=\overline{R+r\sqrt{m}}$ (단, $0\le r<g$, $0\le R<D$)

따라서 $\mathbb{Z}[\sqrt{m}]/\langle a+b\sqrt{m}\rangle=\left\{\overline{R+r\sqrt{m}}\ |\ 0\le R<D,\ 0\le r<g\right\}$

> 잉여환의 모든 원소를 나타내는 방법을 찾았음

잉여환의 두 원소 $\overline{R_1+r_1\sqrt{m}}=\overline{R_2+r_2\sqrt{m}}$ 이라 하자.

(단, $0\le R_1,R_2<D$, $0\le r_1,r_2<g$)

$(R_1-R_2)+(r_1-r_2)\sqrt{m}=(a+b\sqrt{m})(x+y\sqrt{m})$ 인 정수 x , y 가 있다.

양변을 비교하면 $R_1-R_2=ax+bym$, $r_1-r_2=ay+bx$

a , b 는 g 의 배수이므로 $g\,|\,ay+bx$ 이며 $g\,|\,r_1-r_2$

$0\le r_1,r_2<g$ 이므로 $-g<r_1-r_2<g$

따라서 $r_1-r_2=0$ 이며 $r_1=r_2$ 이고 $ay+bx=0$ 이다.

$\dfrac{a}{g}y=-\dfrac{b}{g}x$ 이며 $\dfrac{a}{g}$, $\dfrac{b}{g}$ 는 서로소이므로 $x=\dfrac{a}{g}k$, $y=-\dfrac{b}{g}k$ 인 정수 k 가 존재한다.

$R_1-R_2=ax+bym=\dfrac{a^2-b^2m}{g}k=\pm Dk$ 이므로 $D\,|\,R_1-R_2$

$0\le R_1$, $R_2<D$ 이므로 $-D<R_1-R_2<D$ 이며 $R_1-R_2=0$

따라서 $\overline{R_1+r_1\sqrt{m}}=\overline{R_2+r_2\sqrt{m}}$ 이면 $r_1=r_2$ 이고 $R_1=R_2$ 이다.

> 잉여환의 모든 원소를 표현하는 일대일 방법이 됨을 보였음

그러므로 위수 $|\mathbb{Z}[\sqrt{m}]/\langle a+b\sqrt{m}\rangle|=Dg=|a^2-mb^2|$ 이다.

② $\gcd(a,b)=g$, $a=gc$, $b=gd$, $ac+bd=D$ 라 놓자.

$\gcd(c,d)=1$ 이므로 $cs+dt=1$ 이며 서로소인 정수 s,t 있다.

$bs-at$ 는 g 의 배수이므로 $bs-at=ge$ 인 정수 e 가 있다.

함수 f 는 환-동형사상이 되지 않는다.

사상 $f : \mathbb{Z}[i] \to \mathbb{Z}[i]$, $f(x+yi) = x(-d+si)+y(c+ti)$ 라 정의하자.
f 는 역사상 $f^{-1}(x+yi) = x(-t+si)+y(c+di)$ 를 가지므로 f 는 일대일 대응이다.

$$f((x_1+y_1i)+(x_2+y_2i)) = (x_1+x_2)(-d+si)+(y_1+y_2)(d+ti)$$
$$= f(x_1+y_1i) + f(x_2+y_2i)$$

이므로 f 는 덧셈에 관하여 군-동형사상이다.

아이디얼 $\langle a+bi \rangle = \{ (a+bi)(x+yi) \mid x+yi \in \mathbb{Z}[i] \}$
$= \{ x(a+bi)+y(-b+ai) \mid x , y \in \mathbb{Z} \}$
$= \{ x(a+bi)+y(ea+ebi-b+ai) \mid x , y \in \mathbb{Z} \}$

$f(a+bi) = gi$, $f(ea+ebi-b-ai) = D$ 이므로
$f(\langle a+bi \rangle) = \{ xgi+yD \mid x , y \in \mathbb{Z} \}$ 이며 $f(\langle a+bi \rangle)$ 는 D 와 gi 로 덧셈에 관하여 생성한 부분군이다. 이 부분군을 (D, gi) 라 쓰기로 하자.
f 는 덧셈에 관하여 군-동형사상이므로 $\mathbb{Z}[i]/\langle a+bi \rangle$ 와 $\mathbb{Z}[i]/(D, gi)$ 는 덧셈에 관하여 군동형이다.
$\mathbb{Z}[i]/(D, gi) = \{ \overline{R+ri} \mid 0 \le R < D , 0 \le r < g \}$ 이므로
$\mathbb{Z}[i]/(D, gi)$ 의 위수는 $Dg = a^2+b^2$ 이며 표수는 D 이다.
따라서 $\mathbb{Z}[i]/\langle a+bi \rangle$ 의 위수는 $Dg = a^2+b^2$ 이며 표수는 D 이다.

③ 소수 $p = a^2+b^2$ 에 관하여 $p \equiv 1 \pmod 4$ 이므로 르장드르 기호
$\left(\frac{-1}{p}\right) = (-1)^{\frac{p-1}{2}} = 1$ 이며 $q^2 \equiv -1 \pmod p$ 인 정수q 가 존재한다.
$p = a^2+b^2$ 이 소수이면 a , b 는 서로소이며 $as+bt = 1$ 인 정수 s , t 있다.
$(sb-ta)^2+1 = (sb-ta)^2+(as+bt)^2 = (a^2+b^2)(s^2+t^2) = p(s^2+t^2)$
이므로 구체적으로 정수$q = sb-ta$ 라 놓으면 된다.
사상 $f : \mathbb{Z}[i] \to \mathbb{Z}_p$, $f(x+yi) = \overline{x+qy}$ 라 정의하자.
$f((x+yi)+(u+vi)) = f((x+u)+(y+v)i) = \overline{(x+u)+q(y+v)}$
$f(x+yi)+f(u+vi) = (\overline{x+qy})+(\overline{u+qv}) = \overline{(x+u)+q(y+v)}$
이므로 $f((x+yi)+(u+vi)) = f(x+yi)+f(u+vi)$
$f((x+yi)(u+vi)) = f((xu-yv)+(yu+xv)i) = \overline{(xu-yv)+q(yu+xv)}$
$f(x+yi)f(u+vi) = (\overline{x+qy})(\overline{u+qv}) = \overline{xu+qxv+qyu-yv}$
이므로 $f((x+yi)(u+vi)) = f(x+yi)f(u+vi)$
따라서 f 는 환-준동형사상이다.
상 $f(\mathbb{Z}) = \mathbb{Z}_p$이므로 $\mathrm{Im}(f) = f(\mathbb{Z}[i]) = \mathbb{Z}_p$
핵 $\ker(\varphi) = \langle a+bi \rangle$ 임을 보이자.
$\varphi(x+yi) = x+qy = 0$ 라 하면
$x = pk-qy = (a^2+b^2)k-qy = (a^2+b^2)k-(sb-ta)y$ 이며
$x+yi = (a^2+b^2)k-(sb-ta)y+yi = (a+bi)(ak+ty+(sy-bk)i)$
$\in \langle a+bi \rangle$
이므로 $\ker(\varphi) \subset \langle a+bi \rangle$ 이다.
또한 $\varphi(a+bi) = a+qb = a(as+bt)+b(sb-ta) = (a^2+b^2)s = ps = 0$ 이므로 $a+bi \in \ker(\varphi)$ 이며 $\langle a+bi \rangle \subset \ker(\varphi)$ 이다.
따라서 $\ker(\varphi) = \langle a+bi \rangle$ 이다.

그러므로 제1동형정리에 의하여 $\mathbb{Z}[i]/\langle a+bi \rangle \cong \mathbb{Z}_{a^2+b^2}$ 이다.

(다른 증명) $\mathbb{Z}[i]$ 의 부분환$\mathbb{Z}$ 와 아이디얼$I = \langle a+bi \rangle$ 라 하자.

a^2+b^2 이 정수의 소수이면 두 정수 a, b 는 서로소이며 $as+bt=1$ 인 정수 s, t 가 있다.

$\mathbb{Z}[i]$ 의 임의의 원소 $x+yi$ 에 대하여

$(a+bi)(yt+ysi) = y(at-bs)+y(as+bt)i = y(at-bs)+yi$

$\in \langle a+bi \rangle = I$ 이며

$x-y(at-bs) \in \mathbb{Z}$ 이므로 $x+yi \in \mathbb{Z}+I$ 이다.

따라서 $\mathbb{Z}[i] = \mathbb{Z}+I$ 이다.

$x+yi \in \mathbb{Z} \cap I$ 일 때, $x+yi \in \mathbb{Z}$ 이므로 $y=0$ 이고, $x+yi \in I$ 이므로

$x+yi = (a+bi)(c+di)$ 인 $c+di$ 가 있다.

켤레 $x-yi = (a-bi)(c-di)$ 와 좌우변을 각각 곱하면

$x^2+y^2 = (a^2+b^2)(c^2+d^2)$

$y=0$ 이므로 $x^2 = (a^2+b^2)(c^2+d^2)$ 이며 a^2+b^2 은 소수이므로

x 는 a^2+b^2 의 배수이다.

또한 $a^2+b^2 = (a+bi)(a-bi) \in \mathbb{Z} \cap I$ 이다.

따라서 $\mathbb{Z} \cap I = (a^2+b^2)\mathbb{Z} = p\mathbb{Z}$ 이며, 제2 동형정리를 적용하면

$\mathbb{Z}[i]/\langle a+bi \rangle = (\mathbb{Z}+I)/I \cong \mathbb{Z}/(\mathbb{Z} \cap I) = \mathbb{Z}/p\mathbb{Z} = \mathbb{Z}_p$

위의 예제에 덧붙여 잉여환$\mathbb{Z}[i]/\langle a+bi \rangle$가 체일 수 있는 다른 경우도 있다. 정수 소수 $p \neq a^2+b^2$ 이면 $\mathbb{Z}[i]/\langle p \rangle \cong \mathbb{Z}_p(i)$ 이다. 여기서 $\mathbb{Z}_p(i)$ 는 체$\mathbb{Z}_p$의 확대체이다.

그 외에 경우에는 잉여환$\mathbb{Z}[i]/\langle a+bi \rangle$는 체가 되지 않는다.

주의 잉여환 $\mathbb{Z}[i]/\langle a+bi \rangle = \{ \overline{R+ri} \mid 0 \le R < D,\ 0 \le r < g \}$ 을 $\mathbb{Z}_D \oplus \mathbb{Z}_g$ 와 환동형이라고 오해하지 않아야 한다. 덧셈에 관한 군의 구조는 군동형이지만 곱셈의 구조가 다를 수 있다.

4. 환의 직적(직합)과 중국의 나머지 정리

환$R_1, \cdots, R_n$ 의 곱집합$R_1 \times \cdots \times R_n$ 에 덧셈과 곱셈을 다음과 정의한다.

$$(a_1, \cdots, a_n) + (b_1, \cdots, b_n) = (a_1+b_1, \cdots, a_n+b_n)$$

$$(a_1, \cdots, a_n) \cdot (b_1, \cdots, b_n) = (a_1b_1, \cdots, a_nb_n)$$

이 연산에 관하여 $R_1 \times \cdots \times R_n$ 은 환(ring)이 되며 이 환을 $R_1, \cdots, R_n$ 들의 직적(direct product) 또는 직합(direct sum)이라 하며, $R_1 \times \cdots \times R_n$ 또는 $R_1 \oplus \cdots \oplus R_n$ 으로 표기한다.

환의 직합의 예로서 $n = p_1^{n_1} \cdots p_k^{n_k}$ (소인수분해)일 때,

$\mathbb{Z}_n \cong \mathbb{Z}_{p_1^{n_1}} \oplus \cdots \oplus \mathbb{Z}_{p_k^{n_k}}$ 이 성립한다.

이를 일반화한 것이 중국의 나머지 정리이다.

중국의 나머지 정리를 다음과 같이 환준동형사상으로 표현할 수 있다.

[중국의 나머지 정리]
단위원을 갖는 환R의 두 아이디얼I, J에 대하여 $I+J=R$일 때,

사상 $f: R \to (R/I)\oplus(R/J)$, $f(x)=(x+I, x+J)$

은 $\ker(f)=I\cap J$인 전사-환준동형사상이며

$$R/(I\cap J) \cong (R/I)\oplus(R/J)$$

증명 $f(x)+f(y)=(x+I, x+J)+(y+I, y+J)$
$=(x+y+I, x+y+J)=f(x+y)$

$f(x)f(y)=(x+I, x+J)(y+I, y+J)$
$=(xy+I, xy+J)=f(xy)$

이므로 사상 f는 환 준동형사상이다.

$\ker(f)=\{x \mid x+I=0+I, x+J=0+J\}=\{x \mid x\in I, x\in J\}$
$=I\cap J$

$I+J=R$ 이므로 적당한 $i_0\in I$, $j_0\in J$가 존재하여 $i_0+j_0=1_R$

임의의 $a, b\in R$에 대하여 $x=aj_0+bi_0$ 라 두면

$x-a=aj_0+bi_0-a=a(j_0-1)+bi_0=a(-i_0)+bi_0=(b-a)i_0\in I$,

$x-b=aj_0+bi_0-b=aj_0+b(i_0-1)=aj_0+b(-j_0)=(a-b)j_0\in J$

이므로 $f(x)=(x+I, x+J)=(a+I, b+J)$

따라서 f는 전사사상이다.

따라서 제1동형정리에 의하여 $R/(I\cap J)\cong(R/I)\oplus(R/J)$

위의 중국의 나머지 정리에서 “f가 전사”임이 핵심이다.
임의의 $a, b\in R$에 대하여 $f(x)=(a+I, b+J)$ 인 x가 있으므로 (전사)
$x+I=a+I$, $x+J=b+J$이 성립하는 x의 존재를 보장하게 된다.
이 식을 $\begin{cases} x\equiv a \pmod{I} \\ x\equiv b \pmod{J}\end{cases}$을 만족하는 해$x$의 존재로 이해할 수 있다.
이 정리를 다수의 아이디얼이 있는 경우로 확장할 수 있다.

예제1 단위원을 갖는 가환환R의 아이디얼I, J, K에 대하여
$I+J=J+K=K+I=R$일 때, 다음 환준동형사상
$f: R\to(R/I)\oplus(R/J)\oplus(R/K)$, $f(x)=(x+I, x+J, x+K)$
는 전사사상이며, $\ker(f)=I\cap J\cap K$임을 보이시오.

증명 $I+J=J+K=K+I=R$ 이므로
$i_1+j_1=j_2+k_1=k_2+i_2=1$ 인 원소 $i_1, i_2\in I$, $j_1, j_2\in J$,
$k_1, k_2\in K$ 들이 있다.
이때 $1=(i_1+j_1)(j_2+k_1)=(j_2+k_1)(k_2+i_2)=(k_2+i_2)(i_1+j_1)$ 이다.
임의의 원소 $a+I\in R/I$, $b+J\in R/J$, $c+K\in R/K$
(단, $a, b, c\in R$)일 때, $x=aj_1k_2+bi_1k_1+ci_2j_2$ 라 놓으면

$a-x=a(1-j_1k_2)-bi_1k_1-ci_2j_2$
$=a(i_1k_2+j_1i_2+i_1i_2)-bi_1k_1-ci_2j_2\in I$

$b-x = -a\,j_1 k_2 + b(1-i_1 k_1) - c\,i_2 j_2$

$\quad = -a\,j_1 k_2 + b(i_1 j_2 + j_1 j_2 + j_1 k_1) - c\,i_2 j_2 \in J$

$c-x = -a\,j_1 k_2 - b\,i_1 k_1 + c(1-i_2 j_2)$

$\quad = -a\,j_1 k_2 - b\,i_1 k_1 + c(k_2 j_2 + i_2 k_1 + k_2 k_1) \in K$

따라서 $a+I = x+I,\ b+J = x+J,\ c+K = x+K$ 이다.

$\ker(f) = \{x \mid x+I = 0+I,\ x+J = 0+J,\ x+K = 0+K\}$

$\quad = \{x \mid x \in I,\ x \in J,\ x \in K\}$

$\quad = I \cap J \cap K$

그러므로 f 는 전사사상이며 $\ker(f) = I \cap J \cap K$ 이다.

> **예제 2** 단위원을 갖는 가환환 $R = P_1 + P_2$, P_1, P_2 는 소 아이디얼 일 때, 다항식 $f(x) \in R[x]$ 의 근을 R 에서 구하는 방법을 설명하시오.

설명 정역 R/P_1 에서 $f(x) \equiv 0 \pmod{P_1}$ 을 풀어 $x \equiv a_1 \pmod{P_1}$

정역 R/P_2 에서 $f(x) \equiv 0 \pmod{P_2}$ 을 풀어 $x \equiv a_2 \pmod{P_2}$

$f(x) = 0$ 의 해집합은 $(a_1 + P_1) \cap (a_2 + P_2)$ 이다.

중국 나머지 정리는 $(a_1 + P_1) \cap (a_2 + P_2) = c + P_1 \cap P_2$ 이 성립하는 c 가 존재함을 의미한다.

> **예제 3** 단위원을 갖는 두 환 R_1, R_2 의 직적환 $R_1 \times R_2$ 의 모든 아이디얼 J 는 환 R_1, R_2 의 각 아이디얼 I_1, I_2 의 곱 $I_1 \times I_2$ 와 같음을 보이시오.

풀이 $I_1 = \{x \mid (x,y) \in J\}$, $I_2 = \{y \mid (x,y) \in J\}$ 라 두면

$J \subset I_1 \times I_2$

임의의 $(a,b) \in I_1 \times I_2$ 에 대하여 $a \in I_1$, $b \in I_2$ 이므로

$(a,y), (x,b) \in J$ 인 x, y 가 있다.

R_1, R_2 는 단위원을 가지며 J 는 아이디얼이므로

$(a,b) = (a,y)(1,0) + (x,b)(0,1) \in J$

따라서 직적환 $R_1 \times R_2$ 의 아이디얼 $J = I_1 \times I_2$

이제 I_1, I_2 는 R_1, R_2 의 아이디얼임을 보이자.

$(0,0) \in J$ 이므로 $0 \in I_1, I_2$. $(a,b), (c,d) \in I_1 \times I_2$ 이면

$(a-c, b-d) \in J = I_1 \times I_2$

$(r,s) \in R_1 \times R_2$, $(a,b) \in I_1 \times I_2$ 이면

$(ra, sb), (ar, bs) \in J = I_1 \times I_2$

따라서 $R_1 \times R_2$ 의 모든 아이디얼은 R_1, R_2 의 아이디얼의 곱 $I_1 \times I_2$ 이다.

> **예제 4** 단위원을 갖는 환 R_1, R_2 에 대하여 $(R_1 \times R_2)^* = R_1^* \times R_2^*$ 임을 증명하시오.

풀이 $(R_1 \times R_2)^*$ 의 임의의 원소 (a,b) 에 관하여 역원을 (c,d) 라 하면

$(a,b)(c,d) = (ac, bd) = (1,1)$ 이므로 $ac = 1$, $bd = 1$ 이다.

따라서 $a \in R_1^*$, $b \in R_2^*$ 이며 $(a,b) \in R_1^* \times R_2^*$ 이다.
$R_1^* \times R_2^*$ 의 임의의 원소(a,b) 에 대하여 $ac=1$, $bd=1$ 인 역원c,d 가 있다.
$(a,b)(c,d)=(ac,bd)=(1,1)$ 이므로 $(a,b) \in (R_1 \times R_2)^*$
따라서 $(R_1 \times R_2)^* = R_1^* \times R_2^*$ 이다.

위 예제의 특성을 군의 정규부분군으로 연결하지 않도록 주의해야 한다.
직적군의 정규부분군은 직적으로 나타나지 않는 경우가 많다.
직적군 $\mathbb{Z}_2 \oplus \mathbb{Z}_2$ 의 정규부분군 $\langle (1,1) \rangle = \{(0,0),(1,1)\}$ 는 $H \oplus K$ 으로 나타낼 수 없는 정규부분군이다.
$\mathbb{Z}_2 \oplus \mathbb{Z}_2$ 을 환으로 볼 때, $\{(0,0),(1,1)\}$ 는 아이디얼이 아니다.
원소$(1,1)$ 로 생성한 주요 아이디얼은 $\langle (1,1) \rangle = \mathbb{Z}_2 \oplus \mathbb{Z}_2$ 이다.

03 소 아이디얼과 극대 아이디얼

소 아이디얼(Prime Ideal)과 극대 아이디얼(Maximal Ideal)에 관한 정의는 다음과 같다.

[정의] {소 아이디얼과 극대 아이디얼}
가환환R 의 아이디얼P 에 대하여 (단, $P \neq R$)
"$ab \in P$ 이면, $a \in P$ 또는 $b \in P$"
를 만족할 때, P를 소 아이디얼(prime ideal)이라 한다.
환R 의 아이디얼M 에 대하여 (단, $M \neq R$)
아이디얼I 에 대하여 $M \subset I$ 이면 $I=M$ 또는 $I=R$
를 만족할 때, M을 극대 아이디얼(maximal ideal)이라 한다.

소 아이디얼과 극대 아디디얼 개념을 도입한 이유를 다음 정리에서 발견할 수 있다.

[정리] 단위원을 갖는 가환환 R에 대하여
(1) 아이디얼P 가 소 아이디얼이기 위한 필요충분조건은 R/P 가 정역이 되는 것이다.
(2) 아이디얼M 이 극대 아이디얼이기 위한 필요충분조건은 R/M 이 체가 되는 것이다.
(3) 아이디얼M 이 극대 아이디얼이면 M은 소 아이디얼 이다.

증명 (1) (→) P 가 소 아이디얼이면, R/P 가 정역
임의의 $a+P,\ b+P \in R/P$ 에 대하여 $(a+P)(b+P)=0+P$ 이라 하자.
그러면 $ab+P=0+P$ 이며, $ab \in P$ 이다.
P 가 소 아이디얼이므로, $a \in P$ 또는 $b \in P$. 즉, $a+P=0+P$ 또는 $b+P=0+P$
따라서 R/P 는 영인자를 갖지 않는다.
(←) R/P 가 정역이면, P 가 소 아이디얼
$ab \in P$ 이라 하면, $ab+P=0+P$ 이며, $(a+P)(b+P)=0+P$ 이다.

R/P가 정역이므로, $a+P=0+P$ 또는 $b+P=0+P$. 즉, $a\in P$ 또는 $b\in P$

따라서 P는 소 아이디얼이다.

(2) $(\rightarrow)$ M이 극대 아이디얼이면 R/M은 체

임의의 $a+M\in R/M$, $a+M\neq 0+M$이라 하자. 그러면, $a\not\in M$이다.

이때, $M\subset M+\langle a\rangle\subset R$, $M\neq M+\langle a\rangle$이며 M이 극대 아이디얼이므로 $M+\langle a\rangle=R$

$1\in R$이므로 $1=m+ab$ 인 $m\in M$, $b\in R$가 존재한다.

이로부터 $1-ab=m\in M$이므로 $1+M=ab+M=(a+M)(b+M)$

따라서 $a+M$는 가역원이며, R/M은 체이다.

$(\leftarrow)$ R/M이 체이면 M은 극대 아이디얼

I가 $M\subset I\subset R$, $I\neq M$인 R의 아이디얼이라 하자.

그러면 $a\in I-M$인 a가 존재하며, $a+M\neq 0+M$

R/M이 체이므로 $a+M$는 가역원이다.

즉, $(a+M)(b+M)=ab+M=1+M$인 $b\in R$가 존재한다.

이때, $1-ab\in M$이며, $M\subset I$이므로 $1-ab\in I$이다.

또한 $a\in I$ 이고 I가 아이디얼이므로 $ab\in I$이다.

따라서 $1=(1-ab)+ab\in I$이다.

그리고 I가 아이디얼이므로 임의의 $a\in R$에 대하여 $a=a\cdot 1\in I$이다.

따라서 $I=R$이다.

그러므로 I는 R의 극대 아이디얼이다.

(3) 단위원을 갖는 가환환R의 어떤 극대 아이디얼을 M이라 하자. 그러면 $M\neq R$이다.

$a,b\in R$에 대하여 $ab\in M$, $a\not\in M$라 하자.

그러면 아이디얼$M+\langle a\rangle$는 $M\subset M+\langle a\rangle\subset R$이며 $a\in M+\langle a\rangle$이다.

M은 극대 아이디얼이므로 $R=M+\langle a\rangle$

따라서 $m+ar=1$이 성립하는 $m\in M$, $r\in R$이 존재한다.

이때, $b=b(m+ar)=bm+bar=bm+abr$이며 M이 아이디얼이며, m, $ab\in M$이므로 $bm+abr\in M$이다.

따라서 $b\in M$이다. 그러므로 $ab\in M$이면 $a\in M$ 이거나 $b\in M$이다.

즉, M은 소 아이디얼이다.

$\langle 0 \rangle$는 체에서 극대 아이디얼이다.

$\langle 0 \rangle$는 정역에서 소아이디얼이다.

환의 원소로부터 극대 아이디얼과 소 아이디얼을 만드는 방법을 살펴보자.

[정리]

(1) 정역D에서 $p \neq 0$ 인 원소 p에 대하여
$\langle p \rangle$는 소 아이디얼 $\leftrightarrow$ p는 소원

(2) PID D에서 $p \neq 0$ 인 원소 p에 대하여
$\langle p \rangle$는 극대 아이디얼 $\leftrightarrow$ p는 기약원 $\leftrightarrow$ p는 소원
$\leftrightarrow$ $\langle p \rangle$는 소 아이디얼

(3) PID에서 자명하지 않는 모든 소 아이디얼은 극대 아이디얼이다.

(4) 정역D의 $\langle 0 \rangle$은 소 아이디얼이며, 체F의 $\langle 0 \rangle$은 극대 아이디얼이다.

증명 (1), (2) 공통적으로 $p \neq$ 가역원 $\leftrightarrow$ $\langle p \rangle \neq D$

(1) 동치조건 $p|ab \leftrightarrow ab \in \langle p \rangle$, $p|a \leftrightarrow a \in \langle p \rangle$, $p|b \leftrightarrow b \in \langle p \rangle$
이 성립하므로 명제 $p|ab \rightarrow p|a$ 또는 $p|b$ 가 성립할 필충조건은
$ab \in \langle p \rangle \rightarrow a \in \langle p \rangle$ 또는 $b \in \langle p \rangle$
따라서 정역D에서 $p \neq 0$ 인 원소 p에 대하여 p는 소원 $\leftrightarrow$ $\langle p \rangle$는 소 아이디얼

(2) ($\leftarrow$) $\langle p \rangle \subset I$, $\langle p \rangle \neq I$인 아이디얼I에 대하여 $a \in I - \langle p \rangle$인 a가 있다.
D는 PID이므로 $\langle a \rangle + \langle p \rangle = \langle d \rangle$ 인 d가 있다. $p \in \langle d \rangle$ 이므로 $p = cd$인 c가 있다.
p는 기약원이므로 c 또는 d는 가역원이다.
만약 c가 가역원이면 $d = c^{-1}p \in \langle p \rangle$, $\langle d \rangle \subset \langle p \rangle$, $a \in \langle p \rangle$. 모순
d는 가역원이며 $\langle d \rangle = D$
$\langle a \rangle, \langle p \rangle \subset I$이므로 $\langle d \rangle \subset I$이며 $I = D$
따라서 $\langle p \rangle$는 극대 아이디얼이다.
($\rightarrow$) $p = ab$이라 하면 $p \in \langle a \rangle$ 이므로 $\langle p \rangle \subset \langle a \rangle$
$\langle p \rangle$는 극대 아이디얼이므로 $\langle a \rangle = \langle p \rangle$ 또는 $\langle a \rangle = D$
$\langle a \rangle = D$이면 a는 가역원
$\langle a \rangle = \langle p \rangle$ 이면 a, p는 동반원이므로 $p = ab$의 b는 가역원
따라서 p는 기약원이다.

(3) PID에서 모든 소 아이디얼은 $\langle p \rangle$으로 나타낼 수 있다.
$\langle p \rangle$가 자명하지 않는 소 아이디얼이라 하면 $p \neq 0$ 이며 p는 소원이다.
PID에서 소원은 기약원이므로 p는 기약원이다.
PID에서 기약원p로 생성한 아이디얼$\langle p \rangle$는 극대 아이디얼이다.

(4) 정역D에서 $D \neq \langle 0 \rangle$ 이다.
$ab \in \langle 0 \rangle$ 이면 $ab = 0$ 이므로 정역D에서 $a = 0$ 또는 $b = 0$
따라서 $a \in \langle 0 \rangle$ 또는 $b \in \langle 0 \rangle$ 이며 $\langle 0 \rangle$는 소 아이디얼이다.
체F에서 $F \neq \langle 0 \rangle$ 이다.
$\langle 0 \rangle \subset I \subset F$인 아이디얼 I에 대하여 $I = \langle 0 \rangle$인 경우, 증명 끝
$I \neq \langle 0 \rangle$인 경우, $0 \neq a \in I$인 원소a가 있으며 F는 체이므로 a는 역원

a^{-1}를 갖는다.
I는 아이디얼이므로 $1 = aa^{-1} \in I$이며 $I = F$
따라서 $\langle 0 \rangle$는 극대 아이디얼이다.

예제 1 다음 환의 소 아이디얼과 극대 아이디얼을 모두 구하시오.
㉠ 복소수체 $\mathbb{C}$　　　　㉡ 정수환 $\mathbb{Z}$
㉢ 유한환 $\mathbb{Z}_{100}$　　　　㉣ 직적환 $\mathbb{Z} \times \mathbb{Z}_{100}$

풀이 ㉠ $\mathbb{C}$는 체이므로 자명한 아이디얼 $\{0\}$이 소 아이디얼이며 극대 아이디얼이다.
㉡ 소수 p에 관하여 소아이디얼은 $p\mathbb{Z}$와 $\{0\}$이며 극대 아이디얼은 $p\mathbb{Z}$
㉢ 100의 약수이며 소수인 $2, 5$에 대하여
$2\mathbb{Z}_{100}$, $5\mathbb{Z}_{100}$는 소 아이디얼이며 극대 아이디얼
㉣ 소수 p에 관하여 소 아이디얼은
$\{0\} \times \mathbb{Z}_{100}$, $p\mathbb{Z} \times \mathbb{Z}_{100}$, $\mathbb{Z} \times 2\mathbb{Z}_{100}$, $\mathbb{Z} \times 5\mathbb{Z}_{100}$이며,
극대 아이디얼은 $p\mathbb{Z} \times \mathbb{Z}_{100}$, $\mathbb{Z} \times 2\mathbb{Z}_{100}$, $\mathbb{Z} \times 5\mathbb{Z}_{100}$이다.

예제 2 단위원을 갖는 가환환 R이 유한환이면 모든 소 아이디얼은 극대 아이디얼임을 보여라.

증명 단위원을 갖는 유한 가환환 R의 소 아이디얼을 P라 하자.
환 R이 아이디얼 I에 대하여 $P \subset I \subset R$, $P \neq I$이라 하자.
그러면 $a \in I - P$인 원 a가 존재한다.
이때, 임의의 양의 정수 k에 대하여 $a^k \in R$이며, R이 유한집합이므로
$a^n = a^m$인 서로 다른 양의 정수 n, m이 존재한다. 그리고 $n > m$이라 두자.
그러면 $a^n - a^m = a^m(a^{n-m} - 1) = 0 \in P$이고 $a \notin P$이며,
P가 소 아이디얼이므로 $a^{n-m} - 1 \in P \subset I$이다.
그리고 $a^{n-m} \in I$이므로 $1 = a^{n-m} - (a^{n-m} - 1) \in I$이다.
따라서 $1 \in I$이므로 $I = R$이다.

예제 3 체 F에 대하여 행렬환 $\mathrm{Mat}_n(F)$의 극대 아이디얼은 자명한 아이디얼 $\{O\}$ 임을 보이시오.

증명 환 $\mathrm{Mat}_n(F)$의 임의의 비자명 아이디얼을 I라 두자.
$O \neq A \in I$ 인 행렬 A가 존재한다.
$A = (a_{ij})$라 두면 $a_{kl} \neq 0$인 적당한 a_{kl}이 있으며 $a_{kl}^{-1} E_{1k} A E_{l1} = E_{11}$
(단, E_{1k}는 $(1, k)$ 성분만 1이고 그 외 성분은 0인 행렬)
행렬 $A \in I$이며 I는 아이디얼이므로 $E_{11} \in I$
또한 $E_{k1} E_{11} E_{1k} = E_{kk}$이므로 $E_{kk} \in I$
단위원(단위행렬) $E = E_{11} + \cdots + E_{nn}$는 I에 속한다.
따라서 $I = \mathrm{Mat}_n(F)$이며 환 $\mathrm{Mat}_n(F)$의 극대 아이디얼은 $\{O\}$이다.

예제 4 $A=[0,1]$ 위의 연속함수들의 집합은 덧셈과 곱셈에 관하여 환 $R=C(A)$ 을 구성한다. R 의 임의의 극대 아이디얼을 M 이라 하면 $M=\{f\in R \mid f(c)=0\}$ 인 적당한 $c\in A$ 가 존재함을 보이시오.

증명 환 R 의 부분집합 $I_c=\{f\in R \mid f(c)=0\}$ 이라 쓰기로 하자.
모든 $c\in A$ 에 대하여 $M\neq I_c$ 이라 가정하자.
$M\subset I_c$ 이면 M 이 극대 아이디얼이므로 $I_c=R$ 이다.
그러나 $1\notin I_c$ 이므로 모순
따라서 모든 $a\in A$ 에 대하여 $M\not\subset I_a$ 이며 적당한 원소 $f_a\in M-I_a$ 인 연속함수 f_a 가 존재한다.
$f_a\notin I_a$ 이므로 $f_a(a)\neq 0$
f_a 는 a 에서 연속이므로 양수 $\epsilon=\frac{1}{2}|f_a(a)|$ 에 대하여
$|x-a|<\delta_a$ 이면 $|f_a(x)-f_a(a)|<\epsilon$ 이 성립하는 양수 δ_a 가 존재한다.
즉, $x\in(a-\delta_a,\, a+\delta_a)\cap A$ 이면 $\epsilon<|f_a(x)|<3\epsilon$
$A\subset\bigcup_{a\in A}(a-\delta_a,\, a+\delta_a)$ 이며 A 는 컴팩트집합이므로
$A\subset\bigcup_{k=1}^{n}(a_k-\delta_{a_k},\, a_k+\delta_{a_k})$ 인 유한개의 점 $a_1, a_2, \cdots, a_n$ 이 존재한다.
$A\subset\bigcup_{k=1}^{n}(a_k-\delta_{a_k},\, a_k+\delta_{a_k})$ 이므로 모든 $x\in A$ 에서 $0<\sum_{k=1}^{n}f_{a_k}(x)^2$
$g(x)=\sum_{k=1}^{n}f_{a_k}(x)^2$ 라 두면 $g(x)>0$ 이며, $f_a\in M$ 이므로 $g(x)\in M$
$g(x)$ 는 연속이므로 $\frac{1}{g(x)}$ 도 연속이며 $\frac{1}{g(x)}\in R$ 이다.
M 은 아이디얼이므로 $1=\frac{1}{g(x)}g(x)\in M$
따라서 $M=R$
이는 M 이 극대 아이디얼임에 위배된다.
그러므로 $M=I_c$ 인 적당한 $c\in A$ 는 존재한다.

예제 5 유한개의 아이디얼을 갖는 정역 D 는 체임을 보이시오.

증명 정역 D 의 비자명 진 아이디얼이 존재한다고 가정하자.
정역 D 의 서로 다른 모든 비자명 진 아이디얼들을 $I_1, \cdots, I_n$ 이라 놓자.
각각의 I_i 에서 영 아닌 원소를 하나씩 선택하여 a_i 라 하자.
모두 곱하여 $r=a_1\cdots a_n$ 이라 두면 $r\in I_1\cap I_2\cap\cdots\cap I_n$ 이다.
D 는 정역이므로 $r^2\neq 0$ 이며, 아이디얼 $\langle r^2\rangle$ 는 비자명 진 아이디얼이다.
$\langle r^2\rangle$ 는 $I_1, \cdots, I_n$ 중의 한 아이디얼이므로 $r\in\langle r^2\rangle$ 이다.
$r=r^2s$ 인 적당한 원소 s 가 존재한다.
$r(1-rs)=0$ 이며 D 는 정역이므로 $rs=1$ 또는 $r=0$
$r=0$ 이면 $r=a_1\cdots a_n=0$ 이므로 적어도 한 $a_i=0$. 모순!

따라서 r 은 가역원이며 $r \in I_1 \cap I_2 \cap \cdots \cap I_n$ 이므로 모든 I_i 는 D가 된다. 모순!
그러므로 정역 D의 비자명 진 아이디얼을 갖지 않으며 D는 체이다.

예제 6 다항식환 $\mathbb{Z}[x]$ 의 아이디얼에 관한 다음 성질들을 보이시오.
① 아이디얼 $\langle 2x^2+3,\ 3x^3+4x+5 \rangle = \mathbb{Z}[x]$ 임을 보이시오.
② 아이디얼 $\langle 2x+1,\ x^2+2 \rangle = \langle x-4,\ 9 \rangle$ 임을 보이시오.

풀이 ① $\langle 2x^2+3,\ 3x^3+4x+5 \rangle$

$= \langle 2x^2+3,\ 3x^3+4x+5,\ (3x^3+4x+5)(2)-(2x^2+3)(3x) \rangle$
$= \langle 2x^2+3,\ 3x^3+4x+5,\ x-10 \rangle$
$= \langle 2x^2+3,\ 3x^3+4x+5,\ x-10,\ (2x^2+3)-(x-10)(2x+10) \rangle$
$= \langle 2x^2+3,\ 3x^3+4x+5,\ x-10,\ 103 \rangle$
$= \langle (x-10)(2x+10)+103,\ 3x^3+4x+5,\ x-10,\ 103 \rangle$
$= \langle 3x^3+4x+5,\ x-10,\ 103 \rangle$
$= \langle 3x^3+4x+5,\ x-10,\ 103,\ (3x^3+4x+5)-(x-10)(3x^2+30x+304) \rangle$
$= \langle 3x^3+4x+5,\ x-10,\ 103,\ 3045 \rangle$
$= \langle (x-10)(3x^2+30x+304)+3045,\ x-10,\ 103,\ 3045 \rangle$
$= \langle x-10,\ 103,\ 3045 \rangle$
$= \langle x-10,\ 1 \rangle$
$= \langle 1 \rangle = \mathbb{Z}[x]$

따라서 $\langle 2x^2+3,\ 3x^3+4x+5 \rangle = \mathbb{Z}[x]$ 이다.

② $\langle 2x+1,\ x^2+2 \rangle$

$= \langle 2x+1,\ x^2+2,\ x-4 \rangle$
$= \langle 2x+1,\ x^2+2,\ x-4,\ 9 \rangle$
$= \langle x^2+2,\ x-4,\ 9 \rangle$
$= \langle x-4,\ 9 \rangle$

따라서 $\langle 2x+1,\ x^2+2 \rangle = \langle x-4,\ 9 \rangle$ 이다.

정역 $\mathbb{Z}[i]$ 의 극대 아이디얼에 관한 예제를 살펴보자.

예제 7 정역 $\mathbb{Z}[i]$ 에서 300 의 약수 z 로 생성한 주요 아이디얼 $\langle z \rangle$ 중에서 극대 아이디얼의 개수를 구하시오.

풀이 $\mathbb{Z}[i]$ 에서 300 을 소인수분해하면

$$300 = 2^2 \times 3 \times 5^2 = (1+i)^4 \times 3 \times (1+2i)^2 \times (2+i)^2$$

$\mathbb{Z}[i]$ 는 PID이므로 300 의 약수 z 로 생성한 주요 아이디얼 $\langle z \rangle$ 가 극대 아이디얼이 되기 위한 필요충분조건은 z 가 $\mathbb{Z}[i]$ 의 기약원인 것이다.
따라서 300 의 기약원 약수는 $1+i,\ 3,\ 1+2i,\ 2+i$ 이므로 극대 아이디얼은 $\langle 1+i \rangle, \langle 3 \rangle, \langle 1+2i \rangle, \langle 2+i \rangle$ 들이며 4 개 있다.

예제 8 단위원을 갖는 가환환R 의 모든 극대 아이디얼 M_k 들의 교집합을 $J = \bigcap M_k$ 라 하자. 다음 명제를 보이시오.
"$j \in J$ 일 필요충분조건은 $1-j$ 는 가역원이다."

증명 ($\rightarrow$) 임의의 원소 $j \in J$ 일 때,
만약 $\langle 1-j \rangle \neq R$ 이라 가정하면 $\langle 1-j \rangle \subset M$ 인 극대 아이이얼 M 이 존재한다.
$j \in M$ 이므로 $1 = (1-j)+j \in M$ 이다. $M \neq R$ 임에 모순
따라서 $\langle 1-j \rangle = R$ 이며 $1-j$ 는 가역원이다.
($\leftarrow$) $1-j$ 는 가역원이라 하자.
임의의 극대 아이디얼 M 에 대하여 $M \subset \langle j \rangle + M \subset R$
$\langle j \rangle + M = R$ 이라 하면 $jr + m = 1$
$-(1-j)r + m = 1-r$, $m = 1-r+(1-j)r$
이는 M 이 극대 아이디얼 임에 모순이므로 $\langle j \rangle + M \neq R$
따라서 M 이 극대 아이디얼이므로 $\langle j \rangle + M = M$ 이며 $j \in M$ 이다.

예제 9 가환환 R 에 대하여 J는 R 의 아이디얼이고, I는 J 의 소(prime) 아이디얼이면 I는 R 의 아이디얼 임을 보이시오.

증명 임의의 원소 $r \in R$ 과 $i \in I$ 일 때,
$i \in I \subset J$ 이므로 $ri, ir \in J$ 이며 $r^2 i$, $ir^2 \in J$
$i \in I$ 이므로 $r^2 i^2$, $i^2 r^2 \in I$
$(ri)^2$, $(ir)^2 \in I$ 이고 $ri, ir \in J$ 이며
I는 J 의 소(prime) 아이디얼이므로 ri, $ir \in I$
따라서 I는 R 의 아이디얼이다.

04 환 준동형사상(Ring homomorphism)

1. 환 준동형사상

[정의] {환준동형사상}
환$(R, +, \cdot)$, $(S, +, \cdot)$ 과 사상 $f: R \rightarrow S$ 가 $a, b \in R$ 에 대하여

$$f(a+b) = f(a) + f(b),\ f(a \cdot b) = f(a) \cdot f(b)$$

을 만족할 때, f 를 준동형사상(homomorphism)이라 한다.

특히, f 가 전단사이면 동형사상(isomorphism)이라 하고 이때, 두 환 R, S 는 서로 동형이라 하고 $R \cong S$ 로 쓴다.
$G = H$ 인 경우에는 f 가 동형일 때, 자기동형사상(automorphism)이라 한다.

주의 문제에서 군준동형인지 환준동형인지 주의해야 합니다.

[정리]
준동형사상 f의 상(image)을 $\mathrm{Im}(f) = \{f(a) \mid a \in R\}$ 으로 정의하며, 상은 S의 부분환이다.
준동형사상 f의 핵(kernel)을 $\ker(f) = \{a \in R \mid f(a) = 0\}$ 으로 정의하며, 핵(kernel)은 R의 아이디얼이다.

증명 $f(a)f(b) = f(ab) \in \mathrm{Im}(f)$, $f(a) - f(b) = f(a-b) \in \mathrm{Im}(f)$ 이므로
상 $\mathrm{Im}(f)$ 는 부분환의 조건을 만족하며, 환R 의 부분환이다.
또한 $a, b \in \ker(f)$ 에 대하여
$f(a-b) = f(a) - f(b) = 0$ 이므로 $a-b \in \ker(f)$
이며, $r \in R$, $a \in \ker(f)$ 에 대하여
$f(ra) = f(r)f(a) = 0$ 이므로 $ra \in \ker(f)$
따라서 $\ker(f)$ 는 R 의 아이디얼(ideal)이다.

예제 1 다항식 환에서 정의된 사상$\phi : \mathbb{Z}[x] \to \mathbb{Z}[\sqrt{2}]$, $\phi(f(x)) = f(\sqrt{2})$는 전사 준동형사상임을 보이고 핵을 구하시오.

풀이
$\phi(g(x)h(x)) = \phi((gh)(x)) = (gh)(\sqrt{2}) = g(\sqrt{2})h(\sqrt{2}) = \phi(g(x))\phi(h(x))$
$\phi(g(x)+h(x)) = \phi((g+h)(x)) = (g+h)(\sqrt{2}) = g(\sqrt{2}) + h(\sqrt{2})$
$= \phi(g(x)) + \phi(h(x))$
이므로 ϕ 는 준동형사상이다. 또한 임의의 $a+b\sqrt{2} \in \mathbb{Z}[\sqrt{2}]$에 대하여 다항식 $a+bx \in \mathbb{Z}[x]$의 상을 구하면 $\phi(a+bx) = a+b\sqrt{2}$ 이므로 ϕ 는 전사함수이다.
ϕ 의 핵을 구하면 $\phi(g(x)) = g(\sqrt{2}) = 0$ 이면 정수계수 다항식의 성질에 의해 $g(-\sqrt{2}) = 0$ 이므로 다항식$g(x)$ 는 $\sqrt{2}$ 와 $-\sqrt{2}$ 를 근으로 갖는다.
따라서 $g(x) = (x^2-2)h(x)$ 로 인수분해 된다.
그러므로 $\ker(\phi) = \{ (x^2-2)h(x) \mid h(x) \in \mathbb{Z}[x] \} = \langle x^2 - 2 \rangle$ 이다.

예제 2 정계수 다항식환 $\mathbb{Z}[x]$의 원$p(x) \in \mathbb{Z}[x]$에 대하여
$$\phi(p(x)) = p(x-1)$$
과 같이 정의된 사상 $\phi : \mathbb{Z}[x] \to \mathbb{Z}[x]$은 동형사상임을 보여라.

증명 임의의 다항식$g(x) \in \mathbb{Z}[x]$에 대하여 $\phi(g(x+1)) = g(x)$ 이므로 ϕ 는 전사이며, $\phi(p(x)) = p(x-1) = 0$ 이면 $p(x)$ 가 0-다항식이므로 $\ker(\phi) = 0$
즉, ϕ 는 전단사이다.
$\phi(g(x)+h(x)) = \phi((g+h)(x)) = (g+h)(x-1) = g(x-1) + h(x-1)$
$= \phi(g(x)) + \phi(h(x))$
$\phi(g(x)h(x)) = \phi((gh)(x)) = (gh)(x-1) = g(x-1)h(x-1)$
$= \phi(g(x))\phi(h(x))$
이므로 ϕ는 동형사상이다.

예제 3 실수집합 $\mathbb{R}$ 에 정의된 두 연산

$x \cdot y = axy + b(x+y) + c$, $x \# y = x + y + b/a$ $(a > 0,\ ac = b^2 - b)$

에 관하여 실수집합은 가환환을 이룬다. 위 연산에 관한 가환환이 보통의 덧셈과 곱셈이 정의된 실수집합이 이루는 가환환과 동형임을 보여라.

증명 함수 $f : \mathbb{R} \to \mathbb{R}$ 을 $f(x) = ax + b$ 로 정의하면

(1) f 는 준동형이다.

$f(x \# y) = f(x + y + b/a) = a(x + y + b/a) + b = (ax + b) + (ay + b)$

이므로 $f(x \# y) = f(x) + f(y)$ 이며,

$$f(x \cdot y) = f(axy + b(x+y) + c) = a(axy + b(x+y) + c) + b$$
$$= (ax+b)(ay+b) = f(x)f(y)$$

이므로 $f(x \cdot y) = f(x)f(y)$

(2) f 는 전단사함수이다.

$a \neq 0$ 이므로 함수 $f(x) = ax + b$ 는 전단사함수이다.

그러므로 f 는 동형사상이다.

2. 동형정리(Isomorphism theorems)

[제1동형정리] $f : R \to S$ 가 준동형이면, $R/\mathrm{Ker}(f) \cong \mathrm{Im}(f)$

증명 $K = \ker(f)$ 라 두고, 사상 $\phi : R/K \to \mathrm{Im}(f)$ 를 $\phi(a+K) = f(a)$, $a \in R$ 라 정의하자.

(1) ϕ 는 잘 정의(Well-defined)됨

$a + K = b + K$, $a, b \in R$ 이라 하자. 그러면, $a - b \in K$ 이며, $f(a-b) = 0$

f 가 준동형사상이므로 $f(a) - f(b) = 0$ 이며, $f(a) = f(b)$ 이다.

따라서 $\phi(a+K) = \phi(b+K)$ 이다.

(2) ϕ 는 준동형사상

임의의 $a+K$, $b+K \in R/K$ 에 대하여

$$\phi((a+K)+(b+K)) = \phi((a+b)+K) = f(a+b) = f(a) + f(b)$$
$$= \phi(a+K) + \phi(b+K)$$

$$\phi((a+K)(b+K)) = \phi(ab+K) = f(ab) = f(a)f(b) = \phi(a+K)\phi(b+K)$$

(3) ϕ 는 전사

임의의 $f(a) \in \mathrm{Im}(f)$, $a \in R$ 에 대하여

$f(a) = \phi(a+K) \in \mathrm{Im}(\phi)$ 이므로 $\mathrm{Im}(\phi) = \mathrm{Im}(f)$ 이다.

(4) ϕ 는 단사

$\phi(a+K) = \phi(b+K)$, $a, b \in R$ 이라 하자.

$f(a) = f(b)$ 이며 $f(a) - f(b) = 0$ 이다.

f 가 준동형사상이므로 $f(a-b) = 0$ 이다.

따라서 $a - b \in K$ 이며, $a + K = b + K$ 이다.

그러므로 $R/\ker(f) \cong \mathrm{Im}(f)$ 이 성립한다.

[제2동형정리] $R \supset S$는 부분환, $R \supset I$는 아이디얼이면
$S/(S \cap I) \cong (S+I)/I$

증명 사상 $f: S \to (S+I)/I$ 를 $f(x) = x+I$ $(x \in S)$라 정의하자.

(1) f는 준동형사상

임의의 $a, b \in S$에 대하여

$f(a+b) = (a+b)+I = (a+I)+(b+I) = f(a)+f(b)$

$f(ab) = ab+I = (a+I)(b+I) = f(a)f(b)$

(2) f는 전사

임의의 $(s+i)+I \in (S+I)/I$, $s \in S$, $i \in I$에 대하여

$(s+i)+I = (s+I)+(i+I) = (s+I)+(0+I) = s+I = f(s) \in \mathrm{Im}(f)$

이므로, $\mathrm{Im}(f) = (S+I)/I$이다.

(3) $\ker(f) = S \cap I$

$\ker(f) = \{a \in S : f(a) = 0+I\} = \{a \in S : a+I = 0+I\}$

$= \{a \in S : a \in I\} = S \cap I$

그러므로 제1동형정리에 의하여, $S/(S \cap I) \cong (S+I)/I$ 이 성립한다.

[제3동형정리] $J \subset I \subset R$, 아이디얼 I, J이면 $(R/J)/(I/J) \cong R/I$

증명 사상 $f: R/J \to R/I$ 를 $f(a+J) = a+I$, $a \in R$ 라 정의하자.

(1) f는 잘 정의(Well-defined)됨

$a+J = b+J$, $a, b \in R$ 이라 하자.

그러면, $a-b \in J$ 이다. $J \subset I$이므로 $a-b \in I$ 이다.

따라서 $a+I = b+I$ 이며, $f(a+J) = f(b+J)$ 이다.

(2) f는 준동형사상

임의의 $a+J, b+J \in R/J$ 에 대하여

$f((a+J)+(b+J)) = f((a+b)+J) = (a+b)+I = (a+I)+(b+I)$

$= f(a+J)+f(b+J)$

$f((a+J)(b+J)) = f(ab+J) = ab+I = (a+I)(b+I) = f(a+J)f(b+J)$

(3) f는 전사

임의의 $a+I \in R/I$, $a \in R$ 에 대하여

$a+I = f(a+J) \in \mathrm{Im}(f)$ 이므로 $\mathrm{Im}(f) = R/I$ 이다.

(4) $\ker(f) = I/J$

$\ker(f) = \{a+J \in R/J \mid f(a+J) = 0+I\}$

$= \{a+J \in R/J \mid a+I = 0+I\}$

$= \{a+J \in R/J \mid a \in I\} = I/J$

그러므로 제1동형정리에 의하여 $(R/J)/(I/J) \cong R/I$ 이 성립한다.

제3동형정리는 다음 대응정리를 보조정리로 사용한다.

[대응정리] I가 환 R의 아이디얼일 때, $\Phi = \{ J \mid I \le J \le R,\ ideal : J \}$ 에서
$\Psi = \{ \overline{H} \mid ideal : \overline{H} \le R/I \}$ 로의 사상

$$\varphi : \Phi \to \Psi,\ \varphi(J) = J/I$$

는 일대일 대응이다. 그리고 다음 성질이 성립한다.
$I \le J \le K \le R$ 이면 $\varphi(J) \le \varphi(K)$

증명 (1) $\varphi(J_1) = \varphi(J_2)$ 이면 $J_1/I = J_2/I$ 이므로

$\bigcup_{\overline{x} \in J_1/I} \overline{x} = \bigcup_{\overline{x} \in J_2/I} \overline{x}$ 이다. $\bigcup_{\overline{x} \in J_1/I} \overline{x} = J_1$ 이며 $\bigcup_{\overline{x} \in J_2/I} \overline{x} = J_2$ 이므로

$J_1 = J_2$ 이다.

따라서 사상 φ 는 단사사상이다.

(2) 잉여환 R/I의 임의의 아이디얼을 X 라 하고, 집합 $\bigcup_{\overline{x} \in X} \overline{x} = H$ 라 놓자.

X 는 아이디얼이므로 $I = \overline{0} \in X$ 이므로 $I \subset H$ 이다.

$a, b \in H$ 일 때, $\overline{a}, \overline{b} \in X$ 이며 X 는 아이디얼이므로

$\overline{a-b} = \overline{a} - \overline{b} \in X$ 이고 $\overline{r} = r + I \in R/I$ 일 때 $\overline{r}\overline{a} \in X$, $\overline{a}\overline{r} \in X$

$a - b \in \overline{a-b} \subset H$ 이고 $ra \in \overline{ra} \subset H$, $ar \in \overline{ar} \subset H$

따라서 H 는 아이디얼이며 $I \subset H$ 이므로 $H \in \Phi$ 이다.

모든 $\overline{a} = a + I \in H/I$ (단, $a \in H$)에 대하여 $\overline{a} \in X$ 이므로

$H/I \subset X$ 이다.

모든 $\overline{a} \in X$ 에 대하여 $a \in \overline{a} \subset H$ 이며 $\overline{a} = a + I \in H/I$ 이므로

$X \subset H/I$ 이다.

따라서 $X = H/I = \varphi(H)$ 이므로 사상 φ 는 전사사상이다.

그러므로 사상 φ 는 일대일 대응이다.

그리고 $I \le J \le K \le R$ 이면 $J/I \subset K/I$ 이므로 $\varphi(J) \le \varphi(K)$

대응정리는 다음과 같이 부분환에 대하여 적용하여도 성립한다.

[대응정리] I가 환 R의 아이디얼일 때, $\Phi = \{ S \mid I \le S \le R,\ 부분환 : S \}$ 에서
$\Psi = \{ \overline{H} \mid 부분환 : \overline{H} \le R/I \}$ 로의 사상

$$\varphi : \Phi \to \Psi,\ \varphi(S) = S/I$$

는 일대일 대응이다.

증명은 앞에 제시한 대응정리에서 아이디얼을 부분환으로 바꾸어 약간 수정하면 된다.

예제 1 아이디얼과 상환에 관한 다음 성질을 보이시오.

(1) $a, b \in \mathbb{Z}$ 일 때, $\langle \gcd(a,b) \rangle / \langle a \rangle \cong \langle b \rangle / \langle \operatorname{lcm}(a,b) \rangle$

(2) $(\langle 1 \rangle / \langle a \rangle) / (\langle \gcd(a,b) \rangle / \langle a \rangle) \cong \langle 1 \rangle / \langle \gcd(a,b) \rangle$

(3) 양의 정수 a, b 에 대하여 $\mathbb{Z}_a / \langle b \rangle \cong \mathbb{Z}_{\gcd(a,b)}$

풀이 (1) $I = \langle a \rangle$, $S = \langle b \rangle$ 라 두면 $I + S = \langle \gcd(a,b) \rangle$ 이며 $I \cap S = \langle \operatorname{lcm}(a,b) \rangle$ 이므로 제2동형정리 $(I+S)/I \cong S/(I \cap S)$ 를 적용하면 $\langle \gcd(a,b) \rangle / \langle a \rangle \cong \langle b \rangle / \langle \operatorname{lcm}(a,b) \rangle$ 이다.

(2) $R = \mathbb{Z} = \langle 1 \rangle$, $I = \langle \gcd(a,b) \rangle$, $J = \langle a \rangle$ 라 두면 제3동형정리 $(R/J)/(I/J) \cong R/I$를 적용하면 $(\langle 1 \rangle / \langle a \rangle) / (\langle \gcd(a,b) \rangle / \langle a \rangle) \cong \langle 1 \rangle / \langle \gcd(a,b) \rangle$ 이다.

(3) 사상 $\phi : \mathbb{Z}/\langle n \rangle \to \mathbb{Z}_n$, $\phi(\bar{x}) = x \pmod n$ 는 환-동형사상이다.

$n = a$ 인 경우: $\phi^{-1}(\langle b \rangle) = \langle \gcd(a,b) \rangle / \langle a \rangle$ 이므로

$(\langle 1 \rangle / \langle a \rangle) / (\langle \gcd(a,b) \rangle / \langle a \rangle) \cong \mathbb{Z}_a / \langle b \rangle$

$n = \gcd(a,b)$ 인 경우: $\mathbb{Z}_{\gcd(a,b)} \cong \langle 1 \rangle / \langle \gcd(a,b) \rangle$ 이다.

위의 (2)로부터

$$(\langle 1 \rangle / \langle a \rangle) / (\langle \gcd(a,b) \rangle / \langle a \rangle) \cong \langle 1 \rangle / \langle \gcd(a,b) \rangle$$

이므로 $\mathbb{Z}_a / \langle b \rangle \cong \mathbb{Z}_{\gcd(a,b)}$ 이 성립한다.

3. 환 준동형사상의 결정

환R, S 사이의 준동형사상 $\phi : R \to S$ 를 결정하는데 있어 다음 조건을 충족해야 한다.

(1) R, S 를 덧셈군으로 볼 때 ϕ는 군 준동형사상이 되어야 한다.

(2) 환R 이 단위원1 을 갖는 경우

$$\phi(1) = \phi(1 \cdot 1) = \phi(1) \cdot \phi(1) = \{\phi(1)\}^2$$

이 성립해야 하므로 $\phi(1)$ 은 환S 의 멱등원(idempotent)에 대응되어야 한다.

(3) 환S 가 정역이고 환R 이 단위원1 을 갖고 유리수환을 부분환으로 포함하면 R 을 정의역으로 하는 환 준동형사상 ϕ에 대하여

$\phi(1) = \phi(1 \cdot 1) = \phi(1) \cdot \phi(1)$ 이므로

$\phi(1) = 0$ 또는 1 이다.

$\phi(1) = 0$ 이면 $\phi(r) = \phi(r \cdot 1) = \phi(r) \cdot \phi(1) = 0$ 이므로 ϕ 는 영사상이다.

$\phi(1) = 1$ 이면 1 의 음원-1 에 대하여 $0 = \phi(1 + (-1)) = 1 + \phi(-1)$ 로부터 $\phi(-1) = -1$ 이다.

임의의 정수 n 에 대하여 n 이 양수이면

$\phi(n) = \phi(1 + 1 + \cdots + 1) = \phi(1) + \phi(1) + \cdots + \phi(1) = 1 + 1 + \cdots + 1 = n$,

n 이 음수이면

$\phi(n) = \phi((-1) \cdot (-n)) = \phi(-1) \cdot \phi(-n) = (-1) \cdot (-n) = n$

이므로 항상 $\phi(n) = n$ 이다. 또한 0 아닌 정수n 에 대하여

$1 = \phi(1) = \phi(n \cdot (1/n)) = \phi(n) \cdot \phi(1/n) = n\,\phi(1/n)$

이므로 $\phi(1/n) = 1/n$ 이며, 유리수 n/m 에 대하여

$\phi(n/m)=\phi(n\cdot(1/m))=\phi(n)\cdot\phi(1/m)=n/m$

임을 알 수 있다.

정리하면 ϕ가 환 준동형사상이면 영사상이거나 $\phi(1)=1$ 이며, 후자의 경우 임의의 유리수r 에 대하여 $\phi(r)=r$ 이다.

이 특징은 군 준동형사상과 뚜렷이 구별되는 성질이다.
예를 들어 $\mathbb{Z}\to 2\mathbb{Z}$ 인 경우 군의 입장에서 준동형사상은 무수히 많지만 환의 입장에서 1이 대응할 수 있는 곳이 0 뿐이므로 영사상만이 유일한 준동형사상이다.
제곱수가 아닌 정수 m 에 대하여
$\phi(\sqrt{m})\phi(\sqrt{m}) = \phi(\sqrt{m}\sqrt{m}) = \phi(m) = m$
이므로 $\phi(\sqrt{m}) = \pm\sqrt{m}$ 이 되어야 한다. 이 점도 군과 구별되는 성질이다.

예제 1 다음 중 사상들의 환 준동형사상 여부를 가려라.
㉠ $f:\mathbb{Z}\to\mathbb{Z},\ f(x)=-x$
㉡ $f:\mathbb{Z}\to\mathbb{Z}_7,\ f(n)=\overline{n}$
㉢ $f:\mathbb{Z}[\sqrt{2}]\to\mathbb{Z}[\sqrt{3}],\ f(a+b\sqrt{2})=a+b\sqrt{3}$ (단, $a,b\in\mathbb{Z}$)
㉣ $f:\mathbb{Q}(\sqrt{2})\to\mathbb{Q}(\sqrt{2}),\ f(a+b\sqrt{2})=a-b\sqrt{2}$ (단, $a,b\in\mathbb{Q}$)

풀이 ㉠ $f(1)=-1$ 이며 $f(1)=f(1^2)=f(1)^2=(-1)^2=1$. 모순
환 준동형사상이 아니다.

㉡ $f(a+b)=\overline{a+b}=\overline{a}+\overline{b}=f(a)+f(b)$, $f(ab)=\overline{ab}=\overline{a}\,\overline{b}=f(a)f(b)$
환 준동형사상이다.

㉢ $f(2)=2$ 이며 $f(2)=f(\sqrt{2}^2)=f(\sqrt{2})^2=(\sqrt{3})^2=3$. 모순
환 준동형사상이 아니다.

㉣
$$\begin{aligned} f(a+b\sqrt{2})+f(c+d\sqrt{2}) &= (a-b\sqrt{2})+(c-d\sqrt{2}) = (a+c)-(b+d)\sqrt{2} \\ &= f((a+c)+(b+d)\sqrt{2}) \\ &= f((a+b\sqrt{2})+(c+d\sqrt{2})) \end{aligned}$$
$$\begin{aligned} f(a+b\sqrt{2})f(c+d\sqrt{2}) &= (a-b\sqrt{2})(c-d\sqrt{2}) \\ &= (ac+2bd)-(ad+bc)\sqrt{2} \\ &= f((ac+2bd)+(ad+bc)\sqrt{2}) \\ &= f((a+b\sqrt{2})(c+d\sqrt{2})) \end{aligned}$$
따라서 f 는 환 준동형사상이다.

예제 2 환 준동형사상 $f:\ \mathbb{Z}_8\oplus\mathbb{Z}\to\mathbb{Z}_{100}\oplus\mathbb{Z}$ 는 모두 몇 개인가?

풀이 $\mathbb{Z}_{100}\oplus\mathbb{Z}\cong\mathbb{Z}_4\oplus\mathbb{Z}_{25}\oplus\mathbb{Z}$ 이므로 환 준동형사상
$g:\mathbb{Z}_8\oplus\mathbb{Z}\to\mathbb{Z}_4\oplus\mathbb{Z}_{25}\oplus\mathbb{Z}$ 의 개수와 주어진 문제의 미지는 같다.
함수식을 $g(x,y)=(g_1(x,y),\ g_2(x,y),\ g_3(x,y))$ 라 두면
$k=1,2,3$ 일 때, 각각의 $g_k(1,0)$, $g_k(0,1)$ 는 방정식 $x^2=x$ 을 만족하며
각각의 환 $\mathbb{Z}_4$, $\mathbb{Z}_{25}$, $\mathbb{Z}$ 에서 공통적으로 방정식 $x^2=x$ 의 해는 $x=0,1$ 이다.

또한 $g_k(1,0) \cdot g_k(0,1) = g_k(0,0) = 0$ 을 만족해야 하므로

$g_k(1,0)$, $g_k(0,1)$ 가 동시에 1일 수 없다.

그리고 덧셈에 관한 위수로 인해 $g_2(1,0) \neq 1$, $g_3(1,0) \neq 1$

따라서 $g_1(x,y) = 0, x, y$, $g_2(x,y) = 0, y$, $g_3(x,y) = 0, y$ 이므로

$g(x,y) = (0,0,0), (0,0,y), (0,y,0), (0,y,y), (x,0,0), (x,0,y)$
$, (x,y,0), (x,y,y), (y,0,0), (y,0,y), (y,y,0), (y,y,y)$

모두 12개의 환 준동형사상이 있다.

03

예제 3 체 F 위의 $n \times n$ 행렬들의 환 $M_n(F)$ 의 한 행렬 A 에 관하여 $M_n(F)$ 의 부분집합 R 을 다음과 같이 정의하자.

$$R = \{ a_1 I + a_2 A + \cdots + a_n A^{n-1} \mid a_i \in F \} \text{ (단, } I\text{는 단위행렬)}$$

행렬 A 의 최소다항식을 $f(x)$ 라 하자.
$f(x)$ 가 기약다항식이면 R 는 체(Field)임을 보이시오.

풀이 사상 $\phi : F[x] \to M_n(F)$, $\phi(p(x)) = p(A)$ 라 정의하자.

임의의 $p(x), q(x) \in F[x]$ 에 대하여

$\phi(p(x)+q(x)) = p(A)+q(A) = \phi(p(x))+\phi(q(x))$

$\phi(p(x)q(x)) = p(A)q(A) = \phi(p(x))\phi(q(x))$

이므로 ϕ 는 준동형사상이다.

임의의 $p(x) \in F[x]$일 때,

A 의 고유다항식을 $g(x)$ 라 놓으면 케일리 정리에 따라 $g(A) = O$

$p(x) = g(x)q(x) + r(x)$ (단, $\deg(r(x)) < \deg(g(x)) = n$)라 쓸 수 있으며

$\phi(p(x)) = p(A) = g(A)q(A) + r(A) = r(A) \in R$ 이므로

$\mathrm{Im}(\phi) \subset R$ 이다.

R 의 임의의 원소 $a_1 I + a_2 A + \cdots + a_n A^{n-1}$ 에 대하여

$a_1 I + a_2 A + \cdots + a_n A^{n-1} = \phi(a_1 + a_2 x + \cdots + a_n x^{n-1})$

이므로 $\mathrm{Im}(\phi) \supset R$

따라서 $\mathrm{Im}(\phi) = R$

A 의 최소다항식 $f(x)$ 는 $f(A) = O$ 이며 $f(x) \in \ker(\phi)$ 이므로

$\langle f(x) \rangle \subset \ker(\phi)$

임의의 $p(x) \in \ker(\phi)$ 즉, $\phi(p(x)) = p(A) = O$ 이라 하자.

$p(x) = f(x)q(x) + r(x)$ (단, $\deg(r(x)) < \deg(f(x))$)라 쓸 수 있다.

$O = p(A) = f(A)q(A) + r(A) = r(A)$ 이며

$f(x)$ 는 A 의 최소다항식이므로 $r(x) = 0$ 이며

$p(x) = f(x)q(x) \in \langle f(x) \rangle$. $\ker(\phi) \subset \langle f(x) \rangle$

따라서 $\ker(\phi) = \langle f(x) \rangle$ 이다.

제1동형정리를 적용하면 $R = \mathrm{Im}(\phi) \cong F[x]/\ker(\phi) = F[x]/\langle f(x) \rangle$ 이다.

$f(x)$는 기약다항식이므로 $\langle f(x) \rangle$는 극대 아이디얼이며 $F[x]/\langle f(x) \rangle$는 체이다.

그러므로 R 은 체이다.

위의 예제는 행렬들의 비가환환 $M_n(F)$ 일지라도 $M_n(F)$ 의 부분환 중에서는 체가 되는 부분환이 있다는 것을 보여준다.

그런데 행렬 A 의 최소다항식이 기약다항식이 되어야 하는 조건을 필요로 한다. 행렬의 최소다항식을 구하는 것은 불편할 수 있으므로 행렬의 고유(특성)다항식을 이용할 수 있는지 살펴보자.

예제 4 체 F 위의 $n \times n$ 행렬 A 의 고유(특성)다항식 $f(x)$ 가 $F[x]$ 에서 기약다항식이면 $f(x)$ 는 A 의 최소다항식임을 보이시오.

풀이 A 의 최소다항식을 $m(x)$ 라 놓으면 $m(x) \mid f(x)$ 이며 $m(x)$ 는 상수가 아니다.
$f(x)$ 가 기약다항식이며 $f(x)$ 와 $m(x)$ 는 모닉이므로 $f(x) = m(x)$
따라서 $f(x)$ 는 A 의 최소다항식이다.

행렬 A 의 고유(특성)다항식이 $F[x]$ 에서 기약다항식이면 A 의 최소다항식이 곧 고유(특성)다항식과 같고 행렬 A 의 최소다항식이 기약다항식이 된다.
따라서 행렬 A 의 고유(특성)다항식이 $F[x]$ 에서 기약다항식이면 **예제 3** 에서 정의한 환 $R = \{ a_1 I + a_2 A + \cdots + a_n A^{n-1} \mid a_i \in F \}$ 은 체가 된다.
선형대수학의 정리에 따르면 행렬 A 가 어떤 다항식 $f(x) \in F[x]$ 의 동반행렬(companion matrix)이면 행렬 A 의 고유다항식과 최소다항식이 모두 $f(x)$ 가 됩니다. 이 경우도 행렬 A 의 고유다항식이 기약다항식이면 위의 환 R 은 체가 됩니다.

예제 5 체 F 위의 $n \times n$ 행렬 A 의 최소다항식 $f(x)$ 가 기약다항식이 아니면 환 $R = \{ a_1 I + a_2 A + \cdots + a_n A^{n-1} \mid a_i \in F \}$ 는 정역이 아님을 보이시오. (단, I 는 단위행렬)

풀이 환-준동형사상 $\phi : F[x] \to M_n(F)$, $\phi(p(x)) = p(A)$ 에 관하여
단위원을 갖는 가환환 $F[x]$ 의 상 $\phi(F[x]) = R$ 이므로 환 R 은 단위원을 갖는 가환환이다.
$f(x)$ 가 기약다항식이 아니면 $f(x) = f_1(x) f_2(x)$ 라 쓸 수 있으며
(단, $\deg(f_i(x)) < \deg(f(x))$)
$f(x)$ 는 A 의 최소다항식이므로 $f_i(A) \neq O$ 이다.
$O = f(A) = f_1(A) f_2(A)$ 이므로 $f_i(A)$ 는 영인자이다.
따라서 R 는 정역이 아니다.

행렬 A 의 고유(특성)다항식이 $F[x]$에서 기약다항식이 아니더라도 A 의 최소다항식은 기약다항식이 될 수 있고 위 예제의 환 R 은 체가 될 수 있다.
행렬 A 가 어떤 다항식 $f(x)$ 의 동반행렬인 경우에는 최소다항식이 곧 고유다항식이 되므로 행렬 A 의 고유다항식이 기약다항식이 아니면 위 예제의 환 R 은 정역이 아닌 단위원을 갖는 가환환이 된다.

예제 6 체 $\mathbb{Z}_3$ 위의 2×2 행렬들의 환 $M_2(\mathbb{Z}_3)$ 의 부분집합

$$S=\left\{\begin{pmatrix} x & y \\ y & x+2y \end{pmatrix} \middle| \, x, y \in \mathbb{Z}_3 \right\}$$

는 체(Field)임을 보이시오.

풀이 $S=\left\{ x\begin{pmatrix} 1 & 0 \\ 0 & 1 \end{pmatrix}+y\begin{pmatrix} 0 & 1 \\ 1 & 2 \end{pmatrix} \middle| \, x, y \in \mathbb{Z}_3 \right\}$ 이므로 $A=\begin{pmatrix} 0 & 1 \\ 1 & 2 \end{pmatrix}$ 라 놓으면

$S=\{ xI+yA \mid x, y \in \mathbb{Z}_3 \}$ 이다.

$A=\begin{pmatrix} 0 & 1 \\ 1 & 2 \end{pmatrix}$ 는 다항식 $x^2-2x-1 \in \mathbb{Z}_3[x]$ 의 동반행렬이므로

다항식 x^2-2x-1 는 A 의 고유다항식이며 동시에 최소다항식이다.

2차 다항식 x^2-2x-1 는 체 $\mathbb{Z}_3$ 에서 근을 갖지 않으므로 다항식환 $\mathbb{Z}_3[x]$ 에서

x^2-2x-1 는 기약다항식이다.

따라서 S 는 체이다.

위 예제의 체 S 는 위수가 9 이므로 확대체 이론에서 배우게 될 갈루아 체 $GF(3^2)$ 이 된다.

예제 7 환 R 의 아이디얼 I 와 환-준동형사상 $\phi: R \to S$ 일 때,
$\phi^{-1}(\phi(I)) = I+\ker(\phi)$ 를 보이시오.

풀이 임의의 원소 $x \in \phi^{-1}(\phi(I))$ 일 때,

$\phi(x) \in \phi(I)$ 이므로 $\phi(x)=\phi(i)$ 인 원소 $i \in I$ 가 존재한다.

$\phi(x)-\phi(i)=\phi(x-i)=0$ 이므로 $x-i \in \ker(\phi)$ 이며

$x-i=k \in \ker(\phi)$ 인 원소 k 가 존재한다.

따라서 $x=i+k \in I+\ker(\phi)$ 이며 $\phi^{-1}(\phi(I)) \subset I+\ker(\phi)$ 이다.

역으로 임의의 원소 $x=i+k \in I+\ker(\phi)$ (단, $i \in I$, $k \in \ker(\phi)$)

에 대하여 $\phi(x)=\phi(i)+\phi(k)=\phi(i) \in \phi(I)$ 이므로 $x \in \phi^{-1}(\phi(I))$

즉, $\phi^{-1}(\phi(I)) \supset I+\ker(\phi)$

따라서 $\phi^{-1}(\phi(I)) = I+\ker(\phi)$ 이다.

예제 8 홀수 소수 p 와 정수 a (단, $0 \le a < p$)일 때, 사상
$\phi: \mathbb{Z}[x] \to \mathbb{Z}_p[x]$, $\phi(a_0+a_1x+\cdots+a_kx^k)=[a_0]_p+[a_1]_px+\cdots+[a_k]_px^k$
이라 정의할 때, (단, $[a]_p$ 는 a 를 p 로 나눈 나머지)
ϕ 는 전사 환-준동형사상임을 보이고, $\mathbb{Z}_p[x]$ 의 아이디얼 $\langle x^2-a \rangle$ 의 역상
$\phi^{-1}(\langle x^2-a \rangle)$ 를 구하시오.
그리고 환-동형 $\mathbb{Z}[x]/\langle p, x^2-a \rangle \cong \mathbb{Z}_p[x]/\langle x^2-a \rangle$ 임을 보이시오.

풀이 다항식 $f(x)=a_0+a_1x+\cdots+a_kx^k$ 에 대하여

$[f(x)]=[a_0]_p+[a_1]_px+\cdots+[a_k]_px^k$ 로 나타내기로 하자.

임의의 두 원소 $f(x), g(x) \in \mathbb{Z}[x]$ 를

$$f(x)=a_0+a_1x+\cdots+a_kx^k, \quad g(x)=b_0+b_1x+\cdots+b_kx^k$$

이라 하자.

$f(x)$ 와 $g(x)$ 의 계수들에 대하여 $[a_i+b_i]_p = [a_i]_p + [b_i]_p$ 이므로

$\phi(f(x)+g(x)) = [f(x)+g(x)] = [f(x)]+[g(x)] = \phi(f(x))+\phi(g(x))$

또한 $[a_0b_j+\cdots+a_jb_0]_p = [a_0]_p[b_j]_p+\cdots+[a_j]_p[b_0]_p$ 이므로

$\phi(f(x)g(x)) = [f(x)g(x)] = [f(x)][g(x)] = \phi(f(x))\phi(g(x))$

가 성립한다.

따라서 ϕ 는 준동형사상이다.

임의의 $f(x)\in\mathbb{Z}_p[x]$ 에 대하여 $f(x)$ 의 계수를 정수로 간주하면

$\phi(f(x)) = f(x)$ 이므로 ϕ 는 전사 준동형사상이다.

$\phi(x^2-a) = x^2-a$ 이므로 $\phi(\langle x^2-a\rangle) = \langle x^2-a\rangle$

$\phi^{-1}(\langle x^2-a\rangle) = \phi^{-1}(\phi(\langle x^2-a\rangle)) = \langle x^2-a\rangle + \ker(\phi)$

이며 $\ker(\phi) = \{ f(x) \mid \phi(f(x)) = 0 \} = \{ f(x) \mid [f(x)] = 0 \}$

$= \{ f(x) \mid f(x) = pg(x) \} = \{ pg(x) \mid g(x)\in\mathbb{Z}[x] \} = \langle p\rangle$

이므로 $\phi^{-1}(\langle x^2-a\rangle) = \langle x^2-a\rangle + \langle p\rangle = \langle p, x^2-a\rangle$ 이다.

따라서 $\mathbb{Z}[x]/\langle p, x^2-a\rangle \cong \mathbb{Z}[x]/\phi^{-1}(\langle x^2-a\rangle) \cong \mathbb{Z}_p[x]/\langle x^2-a\rangle$ 이 성립한다.

> **예제 9** 홀수 소수 p 와 제곱이 아닌 정수 a 일 때, 사상
>
> $$\psi : \mathbb{Z}[x] \to \mathbb{Z}[\sqrt{a}\,],\ \psi(f(x)) = f(\sqrt{a})$$
>
> 이라 정의할 때, ψ 는 전사 환-준동형사상임을 보이고, $\mathbb{Z}[\sqrt{a}\,]$ 의 아이디얼 $\langle p\rangle$ 의 역상 $\psi^{-1}(\langle p\rangle)$ 를 구하시오.
>
> 그리고 환-동형 $\mathbb{Z}[x]/\langle p, x^2-a\rangle \cong \mathbb{Z}[\sqrt{a}\,]/\langle p\rangle$ 임을 보이시오.

풀이 임의의 두 원소 $f(x), g(x)\in\mathbb{Z}[x]$ 에 대하여

$\psi(f(x)+g(x)) = (f+g)(\sqrt{a}) = f(\sqrt{a})+g(\sqrt{a}) = \psi(f(x))+\psi(g(x))$

$\psi(f(x)g(x)) = (fg)(\sqrt{a}) = f(\sqrt{a})g(\sqrt{a}) = \psi(f(x))\psi(g(x))$

가 성립하므로 ψ 는 준동형사상이다.

$\mathbb{Z}[\sqrt{a}\,]$ 의 임의의 원소는 $r+s\sqrt{a}$ 로 나타낼 수 있고

$\psi(r+sx) = r+s\sqrt{a}$ 이므로 ψ 는 전사 준동형사상이다.

$\psi(p) = p$ 이므로 $\psi(\langle p\rangle) = \langle p\rangle$,

$\psi^{-1}(\langle p\rangle) = \psi^{-1}(\psi(\langle p\rangle)) = \langle p\rangle + \ker(\psi)$

이며 $\ker(\psi) = \{ f(x) \mid \psi(f(x)) = 0 \} = \{ f(x) \mid f(\sqrt{a}) = 0 \}$,

$f(\sqrt{a}) = 0$ 이면 $f(x)$ 는 x^2-a 로 나누어 나머지는 0이므로

$\ker(\psi) = \{ (x^2-a)g(x) \mid g(x)\in\mathbb{Z}[x] \} = \langle x^2-a\rangle$

$\psi^{-1}(\langle p\rangle) = \langle p\rangle + \ker(\psi) = \langle p\rangle + \langle x^2-a\rangle = \langle p, x^2-a\rangle$

따라서 $\mathbb{Z}[x]/\langle p, x^2-a\rangle \cong \mathbb{Z}[x]/\psi^{-1}(\langle p\rangle) \cong \mathbb{Z}[\sqrt{a}\,]/\langle p\rangle$ 가 성립한다.

예제 10 홀수 소수 p 와 정수 a 에 대하여 르장드르 기호 $\left(\frac{a}{p}\right)=-1$ 이면 정역$\mathbb{Z}[\sqrt{a}]$ 에서 $\langle p \rangle$ 는 극대 아이디얼 임을 보이시오.

풀이 $\left(\frac{a}{p}\right)=-1$ 이면 $\mathbb{Z}_p$ 에서 x^2-a 는 해를 갖지 않는다.
2차 다항식 x^2-a 가 해를 갖지 않으므로 $\mathbb{Z}_p[x]$ 에서 x^2-a 는 기약다항식이다.
다항식환 $\mathbb{Z}_p[x]$ 는 PID이므로 $\langle x^2-a \rangle$ 는 극대 아이디얼이다.
잉여환 $\mathbb{Z}_p[x]/\langle x^2-a \rangle$ 는 체이다.
잉여환 $\mathbb{Z}_p[x]/\langle x^2-a \rangle$ 와 $\mathbb{Z}[x]/\langle p, x^2-a \rangle$ 는 환-동형이다.
잉여환 $\mathbb{Z}[x]/\langle p, x^2-a \rangle$ 는 $\mathbb{Z}[\sqrt{a}]/\langle p \rangle$ 와 환-동형이다.
따라서 $\mathbb{Z}[\sqrt{a}]/\langle p \rangle$ 는 체이다.
그러므로 $\mathbb{Z}[\sqrt{a}]$ 에서 $\langle p \rangle$ 는 극대 아이디얼이다.

위의 예제는 역 명제도 참이다.
정역$\mathbb{Z}[\sqrt{a}]$ 에서 $\langle p \rangle$ 는 극대 아이디얼이므로 p 는 $\mathbb{Z}[\sqrt{a}]$ 의 기약원이다.
$a=-1$ 일 때, 정역 $\mathbb{Z}[i]$ 의 성질을 예제로 살펴보자.

예제 11 잉여환 $\mathbb{Z}[i]/\langle 2 \rangle$ 와 $\mathbb{Z}_2\times\mathbb{Z}_2$ 는 환-동형이 아님을 보이시오.

풀이 잉여환 $\mathbb{Z}[i]/\langle 2 \rangle=\{\overline{0}, \overline{1}, \overline{i}, \overline{1+i}\}$ 이다.
$(\overline{1+i})^2=\overline{2i}=\overline{0}$ 이므로 $\overline{1+i}$ 는 영인자이며, $\overline{i}^{\,2}=\overline{1}$ 이므로 $\overline{i}$ 는 가역원이다.
따라서 잉여환 $\mathbb{Z}[i]/\langle 2 \rangle$ 는 가역원을 2 개 갖는다.
$\mathbb{Z}_2\times\mathbb{Z}_2$ 에서 $(1,0)\cdot(0,1)=(0,0)$ 이므로 $(1,0), (0,1)$ 는 영인자이다.
직적환$\mathbb{Z}_2\times\mathbb{Z}_2$ 의 가역원은 $(1,1)$ 하나뿐이다.
그러므로 $\mathbb{Z}[i]/\langle 2 \rangle$ 와 $\mathbb{Z}_2\times\mathbb{Z}_2$ 는 환-동형이 아니다.

예제 12 두 정수a, b 에 관하여 $p=a^2+b^2$ 로 쓸 수 있는 홀수 소수 p 일 때, 환-동형 $\mathbb{Z}[i]/\langle p \rangle \cong \mathbb{Z}_p\times\mathbb{Z}_p$ 이 성립함을 보이시오.

풀이 $p=a^2+b^2=(a+bi)(a-bi)$ 로 쓸 수 있다.
a 또는 b 는 2 이상의 정수이므로 $a+bi$, $a-bi$ 는 $\mathbb{Z}[i]$ 에서 동반원이 아닌 두 기약원이다.
$a+bi$, $a-bi$ 는 서로소이므로 $\langle a+bi \rangle+\langle a-bi \rangle=\mathbb{Z}[i]$

$$\begin{aligned}\langle a+bi \rangle\cap\langle a-bi \rangle &= \langle a+bi \rangle\langle a-bi \rangle=\langle (a+bi)(a-bi) \rangle \\ &= \langle a^2+b^2 \rangle=\langle p \rangle\end{aligned}$$

중국 나머지 정리에 따라

$$\mathbb{Z}[i]/\langle p \rangle \cong (\mathbb{Z}[i]/\langle a+bi \rangle)\times(\mathbb{Z}[i]/\langle a-bi \rangle)$$

잉여환 $\mathbb{Z}[i]/\langle a+bi \rangle$ 와 $\mathbb{Z}[i]/\langle a-bi \rangle$ 는 위수 $a^2+b^2=p$ 를 갖는 단위원을 갖는 가환환이므로 $\mathbb{Z}[i]/\langle a+bi \rangle \cong \mathbb{Z}_p$ 이며 $\mathbb{Z}[i]/\langle a-bi \rangle \cong \mathbb{Z}_p$
따라서 $(\mathbb{Z}[i]/\langle a+bi \rangle)\times(\mathbb{Z}[i]/\langle a-bi \rangle) \cong \mathbb{Z}_p\times\mathbb{Z}_p$ 이다.
그러므로 $\mathbb{Z}[i]/\langle p \rangle \cong \mathbb{Z}_p\times\mathbb{Z}_p$ 이다.

정수론에 다음과 같은 성질이 있다.
두 정수 a, b 에 관하여 $p = a^2 + b^2$ 로 쓸 수 있는 홀수 소수 p 일 필요충분조건은 $p = 4k+1$ 로 쓸 수 있는 소수 p 인 것이다.
따라서 소수 $p = 4k+1$ 이면 $\mathbb{Z}[i]/\langle p \rangle \cong \mathbb{Z}_p \times \mathbb{Z}_p$ 이다.
소수 $p = 4k+3$ 이면 p 는 $\mathbb{Z}[i]$ 의 기약원이다.
$\mathbb{Z}[i]$ 는 PID이므로 $\langle p \rangle$ 는 극대 아이디얼이며 $\mathbb{Z}[i]/\langle p \rangle$ 는 체가 된다.
$\mathbb{Z}[i]/\langle p \rangle$ 는 위수 p^2 이므로 위수 p^2 인 유한체가 된다.
따라서 소수 $p = 4k+3$ 이면 $\mathbb{Z}[i]/\langle p \rangle \cong GF(p^2)$ 이다.

예제 13 두 정수 a, b 에 관하여 $\gcd(a,b) = 1$ 일 때, $a^2 + b^2 = n$ 이라 하면 환-동형 $\mathbb{Z}[i]/\langle a+bi \rangle \cong \mathbb{Z}_n$ 이 성립함을 보이시오.

풀이 $\gcd(a,b) = 1$ 이므로 잉여환 $\mathbb{Z}[i]/\langle a+bi \rangle$ 는 위수와 표수가 모두 $a^2 + b^2 = n$ 이 되는 단위원을 갖는 가환환이다.
위수와 표수가 n 인 단위원을 갖는 가환환을 R 이라 하면 단위원 1_R 에 관해

$$R = \{0, 1_R, 2 \cdot 1_R, \cdots, (n-1) \cdot 1_R\}$$ 로 나타낼 수 있다.

함수 $f : \mathbb{Z}_n \to R$, $f(k) = k \cdot 1_R$ 라 정의하면 f 는 일대일 대응이다.

$$f(x+y) = (x+y) \cdot 1_R = (x \cdot 1_R) + (y \cdot 1_R) = f(x) + f(y)$$

$$f(xy) = (xy) \cdot 1_R = (x \cdot 1_R)(y \cdot 1_R) = f(x)f(y)$$

이므로 f 는 환-동형사상이며 $\mathbb{Z}_n \cong R$ 이다.
따라서 $\mathbb{Z}[i]/\langle a+bi \rangle \cong \mathbb{Z}_n$ 이다.

예제 14 소수 p 에 관하여 $\mathbb{Z}[1/p]$ 는 PID이다.
$\gcd(p, m) = 1$일 때, 잉여환 $\mathbb{Z}[1/p]/\langle m \rangle$ 는 환-동형 $\mathbb{Z}[1/p]/\langle m \rangle \cong \mathbb{Z}_m$ 임을 보이시오.

풀이 사상 $f : \mathbb{Z}[1/p] \to \mathbb{Z}_m$, $f(ap^n) = [a]_m \cdot [p]_m^n$ 이라 정의하자.
(단, $[x]_m \equiv x \pmod m$, n 은 정수)
두 원소 $ap^n, bp^k \in \mathbb{Z}[1/p]$, 정수 $n \ge k$ 일 때,

$ap^n = bp^k$ 이면 $ap^{n-k} = b$ 이며

$$[a]_m [p]_m^{n-k} = [ap^{n-k}]_m = [b]_m$$

$[a]_m [p]_m^n = [b]_m [p]_m^k$ 이므로 $f(ap^n) = f(bp^k)$

$$\begin{aligned} f(ap^n + bp^k) &= f((ap^{n-k} + b)p^k) = [ap^{n-k} + b]_m [p]_m^k \\ &= ([a]_m [p]_m^{n-k} + [b]_m)[p]_m^k \\ &= [a]_m [p]_m^n + [b]_m [p]_m^k = f(ap^n) + f(bp^k) \end{aligned}$$

$$\begin{aligned} f(ap^n \times bp^k) &= f(abp^{n+k}) = [ab]_m [p]_m^{n+k} = [a]_m [b]_m [p]_m^n [p]_m^k \\ &= [a]_m [p]_m^n \cdot [b]_m [p]_m^k = f(ap^n) \cdot f(bp^k) \end{aligned}$$

따라서 f 는 잘 정의된 환-준동형사상이다.

$0 \le a < m$ 일 때, $f(a) = f(a \cdot p^0) = [a]_m [p]_m^0 = a$ 이므로
$\text{Im}(f) = \mathbb{Z}_m$ 이다.

$$\ker(f) = \{ ap^n \mid f(ap^n) = 0 \} = \{ ap^n \mid [a]_m [p]_m^n = 0 \}$$
$$= \{ ap^n \mid [a]_m = 0 \} = \{ ap^n \mid a = mq,\ q \in \mathbb{Z} \}$$
$$= \{ mqp^n \mid q \in \mathbb{Z} \} = \langle m \rangle$$

제1동형정리를 적용하면

$$\mathbb{Z}[1/p]/\langle m \rangle = \mathbb{Z}[1/p]/\ker(f) \cong \text{Im}(f) = \mathbb{Z}_m$$

그러므로 $\mathbb{Z}[1/p]/\langle m \rangle \cong \mathbb{Z}_m$ 이다.

03

예제 15 R 은 PIR이며 $f: R \to S$ 는 전사 환-준동형사상이면 S 는 PIR 임을 보이시오.

풀이 S 의 임의의 아이디얼을 I 라 하자.
f 는 전사 준동형사상이므로 $f^{-1}(I)$ 는 R 의 아이디얼이다.
R 은 PIR이므로 $f^{-1}(I) = \langle r \rangle$ 인 원소 r 이 있다.
$r \in f^{-1}(I)$ 이므로 $f(r) \in I$ 이며 $\langle f(r) \rangle \subset I$
임의의 원소 $a \in I$ 일 때, f 는 전사이므로 $f(x) = a$ 인 x 가 있다.
$f(x) \in I$ 이므로 $x \in f^{-1}(I)$ 이며 $x \in \langle r \rangle$
$x \in \langle r \rangle$ 이며 f 는 환-준동형사상이므로 $f(x) \in \langle f(r) \rangle$
$f(x) = a \in \langle f(r) \rangle$ 이며 $I \subset \langle f(r) \rangle$
따라서 $I = \langle f(r) \rangle$ 이며 S 는 PIR이다.

예제 16 전사 환-준동형사상 $\sigma: R \to S$ 일 때, M 이 S 의 극대 아이디얼이면 $\sigma^{-1}(M)$ 는 R 의 극대 아이디얼임을 보이시오

증명 $\sigma^{-1}(M) \subset I$, I 는 R 의 아이디얼일 때,
$M = \sigma(\sigma^{-1}(M)) \subset \sigma(I)$ 이고 $\sigma(I)$ 는 S 의 아이디얼이다.
M 이 극대 아이디얼이므로 $\sigma(I) = M$ 또는 $\sigma(I) = S$
$\sigma(I) = M$ 인 경우, $I \subset \sigma^{-1}(\sigma(I)) = \sigma^{-1}(M)$ 이므로 $I = \sigma^{-1}(M)$
$\sigma(I) = S$ 인 경우, $I + \ker(\sigma) = \sigma^{-1}(\sigma(I)) = \sigma^{-1}(S) = R$
$\ker(\sigma) \subset \sigma^{-1}(M) \subset I$ 이므로 $I = I + \ker(\sigma) = R$ 이다.
따라서 $\sigma^{-1}(M)$ 는 R 의 극대 아이디얼이다.

예제 17 직적환 $R_1 \times R_2$ 와 환 S 일 때,
사상 $f: R_1 \times R_2 \to S$ 가 환-준동형사상이 될 필요충분조건은
$f(x, y) = f_1(x) + f_2(y)$, $f_1(x) f_2(y) = 0$, $f_2(y) f_1(x) = 0$
인 환-준동형사상 $f_k: R_k \to S$ 가 존재하는 것임을 보이시오.

풀이 $(\rightarrow)$ 사상 f 는 원소 $(x, y) \in R_1 \times R_2$ 에 관하여 $f(x, y)$ 라 쓸 수 있고,
$f_1(x) = f(x, 0)$, $f_2(y) = f(0, y)$ 라 놓자.
f 는 환-준동형사상이므로

$$f_1(a+b) = f(a+b, 0) = f(a, 0) + f(b, 0) = f_1(a) + f_1(b) ,$$

$$f_1(ab) = f(ab, 0) = f(a, 0)f(b, 0) = f_1(a)f_1(b),$$
$$f_2(a+b) = f(0, a+b) = f(0, a) + f(0, b) = f_2(a) + f_2(b),$$
$$f_2(ab) = f(0, ab) = f(0, a)f(0, b) = f_2(a)f_2(b)$$

가 성립하므로 f_1, f_2 는 환-준동형사상이다. 또한 다음 조건이 성립한다.

$$f(x, y) = f((x, 0) + (0, y)) = f(x, 0) + f(0, y) = f_1(x) + f_2(y),$$
$$f_1(x)f_2(y) = f(x, 0)f(0, y) = f((x, 0)(0, y)) = f(0,0) = 0,$$
$$f_2(y)f_1(x) = f(0, y)f(x, 0) = f((0, y)(x, 0)) = f(0,0) = 0$$

(←) 역 명제를 증명하자. 조건을 만족하는 f_1, f_2 에 관하여
$f(x, y) = f_1(x) + f_2(y)$ 로 정해진 함수 f 이다.

$$\begin{aligned} f((a, b) + (c, d)) &= f((a+c, b+d)) = f_1(a+c) + f_2(b+d) \\ &= f_1(a) + f_1(c) + f_2(b) + f_2(d) \\ &= f_1(a) + f_2(b) + f_1(c) + f_2(d) = f(a, b) + f(c, d) \end{aligned}$$

$$\begin{aligned} f(a, b)f(c, d) &= (f_1(a) + f_2(b))(f_1(c) + f_2(d)) \\ &= f_1(a)f_1(c) + f_1(a)f_2(d) + f_2(b)f_1(c) + f_2(b)f_2(d) \\ &= f_1(a)f_1(c) + f_2(b)f_2(d) = f_1(ac) + f_2(bd) \\ &= f(ac, bd) = f((a, b)(c, d)) \end{aligned}$$

따라서 f 는 환-준동형사상이다.

Memo

윤양동

임용수학

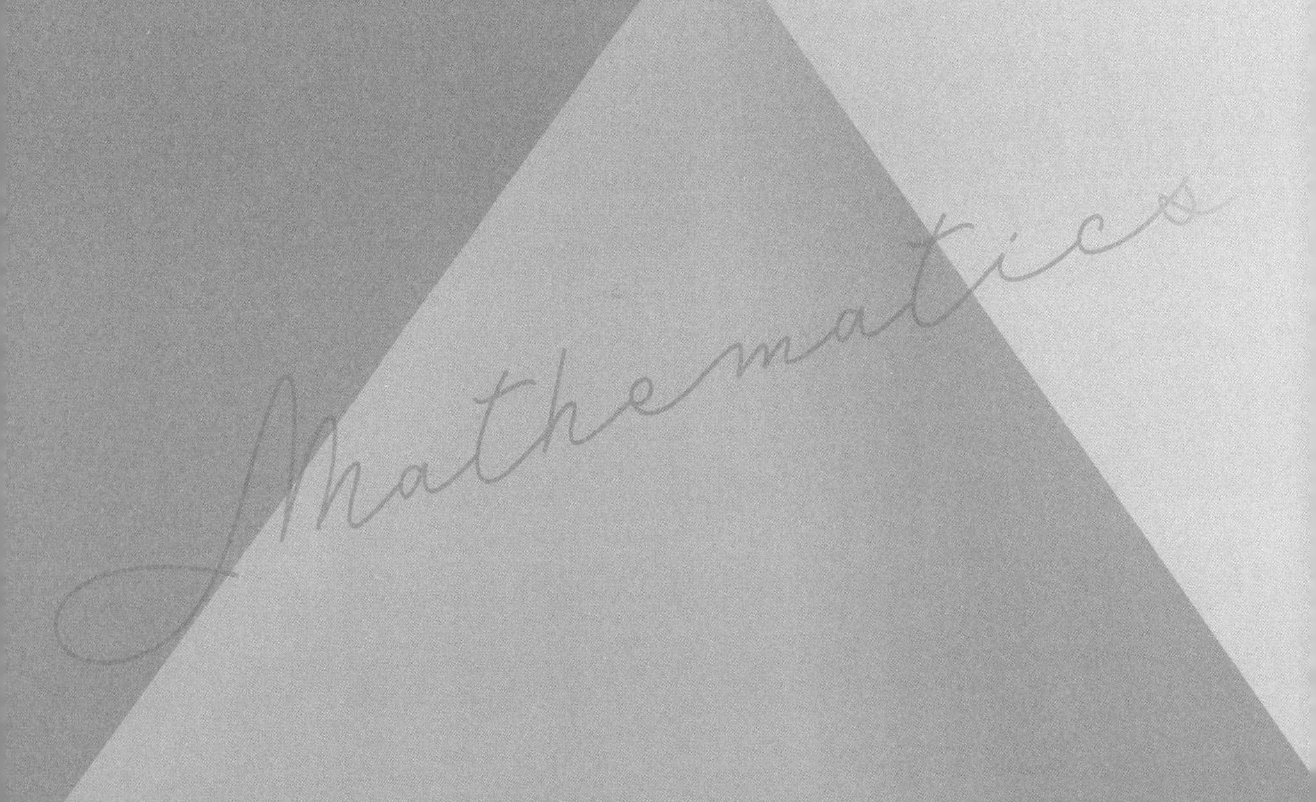

CHAPTER

4

다항식환과 방정식의 해

1. 다항식환

2. 다항식환과 정역의 분류

3. 대수방정식의 해

다항식환과 방정식의 해

01 다항식환(Polynomial Ring)

환R의 원소 $r_0, r_1, \cdots, r_n$ 들이 계수이며 변수x를 갖는 다항식$r_0+r_1x+\cdots+r_nx^n$ 들의 덧셈과 곱셈에 관한 환을 $R[x]$라 표기한다. 환R의 다항식 환이라 한다.

단위원을 갖는 가환환R의 다항식환$R[x]$의 원소인 n차 다항식 $r_0+r_1x+\cdots+r_nx^n$의 n차항 계수r_n이 1일 때, 즉, 다항식 $r_0+r_1x+\cdots+r_{n-1}x^{n-1}+x^n$을 모닉(monic) 다항식이라 한다.

정수환의 다항식환$\mathbb{Z}[x]$의 다항식$r_0+r_1x+\cdots+r_nx^n$의 계수$r_0, r_1, \cdots, r_n$ 들이 서로소(relatively prime)이며 최고차 계수$r_n>0$인 다항식을 원시(primitive) 다항식이라 한다.
특히, 유리계수 다항식 $f(x)$가 적당한 원시다항식 $p(x)$에 대하여 $f(x)=cp(x)$을 만족할 때, 유리수c를 $f(x)$의 용량(Content)이라 한다.

환R의 다항식환$R[x]$의 다항식 $f(x)=r_0+r_1x+\cdots+r_nx^n$, $r_n\neq 0$에 대하여 다항식$f(x)$의 차수(degree)를 $\deg(f(x))=n$이라 정의한다.

다항식환의 기본적인 계산절차로서 나눗셈이 가능하기 위한 조건을 살펴보자.

[나눗셈 정리]

(1) 단위원을 갖는 가환환R의 다항식환$R[x]$의 두 원소 $f(x), g(x)$ (단, $g(x)$는 모닉 다항식)에 대하여 다음 조건을 만족하는 다항식 $q(x), r(x)\in R[x]$가 존재한다.
$f(x)=g(x)q(x)+r(x)$, $\deg(r(x))<\deg(g(x))$ 또는 $r(x)=0$

(2) 체F의 다항식환$\mathrm{F}[x]$의 두 원소 $f(x), g(x)$ (단, $g(x)\neq 0$)에 대하여 다음 조건을 만족하는 다항식 $q(x), r(x)\in \mathrm{F}[x]$가 존재한다.)
$f(x)=g(x)q(x)+r(x)$, $\deg(r(x))<\deg(g(x))$ 또는 $r(x)=0$

(3) (유클리드 알고리즘) 체F의 다항식환$\mathrm{F}[x]$의 두 다항식 $f(x), g(x)$에 대하여 $\gcd(f(x), g(x))=d(x)$이면 $f(x)p(x)+g(x)q(x)=d(x)$인 $p(x), q(x)\in\mathrm{F}[x]$가 있다.
특히, $\gcd(f(x), g(x))=1$이면 $f(x)p(x)+g(x)q(x)=1$인 $p(x), q(x)\in\mathrm{F}[x]$가 존재하며 역명제도 성립한다.

(4) (인수정리) 단위원을 갖는 가환환R의 다항식환$R[x]$의 원소$f(x)$에 대하여 $f(r)=0$인 원소 $r\in R$이 있으면 $f(x)=(x-r)q(x)$인 다항식 $q(x)\in R[x]$가 존재한다.

증명 (1) 모닉다항식 $g(x) = x^n + \cdots + a$ (내림차순)라 두자.

$n \le m$ 인 임의의 단항식 cx^m에 대하여 $cx^m = cx^{m-n}g(x) + h(x)$라 두면 $h(x)$ 는 $m-1$ 이하의 차수를 갖는 다항식이다. …… ①

m 차 다항식 $f(x)$ 에 대하여 n 이상의 차수를 갖는 모든 항마다 절차 ①을 반복하면 $f(x) = g(x)q_1(x) + r_1(x)$ 인 다항식 $q_1(x)$, $r_1(x)$ 가 있으며 $r_1(x)$ 는 $m-1$ 이하의 차수를 갖는다. …… ②

다항식 $r_1(x)$ 에 절차 ②를 적용하여 $r_2(x)$ 를 얻고 다시 ②를 반복하면 $f(x) = g(x)q(x) + r(x)$ 인 다항식 $q(x)$, $r(x)$ 가 있으며 $r(x)$ 는 n 이하의 차수를 갖는 다항식이거나 $r(x) = 0$ 이다.

(2) 다항식 $g(x) = ax^n + \cdots + b$ (내림차순, $a \neq 0$)라 두면 F 는 체이므로 역원 a^{-1} 가 있으며 $a^{-1}g(x)$ 는 모닉다항식이 된다.

명제 (1)에 의하여 $f(x) = a^{-1}g(x)q(x) + r(x)$, $\deg(r(x)) < n$ 또는 $r(x) = 0$ 인 다항식 $q(x)$, $r(x)$ 가 있다.

이때, $f(x) = g(x)(a^{-1}q(x)) + r(x)$ 이므로 결론이 증명되었다.

(4) $x-r$ 이 모닉다항식이므로 (1)로부터 $f(x) = (x-r)q(x) + a$ 라 쓸 수 있다. $x=r$ 을 대입하면 $a = f(r) = 0$. 따라서 $f(x) = (x-r)q(x)$

위의 정리에서 (1)의 모닉 조건과 (2), (3)의 체F 조건이 없으면 명제는 옳지 않다.

정수계수 다항식환 $\mathbb{Z}[x]$ 에서 x^2 을 $2x$ 로 나눌 수 없다. 그러나 x^2 을 $x+2$ 로 나눌 수 있다.

$\mathbb{Z}[x]$ 에서 $2x$ 와 $x+1$ 는 공통인수가 없으므로 서로소이다.

그러나 $xp(x) + (x+1)q(x) = 1$ 인 $p(x)$, $q(x)$ 는 존재하지 않는다.

다항식이 기약임을 보이기 위한 판정방법으로 다음과 같은 정리가 있다.

[Eisenstein의 기약 판별 정리]

정수계수 다항식 $f(x) = a_n x^n + a_{n-1}x^{n-1} + \cdots + a_0$과 소수 p 에 대하여

$$p \nmid a_n,\ p \mid a_k\ (k = 0, \cdots, n-1),\ p^2 \nmid a_0$$

을 만족하면 다항식 $f(x)$ 는 유리수계수 다항식환$\mathbb{Q}[x]$ 에서 기약다항식이다.

또한 $f(x)$ 가 원시다항식(Primitive polynomial)이면 정수환$\mathbb{Z}[x]$ 에서 기약이다.

[법p 판정법]

정수계수 다항식 $f(x) = a_n x^n + a_{n-1}x^{n-1} + \cdots + a_0$ 와 2 이상의 어떤 정수p 에 대하여 $\mathbb{Z}_p[x]$ 에서 $f(x)$ 가 기약다항식이며 $a_n \neq 0$ 이면 $f(x)$ 는 $\mathbb{Q}[x]$ 에서 기약다항식이다.

증명 (1) Eisenstein 기약판정법의 일반화

「유일인수분해정역 D 의 다항식환 $D[x]$ 가 있다. $D[x]$ 의 상수 아닌 다항식 $f(x) = \sum_{k=0}^{n} c_k x^k$ 와 D 의 소원p 에 관하여 조건

「$p \mid c_0,\ p \mid c_1,\ \cdots, p \mid c_{n-1},\ p \nmid c_n,\ p^2 \nmid c_0,\ \gcd(c_0, c_n) = 1$ 」

을 만족할 때, $f(x)$ 는 $D[x]$ 에서 기약이다.
$\gcd(c_0, c_n) = 1$ 이므로 $f(x)$ 는 D 의 상수 인수를 갖지 않는다.」
이 명제를 증명하자.
$f(x)$ 가 상수가 아닌 두 다항식의 곱으로 인수분해된다고 가정하자.
$f(x) = \sum_{k=0}^{n} c_k x^k = \left(\sum_{i=0}^{m} a_i x^i\right)\left(\sum_{j=0}^{l} b_j x^j\right)$
(단, $m+l=n$, $m \geq 1$, $l \geq 1$)이라 놓을 수 있다.
$p \mid c_0 = a_0 b_0$ 이며 p 는 소원이므로 $p \mid a_0$ 또는 $p \mid b_0$

동시에 $p \mid a_0$ 이고 $p \mid b_0$ 이라 하면 $p^2 \nmid c_0 = a_0 b_0$ 에 모순이므로 $p \nmid a_0$

또는 $p \nmid b_0$

여기서 $p \mid a_0$ 이고 $p \nmid b_0$ 이라 놓고 증명해도 충분하다.

모든 a_k 에 대하여 $p \mid a_k$ 임을 수학적 귀납법으로 보이자.

① $k=1$ 인 경우: $p \mid c_1 = a_0 b_1 + a_1 b_0$ 이며 $p \mid a_0$ 이므로 $p \mid a_1 b_0$ 이다.

$p \nmid b_0$ 이며 p 는 소원이므로 $p \mid a_1$ 이다.

$1 \leq i \leq k$ 일 때 $p \mid a_i$ 이라 하자.

② $k+1$ 인 경우: $p \mid c_{k+1} = a_0 b_{k+1} + \cdots + a_k b_1 + a_{k+1} b_0$ 이므로 $p \mid a_{k+1} b_0$

$p \nmid b_0$ 이며 p 는 소원이므로 $p \mid a_{k+1}$ 이다.

따라서 $p \mid a_m$ 이며 $p \mid a_m b_l = c_n$ 이다. 이것은 $p \nmid c_n$ 임에 모순이다.

그러므로 $f(x)$ 는 $D[x]$ 에서 기약이다.

(2) 법 p 판정법의 대우명제를 증명한다.
$f(x)$ 가 $\mathbb{Q}[x]$ 에서 기약이 아니라 하자.
$f(x) = g(x)h(x)$ 인 1차 이상의 차수를 갖는 정수계수 다항식 $g(x)$, $h(x)$ 가 있다. 이 식의 양변에 법 p 를 적용하여 합동방정식으로 두면,
법 p 에 관하여 $a_n \neq 0$ 이므로 $g(x)$, $h(x)$ 의 최고차수 항의 계수도 법 p 에 관하여 0이 아니므로 법 p 에 관해 $g(x)$, $h(x)$ 는 1차 이상의 차수를 갖는다.
따라서 $\mathbb{Z}_p[x]$ 에서 $f(x)$ 는 기약이 아니다.
그러므로 대우명제는 참이다.

다항식의 기약성에 관하여 아래와 같은 성질도 성립한다.

(1) 체 F 의 다항식환 $\mathrm{F}[x]$ 의 모든 1차 다항식은 기약다항식이다.

(2) 체 F 의 다항식환 $\mathrm{F}[x]$ 의 2차, 3차 다항식이 기약다항식일 필요충분조건은 F 에서 근을 갖지 않는 것이다.

(3) $f(x)$가 기약일 필요충분조건은 $f(x+r)$ 이 기약인 것이다.

(4) $\mathbb{Z}[x] \ni f(x)$가 원시다항식일 때, $f(x)$가 $\mathbb{Z}[x]$ 에서 기약일 필요충분조건은 $\mathbb{Q}[x]$ 에서 기약인 것이다.

예제 1 다항식환 $\mathbb{Z}_4[x]$ 의 두 다항식 $f(x) = 2x+1$, $g(x) = 2x+3$ 에 대하여 합 $f(x)+g(x)$ 과 곱 $f(x)g(x)$ 을 구하고 각각 차수(degree)를 구하시오.

풀이 합 $f(x)+g(x) = 0$, 곱 $f(x)g(x) = 3$ 이며, $f(x)+g(x)$ 의 차수는 정의하지 않으며, $\deg(f(x)g(x)) = 0$

위의 예제에서 $\deg(f(x)g(x)) = 0 < 2 = \deg(f(x)) + \deg(g(x))$ 임에 유의해야 한다.

예제 2 (1) 소수 p 에 관한 $f(x) = x^{p-1} + \cdots + x + 1$ 은 $\mathbb{Q}[x]$ 의 기약다항식임을 보여라.

(2) $g(x) = x^3 + 3x^2 + 1$ 는 $\mathbb{Q}$ 위에서 기약다항식임을 보여라.

풀이 (1) 다항식 $f(x)$가 기약다항식인 것은 $f(x+1)$이 기약다항식인 것과 동치명제이므로 $f(x+1)$ 이 기약다항식임을 보이겠다.

$$f(x+1) = \frac{(x+1)^p - 1}{x} = x^{p-1} + px^{p-2} + \binom{p}{2}x^{p-3} + \cdots + \frac{p(p-1)}{2}x + p$$

소수 p 에 대하여 $p \,\Big|\, \binom{p}{r}$ $(r = 1, \cdots, p-1)$ 이며 $p^2 \nmid p$이므로 Eisenstein의 판별법에 의하여 다항식 $f(x+1)$ 은 기약다항식이다.

(2) 소수2의 법2 판정법을 적용하면 $x^3 + x^2 + 1$ 는 $\mathbb{Z}_2$ 에서 기약이므로 $g(x)$ 는 $\mathbb{Q}$ 에서 기약이다.

예제 3 다항식 $f(x) = x^4 + 10x^2 + 1$ 은 $\mathbb{Q}[x]$ 의 기약다항식임을 보여라.

풀이 $f(x) = x^4 + 10x^2 + 1$ 는 계수들의 내용이 1이므로 원시다항식이다.

$f(x)$ 가 1차식의 인수를 갖는다면 상수항의 약수로부터 1차 인수는 $x \pm 1$

그러나 $f(\pm 1) \neq 0$ 이므로 1차인수를 갖지 않는다.

$f(x)$ 가 2차식의 인수만을 갖는다면 $f(x) = (x^2 + ax + b)(x^2 + cx + d)$ 인 정수 a, b, c, d 가 있다.

전개하면 $a + c = 0$, $ac + b + d = 10$, $ad + bc = 0$, $bd = 1$ 이며

$c = -a$, $a(d-b) = 0$

$a(d-b) = 0$ 이므로 $a = 0$ 또는 $b = d$

$a = 0$ 이면 $b + d = 10$, $bd = 1$

그러나 이 식을 만족하는 정수 b, d 는 없다.

$b = d$ 이면 $bd = 1$ 이므로 $b = d = \pm 1$

그러나 $a^2 = -8, -12$ 이므로 정수 a 는 없다.
따라서 다항식 $f(x)$ 는 2차식의 인수도 갖지 않는다.
그러므로 다항식 $f(x)$ 는 $\mathbb{Q}[x]$ 의 기약다항식이다.

예제 4 $\mathbb{Q}[x]$ 의 다항식 $f(x) = x^6 - 1$, $g(x) = x^8 - 1$ 의 최대공약수를 구하고, 최대공약수를 $f(x)p(x) + g(x)q(x)$ 으로 나타내시오.

풀이 $f(x) = x^6 - 1$, $g(x) = x^8 - 1$ 의 유클리드 알고리즘을 적용하자.

	$5x^6 - 1$	$x^8 - 1$	
$x^4 + x^2 + 1$	$x^6 - 1$	$x^8 - x^2$	x^2
	0	$x^2 - 1$	

	$f(x)$	$g(x)$	
$x^4 + x^2 + 1$		$x^2 f(x)$	x^2
		$g(x) - x^2 f(x)$	

따라서 $\gcd(x^6 - 1, x^8 - 1) = x^2 - 1$ 이며 $1g(x) - x^2 f(x) = x^2 - 1$

위 예제를 일반화하자. $\gcd(n, m) = d$ 라 하면

$x^d - 1 \mid x^m - 1$ 이며 $x^d - 1 \mid x^n - 1$

$ns - mt = d$ 인 자연수 s, t 가 있으며

$x^{ns} - 1 = x^{mt+d} - 1 = (x^{mt} - 1)x^d + x^d - 1$

따라서 $(x^{ns} - 1) - (x^{mt} - 1)x^d = x^d - 1$ 이 성립하며 좌변은

$\gcd(x^n - 1, x^m - 1)$ 의 배수이다.

그러므로 일반적으로 $\gcd(x^n - 1, x^m - 1) = x^{\gcd(n, m)} - 1$ 이 성립한다.

02 다항식환과 정역의 분류

1. 다항식환과 정역

환 R 과 다항식환 $R[x]$ 의 관련성을 살펴보자.
다항식환과 정역에 관한 몇 가지 성질들을 정리하면 다음과 같다.

[정리]
(1) 정역 D 의 다항식환 $D[x]$ 에서 $\deg(f(x)g(x)) = \deg(f(x)) + \deg(g(x))$
(2) 정역 D 의 다항식환 $D[x]$ 에 대하여 단원군 $U(D[x]) = D^*$

증명 (1) $\deg(f(x)) = n$, $\deg(g(x)) = m$ 이라 하면
$f(x) = a_n x^n + \cdots + a_0$ (단, $a_n \neq 0$), $g(x) = b_m x^m + \cdots + b_0$
(단, $b_m \neq 0$)라 두고 $f(x)g(x) = a_n b_m x^{n+m} + \cdots + a_0 b_0$
D 는 정역이므로 $a_n b_m \neq 0$. 따라서 $\deg(f(x)g(x)) = n + m$

(2) $D[x]$ 의 원소 $f(x)$ 가 가역원이라 하면 $f(x)g(x) = 1$ 인 $g(x)$ 가 있다.
$\deg(f(x)) + \deg(g(x)) = \deg(f(x)g(x)) = \deg(1) = 0$ 이므로
$\deg(f(x)) = \deg(g(x)) = 0$ 이며 $f(x)$, $g(x)$ 는 상수이다.
따라서 $f(x)$ 는 D 의 가역원이다.

역으로 D 의 가역원 r 은 D$[x]$ 의 원소이며 $rs=1$ 인 s 가 있으므로 r 은 D$[x]$ 의 가역원

따라서 U(D$[x]$) = D*

[정리]

(1) 체 → PID → UFD → 정역

(2) 환D 가 정역이면 다항식환 D$[x]$ 도 정역이다.

(3) 환D 가 UFD이면 다항식환 D$[x]$ 도 UFD이다.

(4) F 가 체(field)이면 $F[x]$ 는 PID이다.

증명 (2)와 (4)의 증명을 제시한다.

(2) D$[x]$ 가 영인자를 가지면 D도 영인자를 가짐을 증명하자.

$f(x), g(x) \in$ D$[x]$ 가 $f(x)g(x)=0$ 인 영인자라 하자.

그러면 $f(x) \neq 0$, $g(x) \neq 0$ 이므로 $f(x) = a_n x^n + \cdots + a_0$ $(a_n \neq 0$, $n \geq 0)$,

$g(x) = b_k x^k + \cdots + b_0$ $(b_k \neq 0$, $k \geq 0)$ 으로 쓸 수 있다.

그리고 $f(x)g(x)=0$ 이므로 양변의 x^{n+k} 항을 비교하면 $a_n b_k = 0$

따라서 a_n, b_k 은 D의 영인자이다.

그러므로 D가 정역이면 D$[x]$ 도 정역이다.

(4) 다항식환 F$[x]$ 의 임의의 아이디얼을 I라 하자.

① I ={0}일 때, I =(0)이므로 I는 주 아이디얼이다.

② 아이디얼I 가 체F의 0아닌 원 a 를 포함할 때, 즉, 0차 다항식을 포함할 때. a가 체F의 0아닌 원이므로 a는 곱셈에 관한 역원 b를 갖는다.
그리고 아이디얼의 정의에 의해
ab ∈I 이므로 1∈I. 따라서 I =F[x] =(1)이므로 I는 주 아이디얼이다.

③ I ≠{0}, I ≠F[x] 일 때, 다항식 $p(x) \in$ I−F 이면 $\deg(p) \geq 1$ 이므로
I−F 의 다항식 중에 차수(degree)가 가장 작은 다항식을 $f(x)$ 라 하면 $\deg(f) \geq 1$ 이다.
$f \in$ I 이므로 $(f) \subset$ I
임의의 $p(x) \in$ I 에 대하여 $p(x) = f(x)q(x) + r(x)$,
$\deg(r(x)) < \deg(f(x))$ 이 성립하는 다항식 $r(x)$ 가 존재한다.
이때, 아이디얼의 정의에 의하여 $f(x)q(x) \in$ I 이므로
$r(x) = p(x) - f(x)q(x) \in$ I 이다.
$f(x)$ 가 I 의 원소 중에서 0을 제외하고 가장 작은 차수의 다항식이므로
$\deg(r) < \deg(f)$ 에 의하여 $r(x) = 0$ 이다.
따라서 $p(x) = f(x)q(x) \in (f(x))$ 이다.
그러므로 I = (f) 이며, I는 주 아이디얼이다.
그러므로 F$[x]$ 는 PID이다.

몇 가지 환에 관한 예와 반례들을 소개하자.

[반례] PID 가 아닌 UFD의 예 $\mathbb{Z}[x]$

[반례] 정역이 아닌 다항식환의 예 $\mathbb{Z}_6[x]$

[반례] UFD가 아닌 정역의 예 $\mathbb{Z}[\sqrt{-5}]$, $(\mathbb{Z}[\sqrt{-5}])[x]$

[정리] 가환환 R 의 다항식환 $R[x]$ 에 관한 다음 명제가 성립한다.

(1) 가환환 R 의 아이디얼 I 에 대하여 $I[x]$ 는 $R[x]$ 의 아이디얼이며 $(R/I)[x] \cong R[x]/I[x]$ 이다.

(2) 가환환 R 의 소 아이디얼 P 에 대하여 $P[x]$ 는 $R[x]$ 의 소 아이디얼이다.

(3) 환 R, S 에 관하여 $(R\times S)[x] \cong R[x]\times S[x]$ 이다.

증명 (1) 함수 $\phi : R[x] \to (R/I)[x]$, $\phi(\sum_{k=0}^{n} a_k x^k) = \sum_{k=0}^{n} \overline{a_k} x^k$ 라 하자.

$$\phi(\sum_{k=0}^{n} a_k x^k + \sum_{k=0}^{n} b_k x^k) = \phi(\sum_{k=0}^{n} (a_k + b_k) x^k) = \sum_{k=0}^{n} \overline{a_k + b_k} x^k$$

$$= \sum_{k=0}^{n} \overline{a_k} x^k + \sum_{k=0}^{n} \overline{b_k} x^k = \phi(\sum_{k=0}^{n} a_k x^k) + \phi(\sum_{k=0}^{n} b_k x^k)$$

$$\phi(\left(\sum_{k=0}^{n} a_k x^k\right)\left(\sum_{k=0}^{m} b_k x^k\right)) = \phi(\sum_{k=0}^{n+m} c_k x^k) = \sum_{k=0}^{n+m} \overline{c_k} x^k \quad (\text{단, } c_k = \sum_{i+j=k} a_i b_j)$$

$$= \left(\sum_{k=0}^{n} \overline{a_k} x^k\right)\left(\sum_{k=0}^{n} \overline{b_k} x^k\right) = \phi(\sum_{k=0}^{n} a_k x^k)\phi(\sum_{k=0}^{n} b_k x^k)$$

$\phi(R[x]) = (R/I)[x]$ 이므로 ϕ 는 전사사상이다.

$$\ker(\phi) = \{ f \in R[x] : \phi(f) = 0 \} = \left\{ f = \sum_{k=0}^{n} a_k x^k : \sum_{k=0}^{n} \overline{a_k} x^k = 0 \right\}$$

$$= \left\{ \sum_{k=0}^{n} a_k x^k : \overline{a_k} = \overline{0} \right\} = \left\{ \sum_{k=0}^{n} a_k x^k : a_k \in I \right\} = I[x]$$

따라서 $I[x]$ 는 $R[x]$ 의 아이디얼이며 제1동형정리에 의하여 $R[x]/I[x] \cong (R/I)[x]$ 이다.

(2) $P \neq R$ 이므로 $P[x] \neq R[x]$

$f(x)g(x) \in P[x]$ 이며 $g(x) \notin P[x]$ 이라 하자.

$f(x) = a_0 + a_1 x + \cdots + a_n x^n$, $g(x) = b_0 + b_1 x + \cdots + b_m x^m$ 라 놓으면

$(a_0 + a_1 x + \cdots + a_n x^n)(b_0 + b_1 x + \cdots + b_m x^m) = \sum_{k=0}^{n+m} c_k x^k$, $c_k = \sum_{i+j=k} a_i b_j$ 이며 모든 $c_k = \sum_{i+j=k} a_i b_j \in P$ 이다.

$g(x) \notin P[x]$ 이므로 $b_l \notin P$ 인 어떤 계수 b_l (단, $0 \le l \le m$)이 있다.

$0 \le k \le m$ 인 모든 k 에 관해 $a_n^{k+1} b_{m-k} \in P$ 임을 수학적귀납법으로 보이자.

$k=0$ 일 때, $a_n b_m = c_{n+m} \in P$ 이다.

$0 \le i < k$ 인 모든 i 에 대하여 $a_n^{i+1} b_{m-i} \in P$ 이라 가정하자.

$c_{n+m-k} = \sum_{i+j=n+m-k} a_i b_j \in P$, $a_n^k c_{n+m-k} = \sum_{i+j=n+m-k} a_i a_n^k b_j \in P$

가정에 의하여 $a_n b_m$, $a_n^2 b_{m-1}$, $a_n^3 b_{m-2}$,$\cdots$, $a_n^k b_{m-k+1} \in P$ 이므로

$a_n^k c_{n+m-k} - a_n^{k+1} b_{m-k} = \sum_{j=m-k+1}^{\min(n,m)} a_{n+m-k-j} a_n^k b_j \in P$

$a_n^k c_{n+m-k} \in P$ 이고 $a_n^k c_{n+m-k} - a_n^{k+1} b_{m-k} \in P$ 이므로 $a_n^{k+1} b_{m-k} \in P$

따라서 $0 \le k \le m$ 인 모든 k 에 대하여 $a_n^{k+1} b_{m-k} \in P$ 이다.

특히, $k = m-l$ 일 때 $a_n^{m-l+1} b_l \in P$ 이며 $b_l \notin P$ 이고 P는 소 아이디얼 이므로 $a_n^{m-l+1} \in P$ 이며 $a_n \in P$ 이다.

$f_1(x) = a_0 + a_1 x + \cdots + a_{n-1} x^{n-1}$ 이라 두면 $f(x) = f_1(x) + a_n x^n$ 이며

$f(x)g(x) = (f_1(x) + a_n x^n) g(x) = f_1(x)g(x) + a_n x^n g(x) \in P[x]$

$a_n \in P$ 이므로 $a_n x^n g(x) \in P[x]$

따라서 $f_1(x)g(x) \in P[x]$ 이다.

$f_1(x)$ 에 대하여 위의 방법을 다시 적용하면 $a_{n-1} \in P$

그리고 $f_2(x) = a_0 + a_1 x + \cdots + a_{n-2} x^{n-2}$ 라 두면 $f_2(x)g(x) \in P[x]$

이 과정을 반복하면 모든 $a_k \in P$ 가 성립한다.

그러므로 $f(x) \in P[x]$ 이며 $P[x]$는 $R[x]$의 소 아이디얼이다.

(3) 함수 $\phi : (R \times S)[x] \to R[x] \times S[x]$ 를 다음과 같이 정의하자.

$\phi(\sum_{k=0}^{n} (r_k, s_k) x^k) = (\sum_{k=0}^{n} r_k x^k, \sum_{k=0}^{n} s_k x^k)$

$a_k = (r_k, s_k)$, $b_k = (u_k, v_k)$ 라 두면 $a_k + b_k = (r_k + u_k, s_k + v_k)$,

$a_i + b_j = (r_i u_j, s_i v_j)$ 이다. $t_k = \sum_{i+j=k} r_i u_j$, $w_k = \sum_{i+j=k} s_i v_j$ 놓으면

$$
\begin{aligned}
\phi(\sum_{k=0}^{n} a_k x^k + \sum_{k=0}^{n} b_k x^k) &= \phi(\sum_{k=0}^{n} (a_k + b_k) x^k) \\
&= (\sum_{k=0}^{n} (r_k + u_k) x^k, \sum_{k=0}^{n} (s_k + v_k) x^k) \\
&= (\sum_{k=0}^{n} r_k x^k + \sum_{k=0}^{n} u_k x^k, \sum_{k=0}^{n} s_k x^k + \sum_{k=0}^{n} v_k x^k) \\
&= (\sum_{k=0}^{n} r_k x^k, \sum_{k=0}^{n} s_k x^k) + (\sum_{k=0}^{n} u_k x^k, \sum_{k=0}^{n} v_k x^k) \\
&= \phi(\sum_{k=0}^{n} a_k x^k) + \phi(\sum_{k=0}^{n} b_k x^k)
\end{aligned}
$$

$$\phi(\left(\sum_{k=0}^{n}a_kx^k\right)\left(\sum_{k=0}^{m}b_kx^k\right)) = \phi(\sum_{k=0}^{n+m}c_kx^k) \quad (\text{단, } c_k = \sum_{i+j=k}a_ib_j = (t_k, w_k))$$
$$= (\sum_{k=0}^{n+m}t_kx^k, \sum_{k=0}^{n+m}w_kx^k)$$
$$= (\left(\sum_{k=0}^{n}r_kx^k\right)\left(\sum_{k=0}^{m}u_kx^k\right), \left(\sum_{k=0}^{n}s_kx^k\right)\left(\sum_{k=0}^{m}v_kx^k\right))$$
$$= (\sum_{k=0}^{n}r_kx^k, \sum_{k=0}^{n}s_kx^k)(\sum_{k=0}^{m}u_kx^k, \sum_{k=0}^{m}v_kx^k)$$
$$= \phi(\sum_{k=0}^{n}a_kx^k)\,\phi(\sum_{k=0}^{m}b_kx^k)$$

$R[x]\times S[x]$ 의 임의의 원소 $(\sum_{k=0}^{n}r_kx^k, \sum_{k=0}^{m}s_kx^k)$ 에 대하여

$l=\max(n,m)$, $l<k$ 이면 $r_k=0$, $s_k=0$ 라 정하면

$$(\sum_{k=0}^{n}r_kx^k, \sum_{k=0}^{m}s_kx^k) = (\sum_{k=0}^{l}r_kx^k, \sum_{k=0}^{l}s_kx^k) = \phi(\sum_{k=0}^{n}(r_k, s_k)x^k)$$

이므로 ϕ 는 전사사상이다.

$\phi(\sum_{k=0}^{n}(r_k, s_k)x^k) = (0, 0)$ 이면 $\sum_{k=0}^{n}r_kx^k = 0$, $\sum_{k=0}^{n}s_kx^k = 0$ 이며

$r_k = s_k = 0$ 이므로 $\sum_{k=0}^{n}(r_k, s_k)x^k = 0$ 이다. 따라서 ϕ 는 단사이다.

그러므로 ϕ 는 환동형사상이며 $(R\times S)[x] \cong R[x]\times S[x]$ 이다.

예제 1 $\mathbb{Q}[x,y]$ 가 유일한 인수분해 정역(UFD)임을 보여라.

증명 $\mathbb{Q}$ 가 체이므로 $\mathbb{Q}$ 는 UFD이며, $\mathbb{Q}$ 는 UFD이므로 $\mathbb{Q}[x]$ 는 UFD이다.
따라서 $\mathbb{Q}[x]$ 가 UFD이므로 $\mathbb{Q}[x,y]$ 도 UFD이다.

예제 2 다항식환 $\mathbb{Z}[x]$가 주 아이디얼 정역(PID)이 아님을 보여라.

증명 이는 주아이디얼이 아닌 아이디얼의 예를 보이면 충분하다.
아이디얼(ideal) $I=(2,x)$ 이 주 아이디얼이 아님을 귀류법으로 보이자.
I가 주 아이디얼이라 가정하면 $I=(f(x))$ 인 다항식 $f(x)$ 가 존재한다.
$2\in(f(x))$ 이므로 $f(x)\mid 2$ 이며 $f(x)=1, 2$ 이다.
$f(x)=2$ 일 때, $x\in(2)$ 이므로 $2\mid x$ 이는 모순이므로 $f(x)=1$ 이다.
따라서 $(1)=(2,x)$ 이므로 $1=2g(x)+xh(x)$ 인 다항식 $g(x)$, $h(x)$가 존재한다. 좌우변을 비교하면 $h(x)=0$ 이고 $g(x)$ 는 상수여야 한다.
따라서 $1=2g$, 즉 $2\mid 1$ 모순
그러므로 $I=(f(x))$ 인 다항식 $f(x)$ 는 없으므로 I는 주 아이디얼이 아니다.

예제 3 F 는 체(field) ↔ F$[x]$는 PID 임을 증명하시오.

증명 (→) 앞서 제시한 정리 (4)와 같다.
(←) F$[x]$는 PID이므로 정역이다. F$[x]$는 정역이므로 F 도 정역이다.
F 의 0아닌 임의의 원소r 에 대하여 아이디얼$I=\langle r, x \rangle$는 주 아이디얼이다.
따라서 $I=\langle f(x) \rangle$인 다항식$f(x)$가 존재한다.
$r \in \langle f(x) \rangle$ 이므로 $f(x) \mid r$ 이며 $f(x)$는 상수f이다.
$x \in \langle f \rangle$ 이므로 $q(x)f = x$ 이며 1차항 계수를 비교하면 f는 1의 인수이며 $\langle f \rangle = \text{F}[x]$
따라서 $\langle r, x \rangle = \text{F}[x]$ 이므로 $1 = r g(x) + x h(x)$ 인
다항식 $g(x)$, $h(x)$ 가 존재한다.
$x=0$을 대입하면 $1 = r g(0)$ 이므로 r는 가역원이다.
그러므로 F 는 체이다.

예제 4 체F 위의 모닉 기약다항식 $p(x)$, $q(x)$ 가 체F 위의 확대체K에서 공통근을 가질 때, $p(x) = q(x)$ 임을 보이시오.

풀이 $p(x)$, $q(x)$ 의 공통근을 α, $\deg(p(x)) \le \deg(q(x))$ 라 하자.
$q(x) = p(x)\,Q(x) + R(x)$ (단, $\deg(R(x)) < \deg(p(x))$ 또는 $R(x) = 0$)
인 다항식$Q(x)$, $R(x)$ 가 존재한다.
$x = \alpha$ 를 대입하면 $R(\alpha) = 0$
$p(x)$는 α의 기약다항식이므로 근α를 갖는 최소 차수 다항식이다.
따라서 $R(x) = 0$ 이며 $q(x) = p(x)\,Q(x)$
$q(x)$는 기약다항식이며 $p(x)$는 상수(가역원)가 아니므로 $Q(x)$는 상수(가역원) Q이다.
또한 $p(x)$, $q(x)$는 모닉이므로 최고 차수 항의 계수는 1이며
$q(x) = p(x)\,Q$ 의 최고 차수 항의 계수를 비교하면 $Q = 1$
그러므로 $p(x) = q(x)$

2. Euclid 정역 (Euclidean Domain)과 다항식환

[정의] {유클리드 정역(Euclidean Domain)}
정역E에 대하여 다음 조건을 만족하는 함수 $v : E-\{0\} \to \mathbb{Z}_{+} \cup \{0\}$ 가 존재할 때, E를 Euclid 정역이라 한다.
(1) $v(a) \le v(ab)$
(2) $a, b \in E$, $b \neq 0$ 이면 다음이 성립하는 $q, r \in E$이 존재
$a = bq + r$ (단, $r=0$ 또는 $v(r) < v(b)$)

이러한 함수 v를 유클리드 가치함수(Euclidean valuation)이라 한다.

유클리드 정역의 명칭 유클리드는 아래의 절차가 성립하기 때문이다.

[유클리드 알고리즘(Euclidean Algorithm)]
유클리드 가치함수 v 에 관한 유클리드 정역 E 에 대하여
$a = bq + r$ 이면 $\gcd(a, b) = \gcd(b, r)$
$r = 0$ 이면 $\gcd(a, b) = \gcd(b, 0) = b$
$v(r) < v(b)$ 이면 b 를 r 로 나누는 과정을 반복한다.
$v(r)$ 는 양의 정수이므로 이 과정은 유한 번을 거쳐 끝난다.

유클리드 알고리즘의 결과, 유클리드 정역 E 의 두 원소 a, b 의 최대공약수에 관하여 $\gcd(a, b) = d$ 이면 $as + bt = d$ 인 E 의 원소 s, t가 있다.
식 $a = bq + r$ (단, $r = 0$ 또는 $v(r) < v(b)$)이 성립할 때, q 는 몫, r 은 나머지라 한다.
유클리드 가치함수의 예를 보이면 다음과 같다.
① 정수환 Z 에서 $v(n) = |n|$
② 가우스 정수환 $\mathbb{Z}[i]$ 에서 $v(a+bi) = a^2 + b^2$
③ 체 F 에서 $v(x) = 1$

[반례] Euclid정역이 아닌 PID의 예 $\mathbb{Z}\left[\frac{1+\sqrt{-19}}{2}\right]$

유클리드 정역의 예로서 체에 관한 다항식환이 있다.

[정리]
(1) 체 F 에 관한 $F[x]$ 는 $v(p(x)) = \deg(p(x))$ 에 관해 유클리드 정역이다.
(2) 유클리드 정역 → PID

증명 (1) 체 F 에 관한 다항식환 $F[x]$ 의 나눗셈 정리에 의하여 $F[x]$ 는 유클리드 가치함수 $v(f) = \deg(f)$ 에 관하여 유클리드 정역이다.
(2) 유클리드 함수 v 에 관한 유클리드 정역 E 의 임의의 아이디얼을 I 라 하자.
① $\mathrm{I} = \{0\}$일 때, $\mathrm{I} = (0)$이므로 I는 주 아이디얼이다.
② $\mathrm{I} \neq \{0\}$, $\mathrm{I} \neq E$ 일 때, I 의 원소 $p \in \mathrm{I}$ 중에서 $v(p)$ 가 최소인 원소를 $f \in \mathrm{I}$ 라 하면 $\mathrm{I} \neq \{0\}$이므로 $f \neq 0$
$f \in \mathrm{I}$ 이므로 $(f) \subset \mathrm{I}$
임의의 $p \in \mathrm{I}$ 에 대하여 $p = fq + r$ (단, $r = 0$ 또는 $v(r) < v(f)$)인 $q, r \in E$ 이 있다.
아이디얼의 정의에 의하여 $fq \in \mathrm{I}$ 이므로 $r = p - fq \in \mathrm{I}$
그런데 f는 I 의 원소 중에서 0을 제외하면 v 값이 최소이므로 $v(r) < v(f)$ 일 수 없다.
따라서 $r = 0$ 이며 $p = fq \in \mathrm{I}$. 즉, $\mathrm{I} = (f)$
그러므로 I는 주 아이디얼이며 E 는 PID이다.

최대공약수에 관한 위의 성질은 주 아이디얼 정역(PID)에서도 성립한다. 그러나 s, t 를 구할 수 있는 유클리드 알고리즘을 사용할 수는 없다. 이와 관련된 성질들을 정리하자.

[정리] {최대공약수(GCD)에 관한 성질}

(1) 정역 D 의 영 아닌 두 원소 a, b 에 대하여 $\gcd(a, b)$ 는 존재하지 않을 수 있다.

(2) 유일 인수분해 정역 D 의 영 아닌 두 원소 a, b 에 대하여 $\gcd(a, b)$ 는 항상 존재한다.

(3) 주 아이디얼 정역 D 의 영 아닌 두 원소 a, b 에 대하여 $\gcd(a, b)$ 는 항상 존재하며 $\gcd(a, b) = d$ 이면 $as + bt = d$ 인 D 의 원소 s, t 가 있다.

(4) 유클리드 정역 E 의 영 아닌 두 원소 a, b 에 대하여 $\gcd(a, b)$ 는 항상 존재하며 $\gcd(a, b) = d$ 이면 $as + bt = d$ 인 D 의 원소 s, t 가 있으며 유클리드 알고리즘을 이용하여 s, t 를 구할 수 있다.

(5) 체 F 의 영 아닌 두 원소 a, b 에 대하여 항상 $\gcd(a, b) = 1$ (또는 가역원)이다.

증명 (2), (3), (5)를 증명하자.

(2) 영 아닌 임의의 두 원소 a, b 에 대하여 둘 하나라도 가역원이 있으면 공통 인수 1이므로 $\gcd(a,b) = 1$
a, b 가 비가역이면 기약원들의 곱으로 유일하게 인수분해할 수 있으므로 인수분해를 각각 $a = r_1 r_2 \cdots r_m$, $b = s_1 s_2 \cdots s_n$ 라 두면
r_i, s_j 들 중에서 서로 동반원이 되는 원소들을 선택하여 $t_1, \cdots, t_k$ 라 두자.
이때, r_i, s_j 들의 곱의 순서를 적절히 바꾸면 $a = t_1 \cdots t_k r_{k+1} \cdots r_m$, $b = t_1 \cdots t_k s_{k+1} \cdots s_n$ 이며 $r_{k+1} \cdots r_m$ 와 $s_{k+1} \cdots s_n$ 는 공통 기약원을 갖지 않는다.
따라서 $\gcd(a,b) = t_1 \cdots t_k$ 이며 $\gcd(a, b)$ 는 존재한다.

(3) D 가 PID이면 UFD이므로 영 아닌 두 원소 a, b 에 대하여 $\gcd(a, b)$ 는 항상 존재한다. $\gcd(a, b) = d$ 두자.
D 가 PID이므로 $\langle a \rangle + \langle b \rangle = \langle c \rangle$ 인 원소 c 가 있다.
$d | a, d | b$ 이므로 $\langle a \rangle \subset \langle d \rangle$, $\langle b \rangle \subset \langle d \rangle$ 이며 $\langle c \rangle \subset \langle d \rangle$
$a \in \langle c \rangle, b \in \langle c \rangle$ 이므로 $c | a, c | b$
$\gcd(a, b) = d$ 이므로 $c | d$ 이며 $\langle d \rangle \subset \langle c \rangle$
따라서 $\langle c \rangle = \langle d \rangle$ 이며 $\langle a \rangle + \langle b \rangle = \langle d \rangle$ 이므로 $as + bt = d$ 인 D 의 원소 s, t 가 있다.

(5) 체 F 의 영 아닌 두 원소 a, b 에 대하여 a, b 는 각각 1 과 동반원이므로 $1 | a, 1 | b$ 이다. $c | a, c | b$ 이라 하면 $c | 1$. 따라서 $\gcd(a, b) = 1$

예제 1 $\mathbb{Z}[i]$ 의 두 원소 $a = 23 + 14i$, $b = 32 + 22i$ 의 최대공약수를 구하고, $\gcd(a,b) = as + bt$ 의 s , t 를 구하시오.

풀이 유클리드 알고리즘을 적용하자.

	$23+14i$	$32+22i$	
2	$18+16i$	$23+14i$	1
	$5-2i$	$9+8i$	
	(gcd)	$9+8i$	$1+2i$
		0	

	a	b	
2	$2b-2a$	a	1
	$3a-2b$	$b-a$	
	$=\gcd$		$1+2i$

따라서 $\gcd(a,b) = 5-2i$ (동반원 $-5+2i$, $2+5i$, $-2-5i$)이며,
$s = 3$, $t = -2$

예제 2 소수 p 에 관하여 $\mathbb{Z}[1/p]$ 는 유클리드 정역임을 보이시오.

풀이 $\mathbb{Z}[1/p]$ 의 모든 원소는 $p^k n$ (단, $p \nmid n$, $k \in \mathbb{Z}$)로 나타낼 수 있다.

유클리드함수 $\nu(p^k n) = |n|$ 이라 정의하자.

① $a = p^k n$, $b = p^l m \neq 0$ 에 대하여
$\nu(ab) = \nu(p^{k+l} nm) = |nm| \geq |n| = \nu(a)$
$\nu(ab) = \nu(p^{k+l} nm) = |nm| = \nu(a)\nu(b)$

② $a = p^k n \neq 0$, $x = p^l m$ 에 대하여
$m = nq + r$ (단, $0 \leq r < n$) 인 정수 q , r 이 있으며
$x = p^l m = (p^k n)(p^{l-k} q) + p^l r = a(p^{l-k} q) + p^l r$,
$\nu(p^l r) = |r| < |n| = \nu(a)$
이므로 x 를 a 로 나누면 몫 $p^{l-k} q$ 와 나머지 $p^l r$ 을 갖는다.
따라서 $\nu(p^k n) = |n|$ 는 유클리드함수이며 $\mathbb{Z}[1/p]$ 의 유클리드 정역이다.

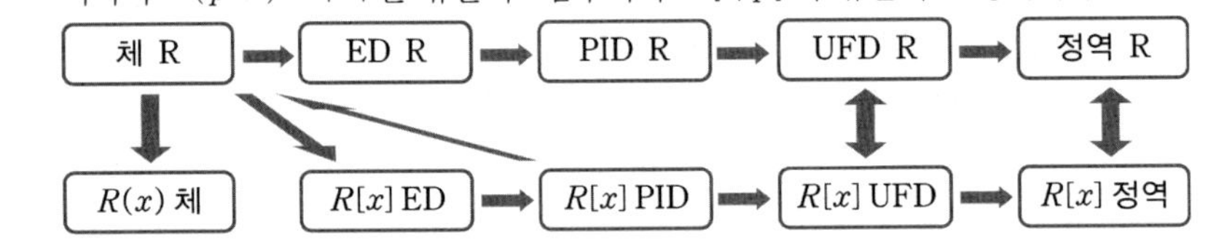

03 대수방정식의 해

1. 기본 목표(Basic Goal)

환과 아이디얼 이론의 궁극적 목표는 모든 대수방정식의 대수학적 해법을 얻는 것이다.
다음 정리는 궁극적 목표에 도달하였음을 이야기한다.

[크로네커 정리(Kronecker Theorem)]
(1) 체F와 기약다항식 $f(x) \in F[x]$에 대하여 잉여환$F[x]/\langle f(x) \rangle$는 체$F$의 확대체이다.
(2) 기약다항식 $f(x) \in F[x]$ 는 F의 확대체 $F[x]/\langle f(x) \rangle$에서 근(root)을 갖는다.

다항식의 모든 해가 확대체에 있다는 뜻은 아니다.

증명 (1) 다항식$f(x)$가 기약다항식이므로 $F[x]$의 주 아이디얼$\langle f(x) \rangle$는 극대 아이디얼이다.
그리고 아이디얼$\langle f(x) \rangle$는 극대 아이디얼이므로 잉여환$F[x]/\langle f(x) \rangle$는 체가 된다. 편의상 체 $K = F[x]/\langle f(x) \rangle$라 두자.
사상 $\phi : F \rightarrow K$ 를 $\phi(a) = a + \langle f(x) \rangle$라 정의하자.
$\phi(a) + \phi(b) = (a + \langle f \rangle) + (b + \langle f \rangle) = a + b + \langle f \rangle = \phi(a+b)$
$\phi(a)\phi(b) = (a + \langle f \rangle)(b + \langle f \rangle) = ab + \langle f \rangle = \phi(ab)$
$\phi(a) = 0 + \langle f(x) \rangle$이라 하면
$a + \langle f(x) \rangle = 0 + \langle f(x) \rangle$, $a \in \langle f(x) \rangle$
$a = f(x)g(x)$인 적당한 $g(x)$가 있다.
양변의 차수를 비교하면 $g(x) = 0$
ϕ가 단사 준동형사상이다.
F와 $\text{Im}(\phi)$는 체동형이므로 $\text{Im}(\phi)$의 원소$a + \langle f(x) \rangle$를 F의 원소a와 같다고 간주하면 $F \leq K$
따라서 체K는 F위의 확대체이다.
(2) $\alpha = x + \langle f(x) \rangle \in K = F[x]/\langle f(x) \rangle$에 대하여
$f(\alpha) = a_n\alpha^n + \cdots + a_1\alpha + a_0 = a_n x^n + \cdots + a_1 x + a_0 + \langle f(x) \rangle$
$= 0 + \langle f(x) \rangle = \bar{0}$
따라서 α는 다항식$f(x)$의 근(root)이다.
그러므로 체K는 $f(x)$의 적어도 한 근을 갖는 체F의 확대체이다.

확대체에서 구한 방정식의 해가 있다.

일반적으로 체$F[x]/\langle f(x) \rangle$는 n차 기약다항식$f(x)$의 n개의 근을 포함하는 것은 아니다.
$f(x)$의 n개의 근을 모두 포함하는 체를 구성해보자.
크로네커 정리에 따르면 기약다항식$f(x)$는 체$F[x]/\langle f(x) \rangle$에서 근 $x + \langle f(x) \rangle$를 갖는다.
체$K = F[x]/\langle f(x) \rangle$라 두면 체$K$에서 다항식$f(x)$는 인수분해되며, 다항식 인수 중에서 2차 이상의 차수를 갖는 기약인수를 $f_2(x)$라 두면 $f_2(x)$는

K 에서 근을 갖지 않는다.
$f_2(x)$ 을 근을 구하려면 체 K 의 확대체 $K[x]/\langle f_2(x) \rangle$ 를 구성하면 된다.
새로 구성된 체는 체 K 를 포함하므로 다항식 $f(x)$ 의 근 $x + \langle f(x) \rangle$ 도 포함한다.
이러한 절차를 반복하면 기약다항식 $f(x)$ 의 모든 근을 포함하는 체 F 의 확대체를 만들 수 있다.
이 방법을 유한체 $\mathbb{Z}_3$ 에 적용하면 다항식의 모든 근을 갖는 체를 구성할 수 있다.
$\mathbb{Z}_3$ 위의 확대체 $\mathbb{Z}_3[x]/\langle x^2+1 \rangle$ 에서 다항식 x^2+1 의 근 $x + \langle x^2+1 \rangle$ 를 α 라 두면 $\mathbb{Z}_3(\alpha) = \mathbb{Z}_3[x]/\langle x^2+1 \rangle$ 이며, 근과 계수의 관계에 의해 $\alpha + ? = 0$ 인 두 번째 근(?)는 $-\alpha$ 이며 $-\alpha \in \mathbb{Z}_3(\alpha)$ 이므로 체 $\mathbb{Z}_3(\alpha)$ 는 다항식 x^2+1 의 두 근을 모두 갖는 체이다.
체 $\mathbb{Z}_3(\alpha) = \{ a+b\alpha \mid a, b \in \mathbb{Z}_3 \}$ 는 원소를 9개 갖는 체이다.

> **예제 1** $\mathbb{Q}[x]/\langle x^3-5 \rangle$ 가 체가 되는 이유를 설명하시오. 또한 체인 경우 그것과 동형인 $\mathbb{Q}$ 위의 단순확대체 3개를 구하시오.

풀이 x^3-5 는 소수 5에 관한 Eisenstein기약판정법을 적용하면 $\mathbb{Q}[x]$ 에서 기약다항식이다.
따라서 PID $\mathbb{Q}[x]$ 의 아이디얼 $\langle x^3-5 \rangle$ 는 극대 아이디얼이며
잉여환 $\mathbb{Q}[x]/\langle x^3-5 \rangle$ 는 체가 된다.
x^3-5 의 세 근을 $\mathbb{Q}$ 의 대수적 폐포 $\overline{\mathbb{Q}}$ (또는 복소수체)에서 구하면 $x = \sqrt[3]{5}$, $\sqrt[3]{5}\,\dfrac{-1+\sqrt{-3}}{2}$, $\sqrt[3]{5}\,\dfrac{-1-\sqrt{-3}}{2}$
이 중의 한 근을 u 라 두고 단순확대체 $\mathbb{Q}(u) \subset \overline{\mathbb{Q}}$ 를 구성할 수 있다.
이때 사상 $\varphi : \mathbb{Q}[x] \to \mathbb{Q}(u)$, $\varphi(f(x)) = f(u)$ 는 단사 준동형사상이 되며 $\ker(\varphi) = \langle x^3-5 \rangle$ 이므로 제1동형정리에 의해 $\mathbb{Q}[x]/\langle x^3-5 \rangle$ 는 $\mathbb{Q}(u)$ 와 체동형이다.
따라서 단순확대체 $\mathbb{Q}(\sqrt[3]{5})$, $\mathbb{Q}(\sqrt[3]{5}\,\omega)$, $\mathbb{Q}(\sqrt[3]{5}\,\overline{\omega})$ 는 $\mathbb{Q}[x]/\langle x^3-5 \rangle$ 와 체동형이다. (단, $\omega = \dfrac{-1+\sqrt{-3}}{2}$)

Memo

윤양동

임용수학

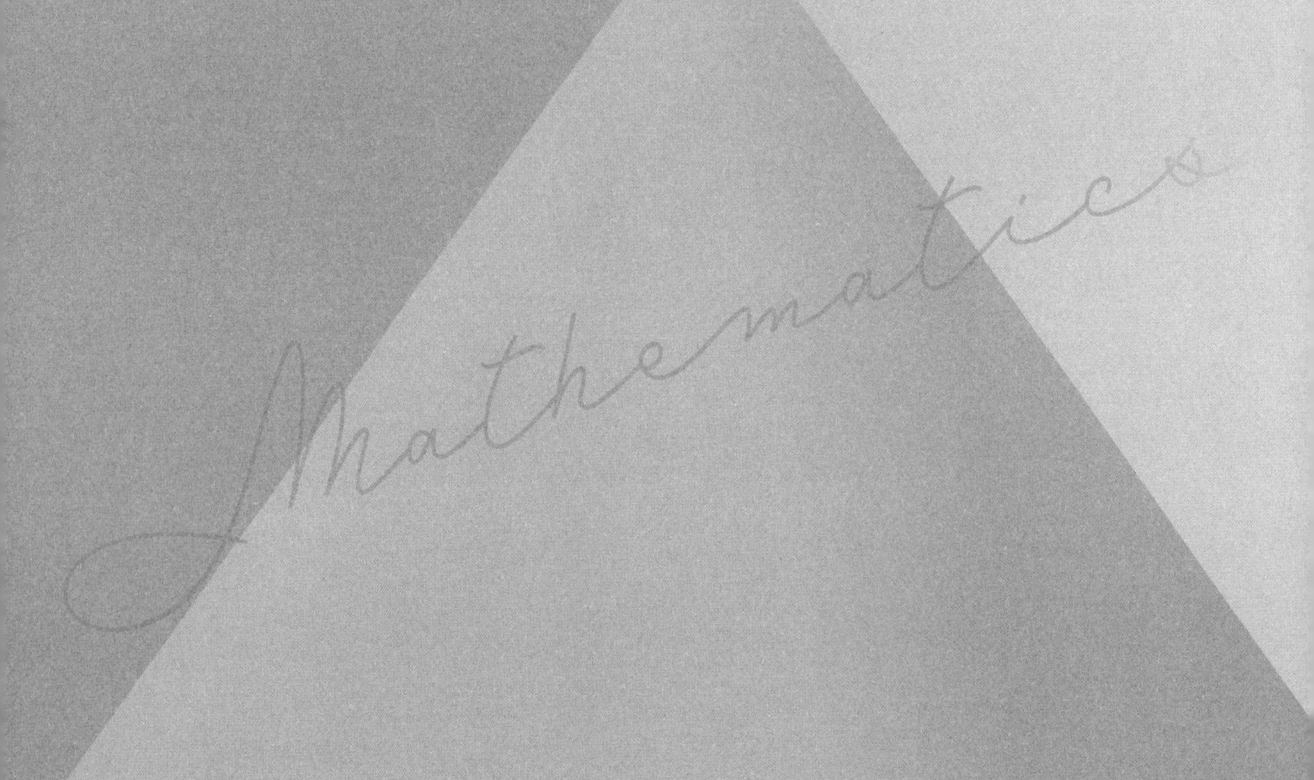

CHAPTER

5

체의 확대와 Galois이론

1. 확대체와 차수
2. 유한 확대와 대수적 확대
3. 분해체와 분리 확대체
4. 유한체
5. 갈루아 정리
6. 작도가능성

체의 확대와 Galois이론

01 확대체와 차수

1. 확대체(Extension field)

[정의] {확대체} 체 F 가 체 K 의 부분환일 때, K 를 F 의 확대체라 하고 $K \geq F$ 또는 $F \leq K$ 라 쓴다.

복소수체 $\mathbb{C}$ 는 실수체 $\mathbb{R}$ 의 확대체이며 실수체 $\mathbb{R}$ 는 유리수체 $\mathbb{Q}$ 의 확대체이다. 즉, $\mathbb{C} \geq \mathbb{R} \geq \mathbb{Q}$.
체 $K = \mathbb{Z}_3[x]/\langle x^2+1 \rangle$ 는 유한 $\mathbb{Z}_3$ 의 확대체이며 체 $K[x]/\langle x^3-x+1 \rangle$ 는 K 의 확대체이다. 즉, $\mathbb{Z}_3 \leq \mathbb{Z}_3[x]/\langle x^2+1 \rangle \leq K[x]/\langle x^3-x+1 \rangle$
(단, $K = \mathbb{Z}_3[x]/\langle x^2+1 \rangle$)

임의의 체 K 에 대하여 K 는 정역이므로 표수 $\mathrm{char}(K)$ 는 소수(prime) 또는 0 이다.
$\mathrm{char}(K) = p$ 인 경우, K 의 부분집합 $F = \{0, 1, \cdots, p-1\}$ 라 두면 F 는 K 의 부분환이며 F 는 유한체 $\mathbb{Z}_p$ 와 환동형이다. 따라서 F 를 $\mathbb{Z}_p$ 와 같은 것으로 간주하면 K 는 $\mathbb{Z}_p$ 위의 확대체.
$\mathrm{char}(K) = 0$ 인 경우, K 의 부분집합
$F = \left\{ (n \cdot 1_K)(m \cdot 1_K)^{-1} \mid n, m \in \mathbb{Z}, m \neq 0 \right\}$ 라 두면 F 는 K 의 부분환이며 F 는 유리수체 $\mathbb{Q}$ 와 환동형이다. 따라서 F 를 $\mathbb{Q}$ 와 같은 것으로 간주하면 K 는 $\mathbb{Q}$ 위의 확대체이다.
그러므로 모든 체는 표수에 따라 유리수체 $\mathbb{Q}$, 유한체 $\mathbb{Z}_p$ 들 중에서 적어도 한 체의 확대체이다.
유리수체 $\mathbb{Q}$, 유한체 $\mathbb{Z}_p$ 들을 소체(prime field)라 한다.

[정리] 모든 체는 소체(prime field) $\mathbb{Q}$ 또는 $\mathbb{Z}_p$ 의 확대체이다.

증명 F 를 임의의 체라 하자.
$\mathrm{char}(F) = 0$ 인 경우 F 의 단위원 1 에 대하여 $\{n1 \mid n \in \mathbb{Z}\} \subset F$ 이며, $\{n1 \mid n \in \mathbb{Z}\}$ 는 정수환 $\mathbb{Z}$ 와 환동형이다. $\mathbb{Z}$ 가 정역이므로 $\{n1 \mid n \in \mathbb{Z}\}$ 는 정역이다.
따라서 체 F 는 $\{n1 \mid n \in \mathbb{Z}\}$ 의 분수체의 확대체이다.
$\mathbb{Z}$ 의 분수체는 $\mathbb{Q}$ 이므로 $\{n1 \mid n \in \mathbb{Z}\}$ 의 분수체는 $\mathbb{Q}$ 와 체동형이다.
이때, $\{n1 \mid n \in \mathbb{Z}\}$ 의 분수체를 $\mathbb{Q}$ 로 간주하면 $\mathbb{Q} \subset F$
$\mathrm{char}(F) \neq 0$ 인 경우. 정역이므로 표수는 소수이므로 $\mathrm{char}(F) = p$ 라 하자.

소수p 에 관하여 $\{n1 \mid n=0,1,\cdots,p-1\} \subset F$ 이며
$\{n1 \mid n=0,1,\cdots,p-1\}$ 와 $\mathbb{Z}_p$ 는 환동형이다.
$\mathbb{Z}_p$ 는 체이므로 $\{n1 \mid n=0,1,\cdots,p-1\}$ 는 체이다.
$\{n1 \mid n=0,1,\cdots,p-1\}$ 를 $\mathbb{Z}_p$ 와 같다고 간주하면 $\mathbb{Z}_p \subset F$
그러므로 표수에 따라 체F 는 $\mathbb{Q}$ 또는 $\mathbb{Z}_p$ 중의 하나의 체위의 확대체이다.

2. 차수(degree)

확대체 $K \geq F$ 이면, 체K 는 체F 를 기초체로 하는 벡터공간을 이루며 이때, F 위의 체K 의 차원(dimension)을 F 위의 체K 의 차수(degree)라 한다.

[정의] {차수(degree, 차원)} $[K : F] \equiv \dim_F(K)$

모든 확대체 $K \geq F$ 에 대하여 체F 위의 벡터공간K 로서 항상 적당한 기저 $B = \{ v_i \mid i \in I \}$ 가 존재하며 K 의 모든 원소α 는

$$\alpha = c_1 v_{i_1} + \cdots + c_k v_{i_k},\ c_1, \cdots, c_k \in F$$

와 같이 나타낼 수 있다.
특히, 유한차원 $[K : F] = n$ 이라 하면 적당한 기저$B = \{ v_1, \cdots, v_n \}$ 를 선택하여 $K = \{ c_1 v_1 + \cdots + c_n v_n \mid c_i \in F \}$ 로 쓸 수 있다.
또한 $1 \in K$ 이므로 1을 포함한 기저$B = \{ 1, v_1, \cdots, v_{n-1} \}$ 를 선택할 수 있으며 $K = \{ c_0 + c_1 v_1 + \cdots + c_{n-1} v_{n-1} \mid c_i \in F \}$ 와 같다.
$F \subset K$ 이므로 차원 $[K : F]$ 는 항상 1보다 크거나 같다.
특히, $[K : F] = 1$ 이면 $K = \{ c_0 \mid c_0 \in F \} = F$ 이다.

3. 대수적 원소(algebraic element)와 기약다항식

확대체 $K \geq F$ 와 원소 $a \in K$ 에 대하여 a 가 체F 에서 계수를 갖는 영이 아닌 어떤 다항식 $f(x)$ 의 근이면 즉, $f(a) = 0$ 이면 a 를 F 위의 대수적 원소(algebraic element) 또는 대수적 (algebraic over F)이라 한다.
$F[x]$ 는 UFD이므로 상수 아닌 다항식$f(x)$ 는 기약다항식들의 곱으로 인수분해할 수 있으며 $f(a) = 0$ 이라 하면 $f(x)$ 의 기약다항식들 중에 a 를 근으로 갖는 기약다항식이 항상 있다.

[정의] {기약다항식}
확대체 $K \geq F$ 일 때, F 위의 대수적 원소 $a \in K$ 에 대하여 $p(a) = 0$ 이며, $p(x) \in F[x]$ 이며 모닉(Monic)인 기약다항식$p(x)$ 를 F 위의 a 의 기약다항식이라 하고 $\mathrm{irr}(a,F)$ 로 표기하며, 그 차수(degree)를 $\deg(a,F)$ 라 쓴다.
$\mathrm{irr}(a,F) = a$ 의 기약다항식, $\deg(a,F) \equiv \deg(\mathrm{irr}(a,F))$

원소$a \in K$ 를 근으로 하고, 모닉(Monic)인 F 에서 계수를 갖는 다항식 중에서 차수가 최소인 다항식도 $\mathrm{irr}(a,F)$ 와 같다. $\mathrm{irr}(a,F)$ 를 $\min \mathrm{poly}(a,F)$ 라 쓰기도 한다.

[정리] $\alpha \in K \geq F$ 일 때, a 의 기약다항식은 a 가 근이 되는 가장 작은 차수를 갖는 모닉 다항식이다.

증명 a 의 기약다항식을 $p_1(x)$ 라 하고, a 가 근(root)이며 최소차수 모닉다항식을 $p_2(x)$ 라 하자.
$p_1(x) = p_2(x)q(x) + r(x)$ (단, $\deg(r(x)) < \deg(p_2(x))$ 또는 $r(x)=0$)라 쓸 수 있으며
a 를 대입하면 $r(a)=0$ 이며 $p_2(x)$ 가 최소차수를 가지므로 $r(x)=0$
$p_1(x)=p_2(x)q(x)$
$p_1(x)$ 가 기약이며 모닉(monic)이므로 $q(x)=1$
따라서 $p_1(x)=p_2(x)$

예제 1 원소 $\alpha = 3-2\sqrt[3]{2} + \sqrt[3]{4} \in \mathbb{Q}(\sqrt[3]{2})$ 의 기약다항식 $\operatorname{irr}(\alpha,\mathbb{Q})$ 를 구하시오.

풀이 $[\mathbb{Q}(\sqrt[3]{2}):\mathbb{Q}] = \deg(x^3-2) = 3$ 이므로 $\{1, \sqrt[3]{2}, \sqrt[3]{4}\}$ 는 $\mathbb{Q}(\sqrt[3]{2})$ 의 기저이다.
$\{1, \alpha, \alpha^2, \alpha^3\}$ 는 $\mathbb{Q}(\sqrt[3]{2})$ 에서 $\mathbb{Q}$ 에 관하여 일차종속이다.
즉, $a+b\alpha+c\alpha^2+d\alpha^3=0$ 인 유리수 a, b, c, d 가 존재한다. …… ㉠
1, $\alpha = 3-2\sqrt[3]{2}+\sqrt[3]{4}$, $\alpha^2 = 1-10\sqrt[3]{2}+10\sqrt[3]{4}$,
$\alpha^3 = -57-12\sqrt[3]{2}+51\sqrt[3]{4}$ 이므로
식 ㉠에 대입하면 $a+3b+c-57d=0$, $-2b-10c-12d=0$,
$b+10c+51d=0$
$b+5c=-6d$, $b+10c=-51d$ 을 연립하면 $5c=-45d$, $c=-9d$,
$b=39d$
$a+3b+c-57d=0$ 에 대입하면 $a=-51d$
따라서 $d\alpha^3-9d\alpha^2+39d\alpha-51d=0$ 이며 $\alpha^3-9\alpha^2+39\alpha-51=0$
또한 다항식 $x^3-9x^2+39x-51$ 는 소수3 에 관하여 Eisenstein의 기약판정법을 적용하여 기약다항식임을 알 수 있다.
그러므로 α 의 기약다항식 $\operatorname{irr}(\alpha,\mathbb{Q}) = x^3-9x^2+39x-51$

02 유한 확대와 대수적 확대

1. 유한 확대, 단순 확대, 대수적 확대

체K는 체F위의 vector공간으로 간주할 수 있으며, 차원이 유한차원일 때

> **[정의] {유한 확대(finite extension)}**
> $[K : F] \equiv \dim_F(K)$ 가 유한(finite)일 때, K는 F위의 유한 차원 확대체 또는 유한 확대체라 한다.

확대체$K \geq F$와 부분집합$A \subset K$에 대하여 체F와 부분집합A를 포함하는 최소의 체를 $F(A)$ 라 표기한다. 집합A가 유한집합이며 $F(A) = K$일 때, K를 유한생성 확대체라 한다.
특히, $a \in K \geq F$일 때, 체F와 원a를 포함하는 최소의 체를 $F(a)$라 표기한다.

> **[정의] {단순 확대(simple extension)}**
> $K = F(a)$ 인 원소 $a \in K$ 가 존재할 때, K는 F위의 단순 확대체라 한다.

이때, a를 원시원소(primitive element)라 한다.

> **[정의] {대수적 확대(algebraic extension)}**
> 체F의 확대체K의 모든 원소가 F위의 대수적 원소일 때, K는 F위의 대수적 확대체라 한다.

체K가 체F위의 대수적 확대가 아닐 때, K는 F위의 초월적 확대체 (transcendental extension field)라 한다.

2. 대수적 폐체와 대수적 폐포(Algebraic Closure)

> **[정의] {대수적 폐체와 대수적 폐포}**
> 체F에서 계수를 갖고 차수가 1 이상 인 모든 다항식이 체F에서 근을 가질 때, F를 '대수적 폐체(algebraically closed field)'라 한다.
> 체F위의 대수적 확대체K가 대수적 폐체일 때, K를 F의 '대수적 폐포(Algebraic Closure)'라 하고 $\overline{F} = K$라 쓴다.
> $F \leq E$일 때, $\overline{F_E} = \{u \in E \mid u$는 F에서 대수적$\}$를 'E안의 F의 대수적 폐포'라 정의한다.

복소수체$\mathbb{C}$는 대표적인 대수적 폐체이다.
모든 체F에 대하여 F의 대수적 폐포$\overline{F}$가 존재함을 "Zorn의 보조정리"를 이용하여 증명할 수 있다. "Zorn의 보조정리"는 집합론의 공리인 "선택공리"와 동치이므로 대수학의 범위를 넘는다.

> **[정리]** 모든 체F는 대수적 폐포(대수적으로 닫힌 확대체) $\overline{F}$를 갖는다.

3. 확대체 개념들에 관한 정리

다양한 확대체 개념사이에 관계하는 성질들을 살펴보자.

[정리]
(1) $a \in E \geq F$, $\deg(a,F)=n$ 이면 $F(a)=\{c_0+c_1a+\cdots+c_{n-1}a^{n-1} \mid c_i \in F\}$ 이며, $1, a, a^2, \cdots, a^{n-1}$ 는 $F(a)$ 의 기저(basis)이다.
(2) a 가 체 F 위에서 대수적 원소이면 $[F(a):F]=\deg(a,F)$

증명 (1) $\deg(a,F)=n$ 이므로 a 가 근인 n 차 최소기약다항식 $p(x) \in F[x]$ 가 존재한다.
$F(a)$ 의 모든 원소 β 는 적당한 다항식 $f(x)$, $g(x) \in F[x]$ 에 관하여 $\beta = \dfrac{f(a)}{g(a)}$ 의 꼴로 쓸 수 있다. 단, $g(a) \neq 0$ 이다.
$g(a) \neq 0$ 이므로 $g(x)$ 는 a 를 근으로 갖는 기약다항식 $p(x)$ 와 서로소이다.
즉, $h(x)g(x)+k(x)p(x)=1$ 인 다항식 $h(x), k(x) \in F[x]$ 가 존재한다.
$x=a$ 를 대입하면 $h(a)g(a)+k(a)p(a)=h(a)g(a)=1$ 이며,
$\dfrac{1}{g(a)}=h(a)$ 이므로 $\beta=h(a)f(a)$ 이다.
그리고 나눗셈 정리에 의하여 $h(x)f(x)=p(x)q(x)+r(x)$, $\deg(r(x)) < \deg(p(x))=n$ 인 다항식 $q(x), r(x) \in F[x]$ 가 존재한다.
$x=a$ 를 대입하면 $\beta=h(a)f(a)=p(a)q(a)+r(a)=r(a)$ 이다.
$\deg(r(x)) < n$ 이므로 $r(x)=c_0+c_1x+\cdots+c_{n-1}x^{n-1} \in F[x]$ 라 하자.
$x=a$ 를 대입하면 $\beta=c_0+c_1a+\cdots+c_{n-1}a^{n-1}$ 이다.
따라서 $F(a)=\{c_0+c_1a+\cdots+c_{n-1}a^{n-1} \mid c_i \in F\}$ 이다.
이제, $1, a, a^2, \cdots a^{n-1}$ 의 일차독립을 보이자.
$d_0+d_1a+\cdots+d_{n-1}a^{n-1}=0$, $d_i \in F$ 이라 하자.
이때 $f(x)=d_0+d_1x+\cdots+d_{n-1}x^{n-1}$ 라 두면,
$\deg(f(x)) < n=\deg(p(x))$, $f(a)=0$ 이다.
그런데 a 가 근인 n 차 최소기약다항식이 $p(x)$ 이므로 $f(x)=0$ 이다.
즉, $d_0=\cdots=d_{n-1}=0$ 이므로 $\{1, a, a^2, \cdots a^{n-1}\}$ 는 일차독립이다.
따라서 $\{1, a, a^2, \cdots a^{n-1}\}$ 는 체 F 위에서 $F(a)$ 의 기저이다.
(2) a 가 체 F 위에서 대수적 원소이면 a 의 기약다항식 $f(x)$ 가 있다.
위의 명제(1)의 증명으로부터 $[F(a):F]=\deg(f(x))=\deg(a,F)$

그리고 위의 정리로부터 다음과 같은 따름 정리를 얻는다.

[정리] 체E가 체F의 유한 확대체이면, E는 F위의 대수적 확대체이다.

증명 $[\mathrm{E}:\mathrm{F}]=\mathrm{n}$ 이라 하면, E 의 임의의 원소 α 에 대하여 $1, \alpha, \cdots, \alpha^n \in \mathrm{E}$ 이며, $[\mathrm{E}:\mathrm{F}]=\mathrm{n}$ 이므로 $n+1$ 개의 원소 $1, \alpha, \cdots, \alpha^n$ 은 F 위에서 일차종속이다.

따라서 $c_0+c_1\alpha+\cdots+c_n\alpha^n=0$ 이 성립하는 적어도 하나는 영이 아닌 $c_k\in \mathrm{F}$ 가 존재한다.
이때, $f(x)=c_0+c_1x+\cdots+c_nx^n$ 이라 두면,
$f(x)\in \mathrm{F}[x]$ 이며, $f(x)$ 는 영이 아닌 다항식이다.
따라서 α 는 $f(x)$ 의 근이므로 α 는 F 위에서 대수적이다.
그러므로 E 는 F 위의 대수적 확대체이다.

따라서 차수에 관하여 다음의 성질이 성립한다.

[정리]
(1) $F\le K$와 $K\le L$은 유한확대이면 $[L:F]=[L:K][K:F]$
(2) $K\ge E$는 대수적 확대이고 $E\ge F$도 대수적 확대이면 $K\ge F$는 대수적 확대이다.

증명 (1) $F\le K\le L$, $[L:K]=n$, $[K:F]=m$ 이라 하면 차원의 정의에 의하여 체 F 위의 벡터공간 K 의 기저 $\{k_1,\cdots,k_m\}$ 이 있고, 체 K 위의 벡터공간 L 의 기저 $\{l_1,\cdots,l_n\}$ 이 있다.
이때 집합 $B=\{k_jl_i \mid 1\le j\le m,\ 1\le i\le n\}$ 라 두자.

L 의 임의의 원소 α 에 대하여 $\alpha=\sum_{i=1}^{n}a_il_i$ 인 $a_i\in K$ 가 있다.

각각의 $a_i\in K$ 에 대하여 $a_i=\sum_{j=1}^{m}b_{ij}k_j$ 인 $b_{ij}\in F$ 가 있다.

따라서 $\alpha=\sum_{i=1}^{n}\sum_{j=1}^{m}b_{ij}k_jl_i$ 이다.

$\sum_{i=1}^{n}\sum_{j=1}^{m}b_{ij}k_jl_i=0$ (단, $b_{ij}\in F$)이라 하면 $\sum_{i=1}^{n}\left(\sum_{j=1}^{m}b_{ij}k_j\right)l_i=0$ 이므로

각각의 $\sum_{j=1}^{m}b_{ij}k_j=0$ 이며 $b_{ij}=0$ 이다.

그러므로 B 는 체 F 위의 벡터공간 L 의 기저를 구성하며 $[L:F]=nm$

(2) K의 임의의 원소 a 가 F 위에서 대수적 수임을 보이자.
$K\ge E$는 대수적 확대이므로 a 는 E 위에서 대수적 수이다.
즉, 다항식 $f(x)\in E[x]$ 가 존재하여 $f(x)\ne 0$, $f(a)=0$ 이다.
이때, $f(x)=c_nx^n+\cdots+c_1x+c_0$, $c_k\in E$라 두자.
그리고 $L_k=F(c_0,c_1,\cdots,c_k)$ 라 두면 (단, $k=0,1,\cdots,n$)

$$F(c_0,\cdots,c_n)=L_n\supset\cdots\supset L_1\supset L_0\supset F$$

$1\le k\le n$ 일 때 c_k 가 F 위에서 대수적이므로 체 L_{k-1} 위에서도 대수적이며,

$$[L_k:L_{k-1}]=[L_{k-1}(c_k):L_{k-1}]=\deg(c_k;L_{k-1})<\infty$$

따라서 $[L_n:F]=[L_n:L_{n-1}]\cdots[L_1:L_0][L_0:F]<\infty$,
즉, $L_n=F(c_0,c_1,\cdots,c_n)$ 은 F 위의 유한 확대체이다.
또한 $f(x)\in L_n[x]$ 이므로 $[L_n(a):L_n]=\deg(a,L_n)\le\deg(f)$

유리수체 대신 분리확대이며 무한체이면 이 정리는 성립한다.

유리수체가 아니어도 무한체이면 성립한다.

따라서 $[L_n(a): F]=[L_n(a): L_n][L_n: F]<\infty$ 이므로 $L_n(a)$ 는 F 위의 유한 확대체이다.
그런데 유한 확대체이면 대수적 확대체이므로 $L_n(a)$ 는 F 위의 대수적 확대체이며, a 는 F 위에서 대수적 수이다.
그러므로 K 는 F 위의 대수적 확대체이다.

[원시 원소(primitive element) 정리]
(1) $\mathbb{Q}$ 위의 대수적 수 s, t 에 대하여 $\mathbb{Q}(s,t)=\mathbb{Q}(s+ct)$ 인 유리수 c 가 있다.
(2) 체 F 가 유리수체 $\mathbb{Q}$ 위의 유한 확대체이면 F 는 $\mathbb{Q}$ 위의 단순 확대체 $F=\mathbb{Q}(\gamma)$ 이다.

증명 (1)과 (2)를 묶어서 증명하자.
유리수체 $\mathbb{Q}$ 의 유한확대체 F 는 적당한 $a_k\in F$ 에 관하여 $F=\mathbb{Q}(a_1,a_2,\cdots,a_n)$ 로 나타낼 수 있다. 여기서 a_k 는 모두 $\mathbb{Q}$ 위에서 대수적 수이다.
이때, $K=\mathbb{Q}(s,t)$ 라 두고, 적당한 $\beta\in K$ 를 찾아 $K=\mathbb{Q}(\beta)$ 로 나타낼 수 있음을 보이면, 모든 a_k 에 관하여 같은 논리를 적용하여 $F=\mathbb{Q}(\gamma)$ 인 $\gamma\in F$ 를 찾을 수 있으므로 증명이 끝난다.
따라서 $K=\mathbb{Q}(s,t)$ 일 때, $K=\mathbb{Q}(\beta)$ 로 나타낼 수 있는 β 가 존재함을 보이면 충분하다.
기약 다항식 $\mathrm{irr}(s,\mathbb{Q})$ 와 $\mathrm{irr}(t,\mathbb{Q})$ 의 서로 다른 모든 복소수 해를 각각 $s_1,\cdots,s_n$, $t_1,\cdots,t_m$ 이라 하자. (단, $s=s_1$, $t=t_1$)
그러면, $\dfrac{s_i-s_1}{t_1-t_j}\ (i,j\geq 2)$ 는 유한개이므로 $c\neq\dfrac{s_i-s_1}{t_1-t_j}$, $c\in\mathbb{Q}$ 인 c 가 존재한다.
이때, $\beta=s_1+ct_1$ 라 두면, $\beta\in\mathbb{Q}(s,t)$ 이며, $\mathbb{Q}(\beta)\subset\mathbb{Q}(s,t)$
그리고 $c\neq\dfrac{s_i-s_1}{t_1-t_j}$ 이므로 $s_i-s_1\neq c(t_1-t_j)$ 이며,
모든 $i,j\geq 2$ 에 대하여 $\beta=s_1+ct_1\neq s_i+ct_j$ 이다.
따라서 $\beta-ct_j\neq s_i\ \ (i\geq 1,\ j\geq 2)$ …… ①
이때, 다항식 $f(x)=\mathrm{irr}(s,\mathbb{Q})$, 다항식 $h(x)=\mathrm{irr}(t,\mathbb{Q})$ 라 두고,
$g(x)=f(\beta-cx)$ 라 하면, $g(x)\in\mathbb{Q}(\beta)[x]$ 이며, $g(t_1)=f(s_1)=0$ 이다.
그러나 $k\geq 2$ 이면 ①에 의하여 $g(t_k)\neq 0$ 이다.
따라서 $g(x)$ 와 $h(x)$ 는 t_1 만 공통근으로 가지므로
$g(x)$ 와 $h(x)$ 의 G.C.D.는 $x-t_1$ 이며 $t_1=t\in\mathbb{Q}(\beta)$ 이다.
그리고 $s=\beta-ct\in\mathbb{Q}(\beta)$ 이다.
따라서 $\mathbb{Q}(s,t)\subset\mathbb{Q}(\beta)$ 이다. 그러므로 $\mathbb{Q}(s,t)=\mathbb{Q}(\beta)$ 가 성립한다.

[정리]
(1) 체E가 유한체이면 단원군$E^* = E-\{0\}$는 순환군이다.
(2) 체E가 유한체 F 위의 유한 확대체이면 E는 F 위의 단순 확대체이다.

증명 (1) E가 체이므로 단원군$E^* = E-\{0\}$는 곱셈에 대하여 가환군(Abel group)이 된다.
E가 유한체 위의 유한 확대체이므로 E^*는 유한군(finite group)이며, 유한생성 가환군의 분류에 의하여, 적당한 양의 정수m_k에 대하여 다음이 성립한다.

$E^* \cong \mathbb{Z}_{m_1} \times \cdots \times \mathbb{Z}_{m_n}$, $m_1 | m_2 | \cdots | m_n$

이때, 임의의 $(a_1, \cdots, a_n) \in \mathbb{Z}_{m_1} \times \cdots \times \mathbb{Z}_{m_n}$에 대하여,
각각의 a_k의 위수(order)가 m_k의 약수이며, $m_k | m_n$이므로
$m_n \cdot (a_1, \cdots, a_n) = (0, \cdots, 0)$ (단, 좌변은 m_n회 연산을 의미)이다.
따라서 E^*의 임의의 원소 g에 대하여 $g^{m_n} = 1$이며, 즉, g는 방정식 $x^{m_n} = 1$의 해가 된다.
그런데, 체E에서 방정식$x^{m_n} = 1$의 해는 기껏해야 m_n 개이며, 0은 해가 될 수 없으므로 E^*의 위수(order)는 m_n이다.
따라서 $m_1 = \cdots = m_{n-1} = 1$이며 $E^* \cong Z_{m_n}$이다.
그러므로 E^*는 순환군이다.

(2) E는 유한체F 위의 유한 확대체이므로 E는 유한체이다.
따라서 (1)로부터 E^*는 순환군이며, 적당한 생성원a가 존재하여 E^*의 모든 원소는 a^k꼴로 나타낼 수 있으므로 $E^* \subset F(a)$이며 $E \subset F(a)$
또한 $F \subset E$, $a \in E$이므로 $F(a) \subset E$
그러므로 $E = F(a)$이며, E는 F의 단순 확대체이다.

[정리] $F \leq K$는 유한차원확대이며 $F \leq K$의 중간체가 유한개 있으면 $F \leq K$는 단순 확대체이다.

증명 첫째, F가 유한체이면 K도 유한체이므로 $F \leq K$는 단순 확대체이다.
둘째, F가 무한체인 경우를 증명하자.
원소 $\alpha \in K$ 중에서 차수 $[F(\alpha):F]$가 최대인 원소를 α라 하자.
$F(\alpha) \neq K$이라 가정하자.
$\beta \in K - F(\alpha)$ 인 원소β가 있으며 $F(\alpha) \neq F(\alpha, \beta)$이다.
F는 무한체이며 무한히 많은 원소$t \in F$에 관하여 $F \leq K$의 중간체 $F(\alpha + t\beta)$ 들을 만들 수 있으며 $F \leq K$의 중간체는 유한개 있으므로
$F(\alpha + c\beta) = F(\alpha + d\beta)$, $c \neq d$, $c, d \in F$ 인 두 원소 c, d가 있다.
$\alpha + d\beta \in F(\alpha + c\beta)$ 이며 $(c-d)\beta = (\alpha + c\beta) - (\alpha + d\beta) \in F(\alpha + c\beta)$
$c - d \neq 0$ 이므로 $\beta \in F(\alpha + c\beta)$, $\alpha = (\alpha + c\beta) - c\beta \in F(\alpha + c\beta)$

따라서 $F(\alpha,\beta) \le F(\alpha+c\beta)$ 이며 $F(\alpha) \ne F(\alpha,\beta)$ 이므로
$[F(\alpha+t\beta):F]$ 는 $[F(\alpha):F]$ 보다 크다. 모순
따라서 $F(\alpha)=K$ 이며 $F \le K$ 는 단순 확대체이다.

예제 1 $\deg(a,F)=2n+1$ 이면 $F(a)=F(a^2)$ 임을 보이시오.

증명 $a^2 \in F(a)$ 이므로 $F(a^2) \subset F(a)$ 이다.
그리고 $\deg(a,F)=2n+1$ 라 두고, $\mathrm{irr}(a,F)=c_{2n+1}x^{2n+1}+\cdots+c_1x+c_0$ 라 하자.
그러면 $c_{2n+1}a^{2n+1}+\cdots+c_1a+c_0=0$ 이며, 홀수항과 짝수항을 분리하여 정리하면

$$a(c_{2n+1}a^{2n}+c_{2n-1}a^{2n-2}+\cdots+c_1)=-c_{2n}a^{2n}-\cdots-c_2a^2-c_0$$
$$a=(-c_{2n}a^{2n}-\cdots-c_2a^2-c_0)/(c_{2n+1}a^{2n}+c_{2n-1}a^{2n-2}+\cdots+c_1)$$

그런데, 위 식의 우변은 a^2 과 F 의 원 c_k 로 구성된 식이므로 $a \in F(a^2)$ 이다.
따라서 $F(a)=F(a^2)$

예제 2 체 F 위의 대수적 확대체 E 와 부분환 D 에 대하여 $F \subset D \subset E$ 이면 D 는 체임을 보이시오.

증명 $F \subset D \subset E$ 이므로 환 D 는 단위원을 갖는 가환환이다.
임의의 $u \in D-F$ 에 대하여 $F(u) \subset E$ 이며, E 가 F 의 대수적 확대체이므로 $F(u)$ 는 F 의 유한확대체이며 $[F(u):F]=n$ 라 둘 수 있다.
그러면 $1, u, \cdots, u^n$ 이 $n+1$ 개이므로 F 위에서 일차 종속이다.
즉, $c_0+c_1u+\cdots+c_nu^n=0$, $c_k \in F$, (단, 적어도 하나의 $c_i \ne 0$ 이다.)라 쓸 수 있다.
이때, $c_0 \ne 0$ 라 가정할 수 있다.
그러면 $u(-c_0^{-1}c_nu^{n-1}-\cdots-c_0^{-1}c_1)=1$ 이며,
$c_0^{-1}c_k \in F \subset D$, $u \in D$ 이므로 $-c_0^{-1}c_nu^{n-1}-\cdots-c_0^{-1}c_1 \in D$
따라서 u 는 D 에서 역원을 갖는다. 즉, 가역원이다.
그러므로 D 는 체이다.

예제 3 체 F 위의 유한확대체 K 와 $u, v \in K$ 에 대하여
$[F(u):F]=m$, $[F(v):F]=n$ 일 때, $[F(u,v):F] \le mn$
m, n 이 서로소이면 $[F(u,v):F]=mn$ 임을 보이시오.

증명 F 위의 v 의 기약다항식을 $g(x)$, $F(u)$ 위의 v 의 기약다항식을 $h(x)$ 라 두면,
$g(x) \in F[x] \subset F(u)[x]$ 이며 $g(v)=0$
이므로 $h(x) \mid g(x)$ 이며 $\deg(h(x)) \le \deg(g(x))$
따라서 $[F(u,v):F(u)] \le [F(v):F] \le n$. …… ①
$[F(u,v):F]=[F(u,v):F(u)][F(u):F] \le mn$
그러므로 $[F(u,v):F] \le mn$
m, n 이 서로소라 하자.

$$[F(u,v):F]=[F(u,v):F(u)][F(u):F]$$
$$=[F(u,v):F(v)][F(v):F]$$

이므로 $[F(v):F]$ 는 $[F(u,v):F(u)][F(u):F]$ 의 약수이며

$[F(v):F]$ 과 $[F(u):F]$ 는 서로소이므로
$[F(v):F]$ 는 $[F(u,v):F(u)]$ 의 약수이다.
따라서 $[F(v):F] \leq [F(u,v):F(u)]$ 이며 ①과 연립하면
$[F(u,v):F(u)]=n$,
$[F(u,v):F]=[F(u,v):F(u)][F(u):F]=mn$
그러므로 m , n 이 서로소이면 $[F(u,v):F]=mn$

예제 4 $f(x) \in \mathbb{Q}[x]$, $\deg(f) \geq 2$ 인 다항식 $f(x)$ 와 한 복소수 α 에 관하여 $\mathbb{Q}(\alpha)=\mathbb{Q}(f(\alpha))$ 이면 α 는 $\mathbb{Q}$ 위의 대수적 수임을 보이시오.

증명 $\alpha \in \mathbb{Q}(f(\alpha))$ 이므로 $\alpha = \dfrac{h(f(\alpha))}{g(f(\alpha))}$, $g(x), h(x) \in \mathbb{Q}[x]$ 인 서로소인 다항식 $g(x), h(x)$ 가 있다. (단, $g(f(\alpha)) \neq 0$)
$g(x), h(x)$ 는 서로소이므로 $g(f(x)), h(f(x))$ 는 서로소이다.
$\alpha = \dfrac{h(f(\alpha))}{g(f(\alpha))}$, $\alpha\, g(f(\alpha)) - h(f(\alpha)) = 0$ 이므로
α 는 다항식 $x\, g(f(x)) - h(f(x))$ 의 근이다.
$x\, g(f(x)) - h(f(x))$ 가 영-다항식이라 가정하자.
$x\, g(f(x)) = h(f(x))$ 이며 $g(f(x)), h(f(x))$ 는 서로소이므로
$g(f(x)) = 1$ 이며 $x = h(f(x))$
$\deg(f) \geq 2$ 이므로 $h(f(x))$ 는 상수이거나 2 이상의 차수를 갖는다. 모순!
따라서 $x\, g(f(x)) - h(f(x))$ 는 영 다항식이 아니다.
그러므로 α 는 $\mathbb{Q}$ 위의 대수적 수이다.

05

03 분해체와 분리 확대체

1. 분해체(Splitting Field)

1개 다항식의 분해체 현대대수학-박승안 참조

[정의] {분해체(Splitting Field) 1}
상수가 아닌 다항식 $f(x) \in F[x]$ 에 대하여, F 위의 확대체 K 가 두 조건
(1) 다항식 $f(x)$ 는 $K[x]$ 에서 1차식으로 인수분해 되어
$f(x) = c(x-a) \cdots (x-b)$
(2) $K = F(a, \cdots, b)$
을 만족할 때, 체 K 를 다항식 $f(x)$ 의 분해체(splitting field)라 한다.

체 K 가 다항식 $f(x)$ 의 분해체이며, K 가 아닌 체 K' 가 K 와 체동형이면 체 K' 도 위의 정의를 만족한다. K' 도 $f(x)$ 의 분해체가 된다. 따라서 분해체는 단 하나의 체로 결정되지 않으며, 체동형의 관점에서 일정하게 정해진다.
분해체의 정의에서 다항식 $f(x)$ 를 상수가 아닌 여러 개의 다항식 $f_k(x)$ 들로 일반화하여 분해체를 정의하기도 한다.

여러 다항식의 분해체 현대대수학-FraLeigh 참조

[정의] {분해체(Splitting Field) 2}
상수가 아닌 다항식 $f_i(x) \in F[x]$ $(i \in I)$에 대하여, F 의 확대체 K 에서
(1) 모든 다항식 $f_i(x)$ 들은 $K[x]$ 에서 1차식으로 인수분해 되어
$f_i(x) = c_i \prod (x - a_{ij})$
(2) $K = F(A)$, $A = \{a_{ij}\}$
을 만족할 때, 체 K 를 $\{f_i(x) \mid i \in I\}$ 의 분해체(splitting field)라 한다.

$K = F(\alpha_1, \cdots, \alpha_n)$ 인 경우, 각 α_k 의 기약다항식 $p_k(x)$ 들이 체 K 에서 모든 근을 가질 때, 체 K 는 체 F 위의 다항식 $p_1(x) \cdots p_n(x)$ 의 분해체가 된다.
체 K 가 다항식 $f_k(x) \in F[x]$ 들의 분해체가 될 필요충분조건으로 정규확대체가 있다. 대수적 확대체 중에서 다음과 같은 정규조건을 만족할 때 정규(normal)확대체라 정의한다.

정규=분해체 Algebra-Hungerford 참조

[정의] {정규 확대(Normal extension) 1}
체 K 가 체 F 의 대수적 확대체이며, 체 K 에서 근을 갖는 F 위의 모든 기약다항식이 $K[x]$ 에서 일차인수로 분해될 때, 체 K 를 체 F 의 정규 확대체(Normal extension)라 한다.

따라서 정규 확대체를 여러 다항식들의 분해체와 같은 의미로 사용할 수 있다. 그러나, 대수학 전공교재의 저자에 따라 「유한확대+분리확대+분해체일 때, 정규확대체」라 정의하기도 한다.

정규=분해+분리 현대대수학-FraLeigh 참조

2. 분리 확대(separable extension)

확대체 $K \geq F$ 와 $a \in K$ 라 하자.

원소 a 의 F 위의 기약다항식 $p(x)$ 가 $p(x)$ 의 분해체에서 중근을 갖지 않을 때, a 를 F 위의 분리원소(separable element)라 한다.

주의) K 가 분해체라는 뜻이 아니다.

또한 다항식 $f(x) \in F[x]$ 가 분해체에서 중근을 갖지 않을 때, $f(x)$ 를 분리다항식이라 한다.

[정의] {분리 확대(separable extension) 1}
F 위의 대수적 확대체 K 의 모든 원소가 F 위에서 분리원 일 때, K 는 F 위의 분리 확대체라 한다.

현대대수학-박승안
Algebra-Hungerford 참조

$K = F(\alpha_1, \cdots, \alpha_n)$ 인 경우, 각 α_k 의 기약다항식 $p_k(x)$ 가 n 차이면 n 개의 모든 근이 중근이 아닐 때, 체 K 는 체 F 위의 분리확대체가 된다.

대수학 교재의 저자에 따라 분리확대를 체동형사상의 확장이라는 관점으로 정의하기도 한다.

유한확대체 $K \geq F$ 에 대하여 단사 체준동형사상 $\sigma : K \rightarrow \overline{F}$ 에 대하여 공역을 치역으로 바꾸면 $\sigma : K \rightarrow \sigma(K)$ 는 전사사상이 되므로 동형사상이 된다.
역으로 체동형사상 $\sigma : K \rightarrow \sigma(K)$ 는 단사 체 준동형사상 $\sigma : K \rightarrow \overline{F}$ 로 공역을 넓힐 수 있다. 실제 함숫값의 대응은 변화가 없다.

[정의] {지표(index)}
유한확대체 $K \geq F$ 에 대하여 F 의 모든 원소 a 는 $\sigma(a) = a$ 이 성립하는 체동형사상 $\sigma : K \rightarrow \sigma(K) \subset \overline{F}$ 들의 개수를 지표 $\{K : F\}$ 라 정의한다.

조건 「F 의 모든 원소 a 는 $\sigma(a) = a$ 이 성립한다」 을 간단히 「σ 는 F 를 고정한다」라고 한다. 체동형사상 $\sigma : K \rightarrow \sigma(K)$ 는 단사 체준동형사상 $\sigma : K \rightarrow \overline{F}$ 와 같다고 할 수 있으므로 지표 $\{K : F\}$ 를

「F 를 고정하는 단사 체준동형사상 $\sigma : K \rightarrow \overline{F}$ 들의 개수」

라고 할 수 있다.
지표의 개념으로부터 다음과 같이 분리확대를 정의한다.

[정의] {분리 확대(separable extension) 2}
유한 확대체 $K \geq F$ 에 대하여 $\{K : F\} = [K : F]$ 일 때, K 는 F 위의 분리 확대체라 한다.

현대대수학-FraLeigh 참조

분리 확대에 관한 두 가지 정의는 유한 확대일 때 동치명제가 된다.
그러나 무한차원 대수적 확대일 때 두 번째 정의는 사용할 수 없으며 첫 번째 정의를 적용해야 한다. 따라서 첫 번째 정의가 보다 일반적인 정의라고 할 수 있다.

3. 갈루아군과 동형확장정리

체(field) 사이의 「환준동형사상」을 「체준동형사상」이라 한다. 일반적으로 체와 체 사이의 영 아닌 준동형사상은 일대일 함수이며, 따라서 체 사이의 전사 준동형사상은 동형사상이 된다.

체와 체 사이의 환동형사상을 「체동형사상(field isomorphism)」이라 한다.

체 F 에 대하여 F 에서 자기 자신 F 로의 체동형사상을 체 F 의 「자기동형사상(automorphism)」이라 한다.

체 F 의 모든 자기동형사상들의 집합을 $\mathrm{Aut}(F)$ 라 표기하며, $\mathrm{Aut}(F)$ 는 함수의 합성연산에 관한 군이 된다.

이 군을 자기동형사상군(automorphism group)이라 한다.

$F \le E$, $F \le K$ 일 때, 체-준동형사상 $\sigma : E \to K$ 와 모든 $c \in F$ 에 대하여 $\sigma(c) = c$ 일 때, '사상 σ 는 체 F 를 고정(fix)한다'라 한다.

확대체 $F \le K$ 일 때, F 를 고정하는 K 의 자기동형사상들의 집합을 갈루아군(Galois group)이라 하고 $\mathrm{G}(K/F)$ 또는 $\mathrm{Gal}(K/F)$ 또는 $\mathrm{Aut}_F(K)$ 로 표기한다. $\mathrm{G}(K/F)$ 는 $\mathrm{Aut}(K)$ 의 부분군이 된다.

[정의] {자기동형사상군, 갈루아군(Galois group)} 체의 확대 $F \le K$ 일 때

$$\mathrm{Aut}(F) = \{ \sigma \mid \sigma : F \to F \text{ 동형사상} \}$$

$$\mathrm{Gal}(K/F) = \mathrm{G}(K/F) = \{ \sigma \in \mathrm{Aut}(K) \mid \forall x \in F,\ \sigma(x) = x \}$$

특히, 체 K 가 $f(x) \in F[x]$ 의 분해체일 때, 군 $\mathrm{G}(K/F)$ 를 "다항식 $f(x)$ 의 갈루아 군"이라 한다.

[정리] 확대체 $F \le K$ 와 동형사상 $\sigma \in \mathrm{G}(K/F)$ 일 때,

(1) 다항식 $p(x) \in F[x]$ 와 $a \in K$ 에 대하여 다음 등식이 성립한다.

$$p(\sigma(a)) = \sigma(p(a))$$

(2) $a \in K$ 가 다항식 $p(x) \in F[x]$ 의 근(root)이면 $\sigma(a)$ 도 다항식 $p(x) \in F[x]$ 의 근이다.

증명 (1) 다항식을 $p(x) = c_0 + c_1 x + \cdots + c_n x^n$, $c_i \in F$ 라 두면,

$$\begin{aligned}\sigma(p(a)) &= \sigma(c_0 + c_1 a + \cdots + c_n a^n) \\ &= \sigma(c_0) + \sigma(c_1)\sigma(a) + \cdots + \sigma(c_n)\sigma(a)^n \\ &= c_0 + c_1\sigma(a) + \cdots + c_n\sigma(a)^n = p(\sigma(a)) \text{ 이다.}\end{aligned}$$

(2) a 를 다항식 $p(x)$ 의 근으로 택하면 $p(a) = 0$

확대체 $F \le K$ 와 $\beta \in K$, $\sigma \in \mathrm{G}(K/F)$ 에 대하여 β 의 기약다항식을 $p(x) \in F[x]$ 라 하자.

$p(x)$ 의 해집합 $A = \{ \alpha \in K \mid p(\alpha) = 0 \}$ 에 대하여 $\sigma(\beta) \in A$ 이며 $\sigma(A) \subset A$. σ 는 전단사사상이므로 $\sigma(A) = A$ 이며 σ 는 해집합 A 의 치환(permutation)이다.

특히, 체 K 가 체 F 위의 n 차 기약다항식 $f(x)$ 의 분해체라 하자.
$f(x)$ 는 체 K 에서 n 개의 근을 가지며, 해집합을 $S=\{\alpha_1, \cdots, \alpha_n\}$ 라 하면
$K=F(S)$
체동형사상 $\sigma \in G(K/F)$ 에 대하여 K 의 모든 원소는 S 의 원소들의 연산으로 나타낼 수 있으며 σ 는 F 를 고정하는 체동형사상이므로 S 의 함숫값 $\sigma(\alpha_k)$ 에 의하여 사상 σ 의 식이 결정된다.
따라서 $\sigma(S)=S$ 이므로 S 의 특정 치환으로 σ 는 정해진다.

예제 1 $\mathbb{Q}$ 위의 다항식 $f(x)=x^4-2$ 의 분해체 K 의 갈루아군 $G(K/\mathbb{Q})$ 를 구하시오.

풀이 $f(x)=x^4-2$ 의 근은 $\sqrt[4]{2}$, $-\sqrt[4]{2}$, $\sqrt[4]{2}i$, $-\sqrt[4]{2}i$ 이며
분해체 $K=\mathbb{Q}(S)$ (단, $S=\{\sqrt[4]{2}, -\sqrt[4]{2}, \sqrt[4]{2}i, -\sqrt[4]{2}i\}$)이다.
$K=\mathbb{Q}(S)$ 를 간단히 정리하면 $K=\mathbb{Q}(S)=\mathbb{Q}(\sqrt[4]{2}, i)$ 이며
$K=\{a_1+a_2\sqrt[4]{2}+a_3\sqrt[4]{4}+a_4\sqrt[4]{8}+a_5 i+a_6\sqrt[4]{2}i+a_7\sqrt[4]{4}i+a_8\sqrt[4]{8}i\}$
$\sigma \in G(K/\mathbb{Q})$ 이라 하면 $f(\sigma(\sqrt[4]{2}))=\sigma(f(\sqrt[4]{2}))=\sigma(0)=0$ 이므로
$\sigma(\sqrt[4]{2}) \in S$. 같은 방법으로 $\sigma(-\sqrt[4]{2}), \sigma(\sqrt[4]{2}i), \sigma(-\sqrt[4]{2}i) \in S$
그런데 $\sigma(-\sqrt[4]{2})=\sigma(-1)\sigma(\sqrt[4]{2})=-\sigma(\sqrt[4]{2})$,
$\sigma(\sqrt[4]{2}i)=\sigma(\sqrt[4]{2})\sigma(i)$, $\sigma(-\sqrt[4]{2}i)=-\sigma(\sqrt[4]{2})\sigma(i)$ 들은 $\sigma(\sqrt[4]{2})$ 와 $\sigma(i)$ 의 값으로 정해진다.
여기서 i 의 기약다항식은 $g(x)=x^2+1$ 이므로 $g(\sigma(i))=\sigma(g(i))=0$
$\sigma(i)$ 는 $i, -i$
따라서 두 함숫값 $\sigma(\sqrt[4]{2}) \in S$ 와 $\sigma(i) \in \{i, -i\}$ 의 선택에 의하여
$\sigma(x)$ 의 식이 정해진다.
$\sigma(\sqrt[4]{2}) \in S$와 $\sigma(i) \in \{i, -i\}$ 의 선택을 표로 정리하자.

구분	σ_1	σ_2	σ_3	σ_4	σ_5	σ_6	σ_7	σ_8
$\sigma(\sqrt[4]{2})$	$\sqrt[4]{2}$	$\sqrt[4]{2}i$	$-\sqrt[4]{2}$	$-\sqrt[4]{2}i$	$\sqrt[4]{2}$	$\sqrt[4]{2}i$	$-\sqrt[4]{2}$	$-\sqrt[4]{2}i$
$\sigma(i)$	i	i	i	i	$-i$	$-i$	$-i$	$-i$

사상들이 체동형사상이 됨을 증명하는 과정은 생략한다.

그러므로 $G(K/\mathbb{Q})=\{\sigma_1, \sigma_2, \sigma_3, \sigma_4, \sigma_5, \sigma_6, \sigma_7, \sigma_8\}$ 이다.
예를 들어, σ_6 의 식은 다음과 같다.
$\sigma_6(a_1+a_2\sqrt[4]{2}+a_3\sqrt[4]{4}+a_4\sqrt[4]{8}+a_5 i+a_6\sqrt[4]{2}i+a_7\sqrt[4]{4}i+a_8\sqrt[4]{8}i)$
$=a_1+a_2\sqrt[4]{2}i-a_3\sqrt[4]{4}-a_4\sqrt[4]{8}i-a_5 i+a_6\sqrt[4]{2}+a_7\sqrt[4]{4}i-a_8\sqrt[4]{8}$

4. 켤레동형사상정리와 동형확장정리

$\alpha \in K \geq F$ 이며 F 위의 α 의 기약다항식을

$p(x) = x^n + a_{n-1}x^{n-1} + \cdots + a_1 x + a_0$ 이라 하자.

사상 $\sigma : F(\alpha) \to K$ 가 체 F 를 고정하는 체-준동형사상이라 하자.

첫째, 체 $F(\alpha)$ 의 모든 원소는 $c_0 + c_1\alpha + \cdots + c_{n-1}\alpha^{n-1}$ (단, $c_i \in F$) 으로 나타낼 수 있으며,

$$\sigma(c_0 + c_1\alpha + \cdots + c_{n-1}\alpha^{n-1}) = \sigma(c_0) + \sigma(c_1)\sigma(\alpha) + \cdots + \sigma(c_{n-1})\sigma(\alpha)^{n-1}$$
$$= c_0 + c_1\sigma(\alpha) + \cdots + c_{n-1}\sigma(\alpha)^{n-1}$$

이므로 $\sigma(\alpha)$ 의 값을 정하면 사상 σ 의 함수식이 결정된다.

둘째, $\sigma(\alpha) = \beta$ 라 $\sigma(\alpha)$ 의 값을 정하면, α 의 기약다항식에 α 를 대입하면 $p(\alpha) = 0$ 이므로

$$0 = \sigma(0) = \sigma(p(\alpha)) = \sigma(\alpha^n + a_{n-1}\alpha^{n-1} + \cdots + a_1\alpha + a_0)$$
$$= \sigma(\alpha)^n + \sigma(a_{n-1})\sigma(\alpha)^{n-1} + \cdots + \sigma(a_1)\sigma(\alpha) + \sigma(a_0)$$
$$= \sigma(\alpha)^n + a_{n-1}\sigma(\alpha)^{n-1} + \cdots + a_1\sigma(\alpha) + a_0 = p(\sigma(\alpha))$$

즉, $p(\beta) = 0$ 이며 β 는 F 위의 α 의 기약다항식 $p(x)$ 의 근(root)이다.

같은 기약다항식을 갖는 것을 '켤레'라 정의한다.

[정의] {켤레} $\alpha, \beta \in K \geq F$, $\operatorname{irr}(\alpha, F) = \operatorname{irr}(\beta, F)$ 일 때 'F 에서 α, β 를 켤레(conjugate, 공액)'라 한다. 즉, 체 F 위에서 α, β 는 동일한 기약다항식의 근이다.

일반화하여 $F \leq E$, $F \leq K$ 일 때, 체 F 를 고정하는 체-준동형사상 $\sigma : E \to K$ 의 함수식을 결정하는 방법은 다음과 같다.

(단, $E = F(\alpha_1, \cdots, \alpha_k)$ 이며 α_i 는 F 위의 대수적 원소이다.)

① 사상 σ 의 함수식은 $\sigma(\alpha_i)$ 들의 값에 의하여 결정된다.

② $\sigma(\alpha_i)$ 의 값을 $\beta_i \in K$ 라 정하면 β_i 는 α_i 의 기약다항식 $p_i(x) \in F[x]$ 의 근(root)이다.

여기서 $\alpha_i \in E$, $\beta_i \in K$ 임에 유의해야 한다. 즉, 기약다항식 $p_i(x)$ 의 근을 서로 다른 체 E 와 K 에서 구한 셈이며 동일한 체에서 구한 근이 아니면 '켤레'라고 부르지 않음에 주의해야 한다.

그러면 역으로 조건 ①, ②를 만족하는 함수식을 가진 사상 σ 는 항상 체-준동형사상이 될까?

그렇지 않다! 조건 ①, ②는 사상 σ 가 체-준동형사상이 될 필요조건일 뿐이다. 조건 ①, ②를 만족하는 함수식을 가진 사상들 중에서 체-준동형사상이 되는 것을 선별해야 한다. 게다가, 체-동형사상을 찾는 것이 목표일 때는 전단사사상이 되는 것을 선별해야 한다.

그런데 첨가하는 α_i 가 단 하나뿐인 경우에는 [켤레 동형사상 정리]가 성립한다. 체동형사상의 존재성에 관하여 다음과 같은 정리가 성립한다.

[켤레 동형사상 정리]
$\alpha, \beta \in K \geq F$, $\deg(\alpha, F) = n$ 일 때, 사상 $\psi : F(\alpha) \to F(\beta)$,
$\psi(c_0 + c_1\alpha + \cdots + c_{n-1}\alpha^{n-1}) = c_0 + c_1\beta + \cdots + c_{n-1}\beta^{n-1}$ (단, $c_i \in F$)
가 체 동형사상이기 위한 필요충분조건은 'α, β 가 F 위에서 켤레'이다.
[동형확장 정리]
대수적 확대 $F \leq K$ 이며 사상 $\sigma : F \to F'$ 는 체동형사상일 때,
$c \in F$ 이면 $\overline{\sigma}(c) = \sigma(c)$ 이 성립하는 단사 준동형사상 $\overline{\sigma} : K \to \overline{F'}$ 가 있다.
특히, $\mathrm{Im}(\overline{\sigma}) = \overline{\sigma}(K) = K'$ 라 두면 $\overline{\sigma} : K \to K'$ 는 σ 를 확장한 체동형사상이 된다.

'동형확장 정리'의 증명에는 "Zorn의 보조정리"가 사용되므로 증명의 수준이 높은 편이다.
"켤레 동형사상 정리"를 다음과 같이 두 명제로 나누어 이해할 수 있다.

[정리]
(1) $\alpha, \beta \in K \geq F$, α, β 는 체 F 위에서 켤레이면 체동형 $F(\alpha) \cong F(\beta)$ 이 성립한다.
(2) $\alpha, \beta \in K \geq F$, $\psi : F(\alpha) \to F(\beta)$ 가 F 를 고정하는 체동형사상이며 $\psi(\alpha) = \beta$ 이면 α, β 는 F 위에서 켤레이다.
(3) $\alpha, \beta \in K \geq F$, $\mathrm{irr}(\alpha, F) = \mathrm{irr}(\beta, F)$ 이며 $g(x) \in F[x]$ 이면 $\mathrm{irr}(g(\alpha), F) = \mathrm{irr}(g(\beta), F)$ 이다.

증명 (3)을 증명하자.
(3) $\mathrm{irr}(g(\alpha), F) = f(x)$ 이라 두면 $f(g(\alpha)) = 0$
켤레동형사상정리에 의하여 F 를 고정하는 켤레동형사상
$\psi : F(\alpha) \to F(\beta)$, $\psi(\alpha) = \beta$ 가 존재한다.
이때 $f(g(\beta)) = f(g(\psi(\alpha))) = \psi(f(g(\alpha))) = \psi(0) = 0$
따라서 $f(x)$ 는 $g(\beta)$ 를 근으로 갖는 모닉 기약다항식이며
$\mathrm{irr}(g(\beta), F) = f(x)$
그러므로 $\mathrm{irr}(g(\alpha), F) = \mathrm{irr}(g(\beta), F)$

주의 체동형 $F(\alpha) \cong F(\beta)$ 이라 하더라도 α, β 를 '켤레'라 보면 안된다.
예를 들면 $\mathbb{Q}(\sqrt{2}) = \mathbb{Q}(2\sqrt{2})$ 이지만 $\sqrt{2}$, $2\sqrt{2}$ 는 켤레가 아니다.

5. 분해체와 분리 확대체의 성질

유한확대일 때, 분리확대의 두 가지 정의가 동치명제임으로 증명하자.

> **[정리]** 유한확대 $K \geq F$에 관하여 다음 두 명제는 동치이다.
> (1) K의 모든 원소가 F 위에서 분리원소이다.
> (2) $\{K : F\} = [K : F]$

증명 $K \geq F$는 유한확대이므로 $K = F(\beta_1, \cdots, \beta_n)$인 유한개의 대수적 원소 $\beta_1, \cdots, \beta_n$이 존재하며 $F \leq F(\beta_1) \leq \cdots \leq F(\beta_1, \cdots, \beta_{n-1}) \leq K$
수학적 귀납법을 적용하면 되므로 한 단계 $F \leq F(\beta)$ 경우만 증명하면 된다.
즉, $K = F(\beta)$라 두고 증명하면 충분하다.
β의 기약다항식을 $p(x) \in F[x]$라 하고, 차수 $\deg(p(x)) = n$라 하자.
그리고 $p(x)$의 해집합 $A = \{\alpha \in \overline{F} \mid p(\alpha) = 0\}$라 두자.
(1) → (2): β는 분리원소 즉, $p(x)$는 중근을 갖지 않으므로 $|A| = n$
체F를 고정하는 단사 준동형사상 σ에 대하여 $K = F(\beta)$이므로 사상σ는 값$\sigma(\beta)$에 의하여 결정되며 $\sigma(\beta)$의 값은 β의 기약다항식$p(x)$의 근이다.
즉, $\sigma(\beta) \in A$. 따라서 σ의 개수 즉, $\{K : F\} \leq |A|$이다.
또한 임의의 $\alpha \in A$에 대하여 사상$\sigma : F(\alpha) \to \overline{F}$ 를

$$\sigma(a_1 + a_2\beta + \cdots + a_n\beta^{n-1}) = a_1 + a_2\alpha + \cdots + a_n\alpha^{n-1}$$

결레동형사상 정리의 증명과 같다.

라 정의하면 σ는 단사 준동형사상이다.
따라서 σ의 개수 즉, $\{K : F\} \geq |A|$이다.
그러므로 $\{K : F\} = |A| = \deg(p(x)) = [K : F]$이다.
(2) → (1): 위의 증명과정에서 $\{F(\beta) : F\} = |A|$ 임을 보였다.
$\{F(\beta) : F\} = [F(\beta) : F]$이므로 $|A| = \deg(p(x))$이다.
따라서 β의 기약다항식$p(x)$는 중근을 갖지 않는다.
β가 F 위의 분리원소이므로 $F(\beta)$의 모든 원소는 F 위의 분리원소이다.
그러므로 K의 모든 원소가 F 위에서 분리원소이다.

> **[정리]** 유한확대 $K \geq F$에 관하여
> K가 F 위의 분해체일 필요충분조건은 $\{K : F\} = |G(K/F)|$이다.

증명 (→): 정의에 의해 $\{K : F\} \geq |G(K/F)|$
F를 고정하는 단사 준동형사상$\sigma : K \to \overline{F}$에 대하여 모든 $a \in K$의 값$\sigma(a)$는 a의 기약다항식의 근이다.
K는 F 위의 분해체이므로 a의 기약다항식의 근은 K에 속한다.
따라서 $\sigma(a) \in K$이며 σ를 동형사상$\sigma : K \to K$으로 보면 $\sigma \in G(K/F)$
그러므로 $\{K : F\} = |G(K/F)|$
(←): 임의의 원소 $a \in K$ 의 켤레원b에 대하여 켤레동형정리에 의하여 F를 고정하고 $\sigma(a) = b$인 단사 준동형사상$\sigma : K \to \overline{F}$가 있다.

조건 (2)에 의하여 σ는 K의 동형사상이며 $b \in K$
따라서 K는 F 위의 분해체이다.

위에서 증명한 두 정리로부터 다음 정리를 얻는다.

[정리] 유한확대 $K \geq F$에 관하여 다음 두 명제는 동치이다.
(1) K가 F 위의 분해체이며 분리확대체이다.
(2) $[K : F] = |G(K/F)|$

증명 정의에 의하여 $[K : F] \geq \{K : F\} \geq |G(K/F)|$가 성립한다.
(2)가 성립할 필요충분조건은 $[K : F] = \{K : F\} = |G(K/F)|$이다.
따라서 앞의 두 정리에 의하여 (2)가 성립할 필요충분조건은 (1)이다.
분해체와 분리확대체에 관하여 다음과 같은 성질들이 성립한다.

[정리]
(1) 체K가 n차 다항식 $f(x) \in F[x]$ 의 분해체이면 $[K: F] \leq n!$
(2) 다항식$f(x)$가 기약이고 $f'(x) \neq 0$이면 $\gcd(f(x), f'(x)) = 1$이며,
$\gcd(f(x), f'(x)) = 1$이면 $f(x)$는 분리다항식이다.
(3) $\text{char}(F) = 0$이면 $F[x]$ 의 기약다항식$f(x)$는 분리다항식이다.
(4) $\text{char}(F) = p \nmid \deg(f)$ 이면 $F[x]$ 의 기약다항식$f(x)$는 분리다항식이다.

증명 (1) n에 관한 수학적 귀납법을 적용하자.
$n = 1$이면 $f(x)$는 1차 다항식이므로 $K = F$이며 $[K: F] = 1 \leq 1!$
$n = k$이면 k차 다항식$f(x)$ 의 분해체에 대하여 $[K: F] \leq k!$라 가정하자.
$n = k+1$ 일 때, $f(x)$ 의 한 근을 α라 하면 체$F(\alpha)$에서 인수정리에 의하여 $f(x) = (x-\alpha)g(x)$인 다항식$g(x) \in F(\alpha)[x]$가 있다.
K는 $f(x)$ 분해체이므로 K는 $F(\alpha)$ 위의 n차 다항식 $g(x)$의 분해체이다.
가정에 의하여 $[K: F(\alpha)] \leq n!$. 그리고 $[F(\alpha): F] \leq \deg(f) = n+1$
$[K: F] = [K: F(\alpha)][F(\alpha): F] \leq n! \cdot (n+1) = (n+1)!$
따라서 명제 (1)은 모든 n에 대하여 성립한다.

(2) $f'(x) \neq 0$이므로 $\deg(f') < \deg(f)$이며 $f \nmid f'$ 이다.
f는 기약다항식이므로 f와 f'는 서로소이다. $\gcd(f(x), f'(x)) = 1$
$\gcd(f(x), f'(x)) = 1$이면 $f(x)g(x) + f'(x)h(x) = 1$ 인 $g(x), h(x)$가 있다. f와 f'이 공통근을 갖는다면 이 식에 대입하면 $0 = 1$. 모순
따라서 f와 f'는 공통근을 갖지 않으며 f는 $\overline{F}$에서 중근을 갖지 않는다.
그러므로 $f(x)$는 분리다항식이다.

(3), (4) $f(x) = a_n x^n + \cdots + a_1 x + a_0$ (단, $a_n \neq 0$)라 두면
$f'(x) = n a_n x^{n-1} + \cdots + a_1$이며 (3), (4) 두 조건에 따라 $n a_n \neq 0$
따라서 $f'(x) \neq 0$이며 명제 (2)에 의하여 $f(x)$는 분리다항식이다.

[정리] (분해체와 분리확대체에 관한 성질)
(1) $\mathbb{Q} \le F \le K$ 이며 $F \le K$ 는 대수적 확대이면 $F \le K$ 는 분리확대이다.
(2) $\mathbb{Z}_p \le F \le K$ 이며 $p \nmid [K:F] < \infty$ 이면 $F \le K$ 는 분리확대이다.
(3) $\mathbb{Z}_p \le F \le K$ 이며 $|K| < \infty$ 이면 $F \le K$ 는 분리확대이며 K 는 F 의 분해체이다.

증명 (1) $\mathbb{Q} \le F \le K$ 이므로 $\mathrm{char}(F) = 0$
K 의 모든 원소 α 에 대하여 F 위의 α 의 기약다항식 $f(x)$ 는 분리다항식이므로 α 는 F 위의 분리원소이다.
따라서 $F \le K$ 는 분리확대이다.
(2) $\mathbb{Z}_p \le F \le K$ 이므로 $\mathrm{char}(F) = p$
K 의 모든 원소 α 에 대하여 F 위의 α 의 기약다항식을 $f(x)$ 라 하면
$\deg(f) = [F(\alpha):F] \mid [K:F]$, $p \nmid [K:F] < \infty$ 이므로 $p \nmid \deg(f)$
따라서 $f(x)$ 는 분리다항식이므로 α 는 F 위의 분리원소이다.
따라서 $F \le K$ 는 분리확대이다.
(3) 유한체에 관한 성질을 이용한다.
$\mathbb{Z}_p \le F \le K$, $|K| < \infty$ 이므로 $|F| = p^n$, $|K| = p^m$ 이다.
다항식 $f(x) = x^{p^m} - x$ 는 K 에서 일차식의 곱으로 인수분해되며 K 의 모든 원소는 $f(x) = x^{p^m} - x$ 의 근이다.
따라서 K 는 F 위에서 $f(x)$ 의 분해체이다.
K 의 모든 원소 α 에 대하여 F 위의 α 의 기약다항식을 $g(x)$ 라 하면
$f(\alpha) = 0$ 이므로 $g(x)$ 는 $f(x) = x^{p^m} - x$ 의 인수이며, $f(x)$ 는 K 에서 중근을 갖지 않으므로 $g(x)$ 도 K 에서 중근을 갖지 않는다. 즉, 분리다항식이다.
따라서 $F \le K$ 는 분리확대이다.

확대체의 지표(index)에 관하여 차수(degree)와 같은 성질이 성립한다.

증명은 이 교재의 부록에 별도로 제시한다.

[정리] 유한 확대 $F \le E \le K$ 에 대하여
$\{K:F\} = \{K:E\}\{E:F\}$

위의 정리로 다음의 정리가 성립한다.

[정리] 유한 확대 $F \le E \le K$ 에 대하여
$K \ge E$ 는 분리 확대이고 $E \ge F$ 도 분리 확대일 필요충분조건은 $K \ge F$ 는 분리 확대이다.

예제 1 (1) 체 $\mathbb{Q}(\sqrt{2})$ 의 유리수체 $\mathbb{Q}$ 를 고정하는 자기체동형사상을 모두 구하시오.
(2) 실수체 $\mathbb{R}$ 의 유리수체 $\mathbb{Q}$ 를 고정하는 자기체동형사상은 항등사상임을 보이시오.

풀이 (1) $\sigma : \mathbb{Q}(\sqrt{2}) \to \mathbb{Q}(\sqrt{2})$ 를 $\mathbb{Q}$ 를 고정하는 체동형사상이라 하자.

$a, b \in \mathbb{Q}$ 일 때, $\sigma(a+b\sqrt{2}) = \sigma(a)+\sigma(b)\sigma(\sqrt{2}) = a+b\sigma(\sqrt{2})$ 이며,

$\sqrt{2}$ 는 $x^2-2=0$ 이므로 $\sigma(\sqrt{2})$ 도 $x^2-2=0$ 의 근이며

$\sigma(\sqrt{2}) = \pm\sqrt{2}$

따라서 σ 의 함수식은 $\sigma_1(a+b\sqrt{2}) = a+b\sqrt{2}$ 와

$\sigma_2(a+b\sqrt{2}) = a-b\sqrt{2}$ 이다.

항등사상 $\sigma_1(a+b\sqrt{2}) = a+b\sqrt{2}$ 이 체동형사상인 것은 자명하다.

$$\begin{aligned}\sigma_2((a+b\sqrt{2})+(c+d\sqrt{2})) &= \sigma_2((a+c)+(b+d)\sqrt{2}) \\ &= (a+c)-(b+d)\sqrt{2} \\ &= (a-b\sqrt{2})+(c-d\sqrt{2}) \\ &= \sigma_2(a+b\sqrt{2})+\sigma_2(c+d\sqrt{2})\end{aligned}$$

$$\begin{aligned}\sigma_2(a+b\sqrt{2})\sigma_2(c+d\sqrt{2}) &= (a-b\sqrt{2})(c-d\sqrt{2}) \\ &= (ac+2bd)-(ad+bc)\sqrt{2} \\ &= \sigma_2((ac+2bd)+(ad+bc)\sqrt{2}) \\ &= \sigma_2((a+b\sqrt{2})(c+d\sqrt{2}))\end{aligned}$$

이므로 σ_2 는 준동형사상이다.

$\sigma_2(a+b\sqrt{2}) = a-b\sqrt{2} = 0$ 이라 하면 $a=0$, $b=0$ 이므로 σ_2 는 단사

임의의 $a+b\sqrt{2} \in \mathbb{Q}(\sqrt{2})$ 에 대하여 $\sigma_2(a-b\sqrt{2}) = a+b\sqrt{2}$ 이므로 σ_2 는 전사

따라서 σ_1, σ_2 는 체 $\mathbb{Q}(\sqrt{2})$ 의 모든 체동형사상이다.

(2) $\sigma : \mathbb{R} \to \mathbb{R}$ 를 $\mathbb{Q}$ 를 고정하는 체동형사상이라 하자.

$\sigma(0)=0$ 이며 σ 는 단사이므로 임의의 양의 실수 a 에 대하여 $\sigma(a) \neq 0$

또한 $\sigma(a) = \sigma((\sqrt{a})^2) = \sigma(\sqrt{a})^2 \geq 0$ 이므로 $\sigma(a) > 0$

$a < b$ 이면 $0 < b-a$ 이므로

$\sigma(b-a) > 0$, $\sigma(b)-\sigma(a) > 0$, $\sigma(a) < \sigma(b)$

임의의 실수 x 와 $a < x < b$ 인 모든 유리수 a, b 에 대하여

$\sigma(a) < \sigma(x) < \sigma(b)$ 이며 σ 는 $\mathbb{Q}$ 를 고정하므로

$\sigma(a) = a < \sigma(x) < \sigma(b) = b$

따라서 $a < x < b$ 인 모든 유리수 a, b 에 대하여 $a < \sigma(x) < b$ 이므로

$\sigma(x) = x$

그러므로 $\mathbb{Q}$ 를 고정하는 $\mathbb{R}$ 의 자기체동형사상은 항등사상 뿐이다.

유리수체는 소체이므로 체동형사상에서 유리수체는 항상 고정된다. 위의 예제에서 유리수체를 고정하는 조건이 없어도 결론은 같다.

위의 예제와 관련지어 복소수체$\mathbb{C}$의 자기체동형사상을 $\sigma_1(a+bi)=a+bi$ 와 $\sigma_2(a+bi)=a-bi$ (단, $a, b\in\mathbb{R}$) 뿐이라고 생각하지 쉽다. 그러나 복소수체$\mathbb{C}$의 자기체동형사상은 무한히 많다는 사실이 알려져 있다.

예제 2 $F\le E$와 $E\le K$는 분해체이지만 $F\le K$는 분해체가 아닌 사례를 제시하시오.

풀이 $F=\mathbb{Q}$, $E=\mathbb{Q}(\sqrt{2})$, $K=\mathbb{Q}(\sqrt[4]{2})$ 라 두면
$[E:F]=[K:E]=2$ 이므로 $F\le E$와 $E\le K$는 분해체이다.
$\sqrt[4]{2}$ 의 $\mathbb{Q}$ 위의 기약다항식 x^4-2 의 네 근 중에서 $\sqrt[4]{2}\,i$ 는 K에 속하지 않으므로 x^4-2 는 K에서 1차식의 곱으로 인수분해되지 않는다.
따라서 $F\le K$는 분해체가 아니다.

예제 3 표수 0인 체F 위의 확대체K는 $f(x)$ 의 분해체이며, $d(x)=\gcd(f(x), f'(x))$, $f(x)=d(x)g(x)$ 이면 $f(x)$ 와 $g(x)$ 는 K에 공통근을 가지며 $g(x)$ 는 단근만을 가짐을 보이시오.

증명 $f(x)=d(x)g(x)$ 이므로 $g(x)$ 의 근은 $f(x)$ 의 근이다.
$\alpha\in K$가 $f(x)$ 의 m 중근(root)이라 하자.
K에서 $f(x)=(x-\alpha)^m Q(x)$ (단, $m\ge 1, Q(\alpha)\neq 0$)라 인수분해하면

$$f'(x)=(x-\alpha)^m Q'(x)+m(x-\alpha)^{m-1}Q(x)$$
$$=(x-\alpha)^{m-1}((x-\alpha)Q'(x)+mQ(x))$$

$R(x)=(x-\alpha)Q'(x)+mQ(x)$ 라 두면
체F는 표수 0이며 $Q(\alpha)\neq 0$ 이므로 $R(\alpha)\neq 0$
따라서 $d(x)=(x-\alpha)^{m-1}\gcd((x-\alpha)Q(x), R(x))$ 이므로 $d(x)$ 에서 α 의 중복도는 $m-1$
따라서 $g(x)$ 에서 α 의 중복도는 항상 1이다.
그러므로 $f(x)$ 의 근과 $g(x)$ 의 근은 같으며 $g(x)$ 의 근은 중복도 1인 단근 만을 갖는다.

04 유한체(Finite field)

1. 갈루아체(Galois field)의 구성

[정의] {갈루아체(Galois field)}
체F가 위수(order) q인 유한집합일 때, 유한체(finite field)F를 갈루아체(Galois field)라 하고, $\mathrm{GF}(q)$ 또는 $\mathbb{F}_q$라 표기한다.

정의에 따라 유한체를 달리 갈루아체라 부른다.
유한체(finite field)는 영인자를 갖지 않으므로 표수(characteristic)는 소수(prime number)이다.
유한체F의 표수$\mathrm{char}(F)$를 소수p라 하면, 단위원1_F로 생성한 부분환 $\{0, 1_F, \cdots, (p-1)1_F\}$는 체$\mathbb{Z}_p$와 체동형이다. 이 부분환을 $\mathbb{Z}_p$로 보기로 하면 유한체F는 $\mathbb{Z}_p$위의 확대체이다.

[정리] 유한체에 관하여 다음 명제가 성립한다. (단, p는 소수이다.)
(1) 체E가 유한체이면 단원군$E^* = E-\{0\}$는 순환군이다.
(2) 체E가 유한체 F위의 유한확대체이면 E는 F위의 단순 확대체이다.
(3) 모든 유한체의 위수는 적당한 소수의 거듭제곱 p^n이다.
(4) 위수 p^n인 유한체는 존재한다.
(5) 위수 p^n인 유한체 F에 대하여
$$\prod_{\alpha \in F}(x-\alpha) = x^{p^n} - x$$
(6) $\mathbb{Z}_p[x]$의 n의 모든 약수d의 d차 모닉 기약다항식들의 곱은 $f(x) = x^{p^n} - x$이다.

증명 (1), (2)는 앞에서 제시한 정리에서 이미 증명하였다.
(3) 유한체F의 표수$\mathrm{char}(F)$를 소수p라 하면 유한체F는 $\mathbb{Z}_p$위의 확대체이다. $\mathbb{Z}_p$와 F는 유한집합이므로 F는 기초체$\mathbb{Z}_p$위에서 유한 차원 확대체가 된다. 차원 $[F:\mathbb{Z}_p] = n$이라 하자.
체$\mathbb{Z}_p$에서 벡터공간F의 기저를 $\{1_F = e_1, \cdots, e_n\}$이라 두면
$$F = \{a_1e_1 + \cdots + a_ne_n \mid a_k \in \mathbb{Z}_p\}$$
이므로 F의 위수(order)는 소수의 거듭제곱 p^n이다.
따라서 모든 유한체의 위수는 적당한 소수의 거듭제곱p^n과 같다.
(4) 체$\mathbb{Z}_p$의 대수적 폐포 $\overline{\mathbb{Z}_p}$도 존재한다.
대수적 폐포$\overline{\mathbb{Z}_p}$는 체$\mathbb{Z}_p$위의 대수적 확대체이며 대수적 폐체(algebraically closed field)이다.
대수적 폐체$\overline{\mathbb{Z}_p}$에서 방정식$x^{p^n} - x = 0$은 중복도를 고려하여 p^n개의 근을 갖는다.

형식적 미분 $(x^{p^n}-x)' = p^n x^{p^n-1}-1 = -1 \neq 0$ 이므로

방정식 $x^{p^n}-x=0$ 은 중근을 갖지 않는다.

따라서 방정식 $x^{p^n}-x=0$ 은 대수적 폐체 $\overline{\mathbb{Z}_p}$ 에서 정확히 p^n 개의 근을 갖는다.

이 방정식의 해집합을 $F=\left\{x \in \overline{\mathbb{Z}_p} \mid x^{p^n}-x=0\right\}$ 라 두자.

$a, b \in F$ 이면 $a^{p^n}=a$, $b^{p^n}=b$ 이며

$(a+b)^{p^n}=a^{p^n}+b^{p^n}=a+b$, $(ab)^{p^n}=a^{p^n}b^{p^n}=ab$ 이므로

$a+b, ab \in F$

$a \neq 0$ 이면 $a^{p^n-1}=1$, $aa^{p^n-2}=1$ 이므로 a 는 가역원이다.

$k \in Z_p$ 이면 $k^p=k$ 이므로 $k^{p^n}=k$. 즉, k 는 방정식 $x^{p^n}-x=0$ 의 해이며 $k \in F$

따라서 해집합 F 는 체 $\mathbb{Z}_p$ 위의 확대체(field)이며 위수 p^n 이다.

그러므로 임의의 소수의 거듭제곱 p^n 에 대하여 위수가 p^n 인 체 F 가 존재한다.

(5) 첫째, 임의의 원소 $\alpha \in F$ 에 대하여 α 는 $x^{p^n}-x$ 의 근임을 보이자.

$\alpha=0$ 인 경우 $\alpha^{p^n}-\alpha=0$

$\alpha \neq 0$ 인 경우 $\alpha \in F^*$ 이며 F^* 는 곱셈에 관하여 군이므로 라그랑주 정리에 의하여 α 의 곱셈에 관한 위수는 $|F^*|=p^n-1$ 의 약수이다.

따라서 $\alpha^{p^n-1}=1$ 이며 $\alpha^{p^n}=\alpha$, $\alpha^{p^n}-\alpha=0$

인수정리에 의하여 모든 원소 $\alpha \in F$ 에 대하여 $x-\alpha$ 는 다항식 $x^{p^n}-x$ 의 인수이다. 그리고 일차식 $x-\alpha$ 들은 p^n 개 있다.

따라서 $\prod_{\alpha \in F}(x-\alpha)$ 는 $x^{p^n}-x$ 의 인수이며, 모닉이며 동일한 차수를 갖는다.

그러므로 $\prod_{\alpha \in F}(x-\alpha) = x^{p^n}-x$

(6) n 의 약수 d 가 차수인 모든 모닉 기약다항식들의 곱을 $g(x)$ 라 두자.

n 의 약수 d 가 차수인 임의의 모닉 기약다항식을 $p(x)$ 라 두면 $F=\mathbb{Z}_p[x]/\langle p(x)\rangle$ 는 위수가 p^d 인 유한체이며 $p(x)$ 의 한 근 β 를 갖는다.

β 는 위수 p^d 인 유한체의 원소이므로 다항식 $x^{p^d}-x$ 의 근이다.

따라서 β 는 다항식 $x^{p^d}-x$ 의 근이며 $p(x)$ 는 β 의 기약다항식이므로 $p(x) \mid x^{p^d}-x$

n 의 약수 d 이므로 $x^{p^d}-x \mid x^{p^n}-x$

따라서 $p(x) \mid x^{p^n}-x=f(x)$ 이다.

그러므로 n 의 모든 약수 d 인 d 차 모닉 기약다항식들의 곱 $g(x)$ 은 $f(x)$ 의 인수이다.

다항식 $f(x) = x^{p^n} - x$ 는 위수 p^n 인 유한체 K 에서 일차식들의 곱으로 인수분해되며 $f'(x) = -1 \neq 0$ 이므로 $f(x)$ 는 중근을 갖지 않는다.

$f(x)$ 의 임의의 근 $\beta \in K$ 에 대하여 $\mathbb{Z}_p[x]$ 위의 β 의 기약다항식을 $p(x)$ 라 두면 $\deg(p(x)) = [\mathbb{Z}_p(\beta) : \mathbb{Z}_p]$, $\mathbb{Z}_p \leq \mathbb{Z}_p(\beta) \leq K$ 이므로 $\deg(p(x))$ 는 $[K : \mathbb{Z}_p] = n$ 의 약수이다.

따라서 기약다항식 $p(x)$ 는 n 의 약수인 차수를 가지므로 $g(x)$ 의 인수가 된다.

$f(x)$ 의 모든 근의 기약다항식이 $g(x)$ 의 인수이므로 $f(x)$ 는 $g(x)$ 의 인수이다.

그러므로 $f(x)$ 와 $g(x)$ 는 같은 다항식이다.

체 $\mathbb{Z}_p$ 위의 n 차 모닉(monic) 기약다항식의 개수는 $\frac{1}{n}\sum_{d|n}\mu(\frac{n}{d})p^d$ 이다.

함수 $\mu(x)$ 는 정수론의 뫼비우스 함수(Mobius function)이다.

2차 모닉기약다항식의 개수 $= \frac{1}{2}(\mu(1)p^2 + \mu(2)p) = \frac{1}{2}(p^2 - p)$

3차 모닉기약다항식의 개수 $= \frac{1}{3}(\mu(1)p^3 + \mu(3)p) = \frac{1}{3}(p^3 - p)$

4차 모닉기약다항식의 개수 $= \frac{1}{4}(\mu(1)p^4 + \mu(2)p^2 + \mu(4)p) = \frac{1}{4}(p^4 - p^2)$

명제 【체 E 가 유한체이면 단원군 $E^* = E - \{0\}$ 는 순환군】임을 증명하였다.
이 정리에 따르면 위수 p^n 인 유한체 F 의 단원군 F^* 는 곱셈에 관하여 순환군이며 적당한 생성원 β 가 존재한다.
생성원 β 를 유한체 F 의 원시근(primitive root)이라 하며, 영을 제외한 F 의 모든 원소는 β 의 거듭제곱으로 구할 수 있다.
원시근 β 의 기약다항식을 원시다항식(primitive polynomial)이라 한다.
원시근 β 에 관하여 $F = \mathbb{Z}_p(\beta)$. 즉, 유한체 F 는 체 $\mathbb{Z}_p$ 위의 단순확대체가 된다.
단순확대의 정의에서 $F = \mathbb{Z}_p(\alpha)$ 가 성립하는 α 를 체 F 의 원시원소 (primitive element)라 한다.
정리하면, 원시근은 원시원소이다.
그런데, 원시원소 중에서는 원시근이 아닌 경우가 있으므로 주의해야 한다.
그리고 원시다항식의 개수는 $\frac{\varphi(p^n - 1)}{n}$ 이다.

두 유한체 F, K가 같은 위수 p^n 일 때 F와 K는 체동형이 되는지 조사하여 명제 【위수 p^n 인 체들은 모두 체동형이다.】를 증명하자.

[정리] $|F| = |K| = p^n$ 이면 $F \cong K$ (체동형)이다.
즉, $\mathrm{GF}(p^n)$는 체동형 관점에서 일정한 체이다.

증명 위수 p^n 인 유한체 $F = \mathbb{Z}_p(\beta)$ 인 원시근 $\beta \in F$가 존재한다.
체 $\mathbb{Z}_p$에서 β의 기약다항식을 $f(x)$라 하면 체 $\mathbb{Z}_p(\beta)$와
잉여환 $\mathbb{Z}_p[x] / \langle f(x) \rangle$와 체동형이다.
$|F| = p^n$ 이므로 $n = [F : \mathbb{Z}_p] = [\mathbb{Z}_p(\beta) : \mathbb{Z}_p] = \deg(f(x))$
β는 영이 아니므로 F^* 에 속하며 라그랑주 정리에 의하여 $\mathrm{ord}(\beta)$는
$|F^*| = p^n - 1$의 약수이므로 $\beta^{p^n - 1} = 1$, $\beta^{p^n} = \beta$
따라서 β는 다항식 $x^{p^n} - x$의 해이다.
따라서 β의 기약다항식 $f(x)$는 다항식 $x^{p^n} - x$의 인수이다.
체 K는 위수 p^n 인 유한체이므로 $\mathbb{Z}_p$ 위의 다항식 $x^{p^n} - x$의 분해체이다.

또한 다항식 $f(x)$는 $x^{p^n} - x$의 인수이므로 체 K에서 $f(x)$는 근 $\alpha \in K$를 갖는다.
다항식 $f(x)$는 체 $\mathbb{Z}_p$의 기약다항식이므로 α의 n차 기약다항식이 된다.
$K \geq \mathbb{Z}_p(\alpha) \geq \mathbb{Z}_p$ 이므로 $[K : \mathbb{Z}_p] = [K : \mathbb{Z}_p(\alpha)][\mathbb{Z}_p(\alpha) : \mathbb{Z}_p]$
$|K| = p^n$ 이므로 $[K : \mathbb{Z}_p] = n$ 이며, $[\mathbb{Z}_p(\alpha) : \mathbb{Z}_p] = \deg(f(x)) = n$ 이므로
$[K : \mathbb{Z}_p(\alpha)] = 1$. 즉, $K = \mathbb{Z}_p(\alpha)$
α의 기약다항식도 $f(x)$이므로 $\mathbb{Z}_p(\alpha)$와 잉여환 $\mathbb{Z}_p[x] / \langle f(x) \rangle$와 체동형이다.
그러므로 $F = \mathbb{Z}_p(\beta) \cong \mathbb{Z}_p[x] / \langle f(x) \rangle \cong \mathbb{Z}_p(\alpha) = K$

갈루아체(유한체)를 구성하는 여기까지의 결과를 정리하면 다음과 같다.

[정리]

(1) $|F| = p^n$ 이면 $F^* \cong \mathbb{Z}_{p^n - 1}$(곱셈에 관한 순환군)이며 $F = \mathbb{Z}_p(\beta)$인 β가 있다.(단순확대체이다.)

(2) 유한체 F, $\mathrm{char}(F) = p \leftrightarrow \mathbb{Z}_p \leq F$
$[F : \mathbb{Z}_p] = n \leftrightarrow |F| = p^n$

(3) F를 포함하는 대수적 폐포 $\overline{\mathbb{Z}_p}$ 에서 $F = \left\{ x \in \overline{\mathbb{Z}_p} \mid x^{p^n} - x = 0 \right\}$

(4) $|F| = |K| = p^n$ 이면 $F \cong K$ (체동형)이므로 $\mathrm{GF}(p^n)$는 체동형 관점에서 일정한 체이다.

2. 갈루아체(Galois field)의 성질

유한체 사이의 확대체 관련 성질로서 다음과 같은 관계식이 성립한다.

[정리] 유한체 K 가 유한체 F 의 확대체라 하자. 즉, $K \geq F$

(1) $\mathrm{GF}(p^m) \geq \mathrm{GF}(p^n) \leftrightarrow n \mid m$ 이때 $[\mathrm{GF}(p^m) : \mathrm{GF}(p^n)] = \dfrac{m}{n}$

(2) 유한체 $K \geq F$ 일 때 $|K| = |F|^{[K:F]}$, $[K : F] = \log_{|F|}(|K|)$

(3) 갈루아체 $\mathrm{GF}(p^m)$ 의 부분체는 m 의 약수 n 마다 위수 p^n 인 부분체가 단 하나 씩 존재한다.

증명 (1) 체 K 의 위수를 p^m, 체 F 의 위수를 p^n 이라 하면 $F \geq Z_p$ 이므로 $K \geq F \geq \mathbb{Z}_p$

공식 $[K : \mathbb{Z}_p] = [K : F][F : \mathbb{Z}_p]$ 이 성립하므로 $m = [K : F] \cdot n$

따라서 $n \mid m$ 이며 $[K : F] = \dfrac{m}{n}$. 즉, $[\mathrm{GF}(p^m) : \mathrm{GF}(p^n)] = \dfrac{m}{n}$

(2) 유한체 $K \geq F$ 일 때, $K = \mathrm{GF}(p^m)$, $F = \mathrm{GF}(p^n)$ 라 쓸 수 있다.

명제 (1)로부터 $[K : F] = \dfrac{m}{n}$

따라서 $|K| = p^m = (p^n)^{m/n} = |F|^{[K:F]}$ 이며 $[K : F] = \log_{|F|}(|K|)$

(3) 체 F 의 임의의 영아닌 원소 x 에 대하여 x 는 F^* 에 속하므로 $x^{p^n - 1} = 1$ 이며 $x^{p^n} - x = 0$ 이다. 체 F 는 위수 p^n 이므로 다항식 $x^{p^n} - x$ 의 해집합이다.

역으로 체 K 의 위수를 p^m 라 하고 $n \mid m$ 이라 하면 $p^n - 1 \mid p^m - 1$ 이며 $x^{p^n - 1} - 1 \mid x^{p^m - 1} - 1$, $x^{p^n} - x \mid x^{p^m} - x$ 이며, 체 K 는 다항식 $x^{p^m} - x$ 의 해집합이므로 다항식 $x^{p^n} - x$ 도 체 K 에서 p^n 개의 해를 갖게 되어 해집합은 체 K 의 부분체가 된다. 이 부분체를 F 라 하면 체 K 는 위수 p^n 인 체 F 의 확대체이다.

정리하면 위수 p^m 인 체 K 에 대하여 $n \mid m$ 인 경우에만 위수 p^n 인 부분체는 다항식 $x^{p^n} - x$ 의 해집합으로서 단 하나 존재한다.

위의 결과를 확장하면 유한체 F 의 위수 p^n 을 $q = p^n$ 라 두고 체 F 의 유한확대체 K 의 차원 $[K : F] = r$ 이라 두면 체 K 의 위수는 $p^{nr} = (p^n)^r = q^r$ 이며, $x^{q^r} - x$ 의 분해체이다.

예를 들어, $\mathrm{GF}(2^6)$ 와 $\mathrm{GF}(2^3)$ 을 비교해 보자.

$x^8 - x = x(x+1)(x^3+x+1)(x^3+x^2+1)$

$$\begin{aligned} x^{64} - x = &(x^8 - x)(x^2+x+1)(x^6+x+1)(x^6+x^5+1) \\ &(x^6+x^4+x^2+x+1)(x^6+x^5+x^4+x^2+1) \\ &(x^6+x^3+1)(x^6+x^4+x^3+x+1)(x^6+x^5+x^3+x^2+1) \\ &(x^6+x^5+x^2+x+1)(x^6+x^5+x^4+x+1) \end{aligned}$$

따라서 $x^8 - x \mid x^{64} - x$ 이므로 $\mathrm{GF}(2^3) \le \mathrm{GF}(2^6)$

그러나 $x^4 - x = x(x+1)(x^2+x+1) \nmid x^8 - x$ 이므로 $\mathrm{GF}(2^2) \not\le \mathrm{GF}(2^3)$

[정리] $\mathbb{Z}_p \le F \le K$ 이며 $|K| < \infty$ 일 때,

(1) $F \le K$ 는 분해체이다.

(2) $F \le K$ 는 분리확대체이다.

증명 이미 앞에서 증명한 정리이다.

(1) $\mathbb{Z}_p \le F \le K$, $|K| < \infty$ 이므로 $|F| = p^n$, $|K| = p^m$ 이다.

다항식 $f(x) = x^{p^m} - x \in F[x]$ 에 관하여

K 에서 $x^{p^m} - x = \prod_{\alpha \in K}(x - \alpha)$ 이므로 $f(x)$ 는 일차식의 곱으로 인수분해

되며 K 의 모든 원소는 $f(x) = x^{p^m} - x$ 의 근이므로 $K = F(K)$

따라서 K 는 F 위에서 $f(x)$ 의 분해체이다.

(2) K 의 모든 원소 α 에 대하여 F 위의 α 의 기약다항식을 $g(x)$ 라 하면

$f(\alpha) = 0$ 이므로 $g(x)$ 는 $f(x) = x^{p^m} - x$ 의 인수이며, $f(x)$ 는 K 에서 중근을 갖지 않으므로 $g(x)$ 도 K 에서 중근을 갖지 않는다.

즉, 분리다항식이다.

따라서 $F \le K$ 는 분리확대이다.

3. 갈루아체(Galois field)의 체동형사상(Field Automorphism)

위수 p^n 인 유한체 F 에 대하여 F 에서 F 로의 체동형사상 $\sigma : F \to F$ 에 대하여 알아보자.

무한체에서 σ_p 는 전단사 사상이 아닌 경우가 있다.

[정리]

(1) 표수 p 인 체 F 에 대하여 사상 $\sigma_p : F \to F$, $\sigma_p(x) = x^p$ 는 준동형사상이다.

(2) 위수 p^n 인 유한체 F 에 대하여 사상 $\sigma_p : F \to F$, $\sigma_p(x) = x^p$ 는 체동형사상이다.

증명 (1) $x, y \in F$ 에 대하여 $1 \le k \le p-1$ 일 때, $\binom{p}{k}$ 는 p 의 배수이므로

표수 p 인 체에서 $\binom{p}{k} = 0$ 이며 $(x+y)^p = \sum_{k=0}^{p} \binom{p}{k} x^k y^{p-k} = x^p + y^p$

따라서 $\sigma_p(x+y)=(x+y)^p=x^p+y^p=\sigma_p(x)+\sigma_p(y)$,

$\sigma_p(xy)=(xy)^p=x^p y^p=\sigma_p(x)\sigma_p(y)$

이므로 σ_p 는 환준동형사상이다.

(2) 명제 (1)로부터 σ_p 는 환준동형사상이다.

$\sigma_p(x)=x^p=0$ 이라 하면 $x=0$ 이므로 σ_p 는 단사

σ_p 는 단사이고 체 F 는 유한집합이므로 $\sigma_p : F \to F$ 는 전단사사상(1-1대응)이 성립하므로 σ_p 는 체 F 의 체동형사상이다.

위에서 제시한 사상을 다음과 같이 정의한다.

[정의] {프로베니우스 사상} 체동형사상 $\sigma_p : \mathrm{GF}(p^n) \to \mathrm{GF}(p^n)$, $\sigma_p(x)=x^p$ 를 프로베니우스 사상 (Frobenius map)이라 한다.

갈루아체의 모든 체동형사상은 프로베니우스 사상으로부터 결정될 수 있는지 살펴보자.

[정리]

(1) 유한체의 체동형사상들의 군(Group)은 σ_p 로 생성되는 순환군이다.

즉, $\mathrm{Gal}(\mathrm{GF}(p^n)/\mathbb{Z}_p)=\langle \sigma_p \rangle \cong (\mathbb{Z}_n,+)$

(2) $n \mid m$ 일 때, $\mathrm{Gal}(\mathrm{GF}(p^m)/\mathrm{GF}(p^n))=\langle \sigma_p^n \rangle \cong (\mathbb{Z}_{m/n},+)$

즉, $\mathrm{Gal}(\mathrm{GF}(p^m)/\mathrm{GF}(p^n))$ 는 σ_p^n 로 생성되는 순환군이다.

증명 (1) σ_p 를 k 회 합성함수 $(\sigma_p)^k$ 도 체동형사상이므로 $\sigma_p^k(x)=x^{p^k}$ 는 체동형사상이다.

체 F 의 체동형사상 $\sigma : F \to F$ 는 사상 σ_p^k 들 뿐임을 보이자.

유한체 F 의 단원군 F^* 의 생성원을 β (즉, F 의 원시근)라 두면

$F=Z_p(\beta)$

체동형사상 $\sigma : F \to F$ 는 곱셈에 관하여 제한하면 단원군사이의 군동형사상 $\sigma : F^* \to F^*$ 이 되며 F^* 는 β 로 생성된 순환군이므로 $\sigma(\beta)$ 도 F^* 의 생성원이 되어야 한다.

$\sigma(\beta)=\beta^m$ 라 하면 곱셈에 관한 위수 $\mathrm{ord}(\beta^m)=p^n-1$ 이므로

$\gcd(m, p^n-1)=1$

F^* 의 모든 원소 x 는 β^k 로 쓸 수 있으며

$\sigma(x)=\sigma(\beta^k)=\sigma(\beta)^k=(\beta^m)^k=(\beta^k)^m=x^m$

$x=0$ 이면 $\sigma(x)=0=x^m$

체 F 의 모든 원소 x 에 대하여 체동형사상 σ 는 $\sigma(x)=x^m$ 으로 나타난다.

그런데 F 의 단위원 1_F 에 대하여 $\sigma(1_F)=1_F$ 이므로 F 의 소체 $\mathbb{Z}_p$ 의 원소 x 는 $\sigma(x)=x$

즉, 소체$\mathbb{Z}_p$ 의 원소$x \in \mathbb{Z}_p$에 대하여 $\sigma(x) = x^m = x$ 가 성립하여야 한다.
모든 $x \in \mathbb{Z}_p$ 에 대하여 $x^m = x$ 이 성립하므로 $m = p^k$
따라서 사상$\sigma : F \to F$가 체F의 체동형사상이면 $\sigma(x) = x^{p^k}$ 이며
$(\sigma_p)^k = \sigma$ 이다.

따라서 체F의 체동형사상$\sigma : F \to F$ 는 $\sigma(x) = x^{p^k}$ 즉, $(\sigma_p)^k = \sigma$ 들 뿐이며, 프로베니우스 사상(Frobenius map) $\sigma_p(x) = x^p$ 의 합성함수로 표현할 수 있다. 즉, $\mathrm{Gal}(\mathrm{GF}(p^n)/\mathbb{Z}_p) = \langle \sigma_p \rangle$

위수p^n 인 유한체F에서 모든 x 는 방정식$x^{p^n} = x$ 의 해이므로
$(\sigma_p)^n = id$ (항등사상)이다.

따라서 위수p^n 인 유한체F의 체동형사상들 전체의 집합은 합성에 관하여 순환군을 구성하며 생성원은 프로베니우스 사상(Frobenius map)
$\sigma_p(x) = x^p$ 이고, 체동형사상의 개수는 n 이다.
그러므로 $\mathrm{Gal}(\mathrm{GF}(p^n)/\mathbb{Z}_p) = \langle \sigma_p \rangle \cong (\mathbb{Z}_n, +)$

(2) $n \mid m$ 일 때, 위수p^m 인 유한체K는 위수p^n 인 부분체F를 갖는다.

위수p^m 인 유한체K의 자기체동형사상들은 모두 σ_p^k $(0 \le k < m)$이다.
부분체F는 방정식$x^{p^n} = x$ 의 해집합이므로 σ_p^k 들 중에서 부분체F를 고정하는 것은 F에서 $\sigma_p^k(x) = x^{p^k} = x$ 을 만족해야 하며, $n \mid k$ 이다.
따라서 $k = nl$ 이라 두면 $\sigma_p^k = (\sigma_p^n)^l$ 이며 위수p^n 인 부분체F를 고정하는 위수p^m 인 유한체K의 자기체동형사상은 $(\sigma_p^n)^l$ $\left(0 \le l < \frac{m}{n}\right)$ 들이다.

예제 1 다음 차수를 구하시오.
(1) $[\mathrm{GF}(1024) : \mathrm{GF}(4)]$ (2) $[\mathrm{GF}(625) : \mathrm{GF}(25)]$

풀이 (1) $1024 = 4^5$ 이므로 $[\mathrm{GF}(1024) : \mathrm{GF}(4)] = 5$
(2) $625 = 25^2$ 이므로 $[\mathrm{GF}(625) : \mathrm{GF}(25)] = 2$

예제 2 (1) 체$\mathbb{Z}_2$ 위의 다항식 $f(x) = x^3 + x + 1$ 의 분해체K를 구성하고, $f(x)$ 의 모든 근을 구하시오. (단, $f(x) = x^3 + x + 1$ 의 한 근을 $\alpha \in K$라 둘 것)
(2) 위의 (1)에서 구성한 체K에서 $g(x) = x^3 + x^2 + 1$ 의 해를 모두 구하시오.

풀이 (1) $f(x)$ 는 $\mathbb{Z}_2$ 에서 근을 갖지 않는 3차 다항식이므로 기약다항식이다.
$f(x)$ 의 근α에 대하여 프로베니우스사상의 값 $\sigma_2(\alpha) = \alpha^2$ 도 근이며, 반복하여 α^4 도 근이므로 $\mathbb{Z}_2(\alpha)$ 에서 $f(x) = (x-\alpha)(x-\alpha^2)(x-\alpha^4)$ 와 같이 1차식으로 인수분해된다.
따라서 $f(x)$ 의 분해체 $K = \mathbb{Z}_2(\alpha) = \{ a_0 + a_1\alpha + a_2\alpha^2 \mid a_k \in \mathbb{Z}_2 \}$ 이다.
(2) $g(\alpha+1) = (\alpha+1)^3 + (\alpha+1)^2 + 1 = \alpha^3 + \alpha + 1 = 0$ 이므로 $\alpha+1$ 은 $g(x)$ 의 근이다.

또한 프로베니우스사상의 값 $\sigma_2(\alpha+1)=(\alpha+1)^2=\alpha^2+1$ 도 근이며,
반복하여 $(\alpha^2+1)^2=\alpha^4+1=\alpha^2+\alpha+1$ 도 근이다.
따라서 $g(x)$ 의 모든 해는 $\alpha+1$, α^2+1, $\alpha^2+\alpha+1$ 이다.

$\alpha^3+\alpha+1=0$ 적용
$\alpha^4=\alpha^2+\alpha$ 임

예제 3 $x^{p^n}-x \mid x^{p^m}-x$ 일 필요충분조건은 $n \mid m$ 임을 보이시오.

풀이 (→ 대우증명)

$m \nmid n$ 이라 하면 $n=mk+r$ (단, $1 \le r < m$)라 쓸 수 있다.

$$q^{mk+r}-1 = q^{mk+r}-q^r+q^r-1$$
$$= (q^m-1)q^r\{(q^m)^{k-1}+(q^m)^{k-2}+\cdots+q^m+1\}+q^r-1$$

(단, $1 \le q-1 \le q^r-1 < q^m-1$)이므로 $q^m-1 \nmid q^n-1$

$q=p$ 인 경우 $p^m-1 \nmid p^n-1$

m, n 인 각각 p^m-1, p^n-1 이며 $q=x$ 인 경우

$x^{p^m-1}-1 \nmid x^{p^n-1}-1$ 이며 양변에 x 를 곱하면 $x^{p^n}-x \nmid x^{p^m}-x$

(←) $m \mid n$ 이라 하면 $n=mk$ 라 쓸 수 있으며

$q^n-1 = q^{mk}-1 = (q^m-1)\{(q^m)^{k-1}+(q^m)^{k-2}+\cdots+q^m+1\}$

이므로 $q^m-1 \mid q^n-1$

$q=p$ 인 경우 $p^m-1 \mid p^n-1$

m, n 인 각각 p^m-1, p^n-1 이며 $q=x$ 인 경우

$x^{p^m-1}-1 \mid x^{p^n-1}-1$ 이며 양변에 x 를 곱하면 $x^{p^n}-x \mid x^{p^m}-x$

따라서 $x^{p^n}-x \mid x^{p^m}-x$ 일 필요충분조건은 $n \mid m$ 이다.

예제 4 (1) $\mathbb{Z}_2$ 위의 모닉 기약다항식을 4차까지 찾으시오.
(2) 1차 모닉기약다항식의 곱, 1-2차 모닉기약다항식의 곱, 1-3차 모닉기약다항식의 곱, 1-2-4차 모닉기약다항식의 곱을 구하시오.
(3) $x^4+x^3+x^2+x+1$ 의 한 근을 β 라 하고, $\alpha=\beta^3+\beta^2$ 라 할 때 $\text{irr}(\alpha, \mathbb{Z}_2)$를 구하고, $x^4+x^3+x^2+x+1$를 체 $\mathbb{F}_2=\mathbb{Z}_2(\alpha)$에서 인수분해하시오.

풀이 (1) 1차 모닉기약다항식 : x, $x+1$, 2차 모닉기약다항식 : x^2+x+1

3차 모닉기약다항식 : x^3+x+1, x^3+x^2+1

4차 모닉기약다항식 : x^4+x+1, x^4+x^3+1, $x^4+x^3+x^2+x+1$

(2) 1차 모닉 기약다항식들의 곱 : $x(x+1)=x^2-x$

1차, 2차 모닉 기약다항식들의 곱 :

$x(x+1)(x^2+x+1)=x^4-x=x^{2^2}-x$

1차, 3차 모닉 기약다항식들의 곱 :

$x(x+1)(x^2+x+1)(x^3+x+1)(x^3+x^2+1)=x^8-x=x^{2^3}-x$

1차, 2차, 4차 모닉 기약다항식들의 곱 :

$x(x+1)(x^2+x+1)(x^3+x+1)(x^3+x^2+1)$

$(x^4+x+1)(x^4+x^3+1)(x^4+x^3+x^2+x+1) = x^{16}-x = x^{2^4}-x$

(3) $\beta^4 = \beta^3+\beta^2+\beta+1$, $\beta^5=1$ 임을 이용하자.

$\alpha^2+\alpha+1 = (\beta^3+\beta^2)^2+(\beta^3+\beta^2)+1 = \beta+\beta^4+\beta^3+\beta^2+1 = 0$ 이므로

α 는 기약다항식 x^2+x+1 의 근이다.

따라서 $\mathrm{irr}(\alpha, \mathbb{Z}_2) = x^2+x+1$

$x^4+x^3+x^2+x+1 = (x^2+\alpha x+1)(x^2+\alpha^2 x+1)$

예제 5 체 $\mathbb{Z}_p$ 위의 다항식 x^p-x-c 는 기약(irreducible) 다항식 이거나 아니면 일차식들의 곱으로 인수분해(split) 됨을 보이시오.

풀이 $x^p-x-c = g_1(x)\cdots g_n(x)$ (단, $g_k(x)$는 $\mathbb{Z}_p[x]$의 기약다항식)이라 하자.

x^p-x-c 의 분해체를 K라 하고 K에서 x^p-x-c 의 한 근을 α 라 하면

$x^p-x-c = (x-\alpha)(x-\alpha-1)\cdots(x-\alpha-p+1)$ 이다.

모든 $g_k(x)$ 에 대하여 $g_k(x) = g_1(x-a)$ 인 원소 $a \in \mathbb{Z}_p$ 가 있다.

모든 $g_k(x)$ 들의 차수가 같으므로 $p = n \times \deg(g_1(x))$ 이다.

p 는 소수이므로 $n=1$ 또는 $\deg(g_1(x)) = 1$ 이다.

$n=1$인 경우 x^p-x-c 는 기약다항식이다.

$\deg(g_1(x)) = 1$ 인 경우

모든 $g_k(x)$ 들의 차수는 1이므로 x^p-x-c 는 일차식들의 곱이다.

그러므로 체 $\mathbb{Z}_p$ 위의 다항식 x^p-x-c 는 기약(irreducible)다항식이거나 아니면 일차식들의 곱으로 인수분해(split)된다.

예제 6 갈루아체 $GF(2^6)$ 의 단원군 $GF(2^6)^*$ 는 순환군이므로 생성 $GF(2^6)^* = \langle \alpha \rangle$ 으로 나타낼 수 있는 원시근 α 가 존재하며

$$GF(2^6) = \{0, 1, \alpha, \alpha^2, \alpha^3, \alpha^4, \cdots, \alpha^{62}\} \quad (\text{단, } \alpha^{63}=1)$$

라 쓸 수 있다. 갈루아체 $GF(2^6)$ 는 갈루아체 $GF(2^2)$ 의 확대체이므로 갈루아체 $GF(2^6)$ 는 갈루아체 $GF(2^2)$ 를 포함한다.

이때, $GF(2^2)$ 의 원소들을 원시근 α 를 이용하여 나타내시오.

풀이 $GF(2^2)$의 원소들은 방정식 $x^4-x=0$의 해이며 0이 아닌 원소들은 방정식 $x^3-1=0$ 의 해가 되므로 $x^3=1$ 이다.

$GF(2^6)^*$ 의 원소 α^k 들 중에서 $(\alpha^k)^3 = \alpha^{3k} = 1 = \alpha^0$ 을 만족하면

$3k \equiv 0 \pmod{63}$ 이며 $k \equiv 0 \pmod{21}$, $k \equiv 0, 21, 42 \pmod{63}$

따라서 $x = \alpha^0, \alpha^{21}, \alpha^{42}$ 이다.

그러므로 $GF(2^2) = \{0, 1, \alpha^{21}, \alpha^{42}\}$ 이다.

예제 7 갈루아체 $K = GF(p^m)$ 에서 다항식 $x^n - 1$ 의 근의 개수를 구하시오.

풀이 갈루아체의 단원군은 순환군이므로 $K^* = \langle \alpha \rangle$ 인 생성원 α 가 존재한다.
$x^n - 1$ 의 근 x 는 0이 아니므로 $x \in K^*$ 이며 $x = \alpha^y$ 이라 쓸 수 있다.
$x^n = \alpha^{ny} = 1 = \alpha^0$ 이므로 $ny \equiv 0 \pmod{p^m - 1}$ 이 성립한다.
$ny \equiv 0 \pmod{p^m - 1}$ 는 항상 해를 가지며 $\mathbb{Z}_{p^m - 1}$ 에서 갖는 해의 개수는
$\gcd(n, p^m - 1)$ 이다.

예제 8 $\mathbb{Z}_3[x]$ 에서 $x^2 + 1$ 는 기약다항식이며 잉여환 $\mathbb{Z}_3[x]/\langle x^2+1 \rangle$ 는 위수 9 인 유한체이므로 갈루아체 $GF(3^2)$ 이다. 이때,
$GF(3^2) = \left\{ a + b\overline{x} \mid a, \in \mathbb{Z}_3 \right\}$ 이라 나타낼 수 있다.
(1) $GF(3^2) = \mathbb{Z}_3(\alpha)$, $\alpha \in GF(3^2)$ 인 원소 α 의 개수를 구하시오.
(2) $GF(3^2)$ 의 원시근(primitive root)의 개수를 구하시오.

풀이 (1) 임의의 원소 $\alpha \in GF(3^2) - \mathbb{Z}_3$ 일 때,
$\alpha \notin \mathbb{Z}_3$ 이므로 $\mathbb{Z}_3 \neq \mathbb{Z}_3(\alpha)$ 이며 $\mathbb{Z}_3 \subset \mathbb{Z}_3(\alpha) \subset GF(3^2)$
$[GF(3^2) : \mathbb{Z}_3] = 2$ 이며 $[\mathbb{Z}_3(\alpha) : \mathbb{Z}_3] \neq 1$ 이므로 $[\mathbb{Z}_3(\alpha) : \mathbb{Z}_3] = 2$,
$[GF(3^2) : \mathbb{Z}_3(\alpha)] = 1$
따라서 $GF(3^2) = \mathbb{Z}_3(\alpha)$ 이며 α 의 개수는 $3^2 - 3 = 6$ 이다.
(2) $GF(3^2)$ 의 원시근은 단원군 $GF(3^2)^*$ 의 생성원이며 $GF(3^2)^*$ 는
위수 $3^2 - 1 = 8$ 이므로 $GF(3^2)^*$ 는 순환군 $\mathbb{Z}_8$ 과 군-동형이다.
순환군 $\mathbb{Z}_8$ 에서 생성원의 개수는 $\varphi(3^2 - 1) = \varphi(8) = 8 - 4 = 4$ 이다.
따라서 $GF(3^2)$ 의 원시근의 개수는 4 이다.

다항식환 $\mathbb{Z}_3[x]$ 에서 x^2+x+2 와 x^2+2x+2 도 기약다항식이며 잉여환 $\mathbb{Z}_3[x]/\langle x^2+x+2 \rangle$ 와 $\mathbb{Z}_3[x]/\langle x^2+2x+2 \rangle$ 들도 모두 위수 3^2 인 유한체이므로 $GF(3^2)$ 으로 쓸 수 있다.
그러나 $\mathbb{Z}_3[x]/\langle x^2+1 \rangle$ 와 $\mathbb{Z}_3[x]/\langle x^2+x+2 \rangle$ 와 $\mathbb{Z}_3[x]/\langle x^2+2x+2 \rangle$ 는 서로 다른 체이다. 물론 서로 체동형이다.
따라서 갈루아체 $GF(3^2)$ 는 특정한 하나의 체를 지칭하는 것은 아니다.
참고로 체 $\mathbb{Z}_3[x]/\langle x^2+1 \rangle$ 에 다항식 x^2+1 의 근 뿐만 아니라 x^2+x+2 의 근도 들어 있고 x^2+2x+2 의 근도 들어있다.
바꿔보면 체 $\mathbb{Z}_3[x]/\langle x^2+x+2 \rangle$ 에도 다항식 x^2+1 의 근, x^2+x+2 의 근, x^2+2x+2 의 근이 모두 속한다.

05 갈루아 정리

1. 고정체(Fixed field)와 갈루아 확대(Galois extension)

체K와 자기동형사상군$\mathrm{Aut}(K)$ 의 부분집합H에 대하여 H의 모든 자기동형사상 $\sigma \in H$에 의하여 같은 값에 대응되는 즉, $\sigma(a) = a$ 인 불변값a 들의 K의 부분집합을 K_H라 하면, K_H는 체K의 부분체가 된다. 이 체를 H에 관한 K의 고정체라 하고 K_H로 표기한다.

[정의] {고정체(fixed field)} $H \subset \mathrm{Aut}(K)$ 일 때, H의 고정체 또는 불변체
$K_H = \{ a \in K \mid \forall \sigma \in H,\ \sigma(a) = a \}$

고정체의 한 예로서 $\mathrm{Aut}(K)$ 의 갈루아군 $\mathrm{G}(K/F)$ 에 의한 고정체$K_{\mathrm{G}(K/F)}$ 를 들 수 있다.
이 경우 $\sigma \in \mathrm{G}(K/F)$ 이면, 모든 $a \in F$에 대하여 $\sigma(a) = a$ 이다.
따라서 모든 $a \in F$는 $a \in K_{\mathrm{G}(K/F)}$ 이다. 즉, $F \le K_{\mathrm{G}(K/F)}$

이와 관련지어 다음과 같이 갈루아 확대(Galois extension)를 정의한다.

[정의] {갈루아 확대(Galois extension)}
대수적 확대체$F \le K$에 대하여 $K_{G(K/F)} = F$일 때, K는 F위의 Galois 확대체라 한다.

체의 확대$K \ge F$가 갈루아 확대와 앞에서 배운 개념들 사이의 관련성에 관한 정리가 있다.

증명은 이 교재의 부록에 별도로 제시한다.

[정리] 유한 확대 $F \le K$에 관하여 다음 명제들은 서로 동치이다.
(1) $F \le K$는 갈루아 확대이다.
(2) $F \le K$는 분리 확대체이며 K는 F위의 분해체이다.
(3) $[K : F] = |\mathrm{G}(K/F)|$

유한 확대$F \le K$에 관하여 위의 정리를 통하여 갈루아 확대의 의미를 살펴보자.
유한 확대$F \le K$가 분리 확대체이면 단순확대체 $K = F(\beta)$ 가 된다.
β 의 기약다항식을 $p(x) \in F[x]$ 라 하고, 차수 $\deg(p(x)) = n$라 하자.
그리고 $p(x)$ 의 해집합 $A = \{ \alpha \in K \mid p(\alpha) = 0 \}$라 두자.
우선 $[K:F] = [F(\beta) : F] = \deg(p(x))$ 가 성립한다.
자기동형사상 $\sigma \in \mathrm{G}(K/F)$ 에 대하여 $K = F(\beta)$ 이므로 사상σ 는 값$\sigma(\beta)$ 에 의하여 결정되며 앞 절에서 $\sigma(\beta) \in A$ 임을 관찰하였다.
$F \le K$가 분리확대체이므로 $p(x)$는 중근을 갖지 않으며, $F \le K$는 분해체이므로 $p(x)$는 K에서 일차식의 곱으로 인수분해된다.
즉, $p(x)$는 K에서 서로 다른 n개의 모든 근을 갖는다.

따라서 해집합 A 에는 정확히 차수$\deg(p(x))$ 만큼의 근이 있으며 $\sigma(\beta) \in A$ 인 $\sigma(\beta)$ 가 가질 수 있는 값도 차수 $\deg(p(x))$ 와 같으므로 자기동형사상σ 의 수는 차수$\deg(p(x))$ 와 같다.
그러므로 갈루아 군의 위수$|\mathrm{G}(K/F)|$ 는 $\deg(p(x))$ 와 같고,
$[K:F] = \deg(p(x))$ 이므로 $[K:F] = |\mathrm{G}(K/F)|$ 이 성립함을 알 수 있다.

일반적으로 갈루아 군 $\mathrm{G}(K/F)$ 의 구조를 조사하는 일의 출발점은 위수를 알아내는 것이며, 군의 위수(order)를 알면 군론의 실로우(Sylow) 정리 등을 적용하는 것도 가능하다.
갈루아 확대 즉, 분해체+분리확대 조건으로 적어도 갈루아 군의 위수를 쉽게 알 수 있다.

예제 1 체$K = \mathbb{Q}(\sqrt[4]{2}, i)$ 에 관하여 동형사상$\sigma \in \mathrm{G}(K/\mathbb{Q})$ 는
$\sigma(\sqrt[4]{2}) = -\sqrt[4]{2}\,i$, $\sigma(i) = -i$ 일 때, 고정체 $K_{\{\sigma\}}$ 를 구하시오.

풀이 사상 σ 의 함수식은 다음과 같다.

$\sigma(x_1 + x_2\sqrt[4]{2} + x_3\sqrt[4]{4} + x_4\sqrt[4]{8} + y_1 i + y_2\sqrt[4]{2}\,i + y_3\sqrt[4]{4}\,i + y_4\sqrt[4]{8}\,i)$

$= x_1 - x_2\sqrt[4]{2}\,i - x_3\sqrt[4]{4} + x_4\sqrt[4]{8}\,i - y_1 i - y_2\sqrt[4]{2} + y_3\sqrt[4]{4}\,i + y_4\sqrt[4]{8}$

고정체의 원소가 만족해야 하는 방정식은 다음과 같다.

$x_1 + x_2\sqrt[4]{2} + x_3\sqrt[4]{4} + x_4\sqrt[4]{8} + y_1 i + y_2\sqrt[4]{2}\,i + y_3\sqrt[4]{4}\,i + y_4\sqrt[4]{8}\,i$

$= x_1 - x_2\sqrt[4]{2}\,i - x_3\sqrt[4]{4} + x_4\sqrt[4]{8}\,i - y_1 i - y_2\sqrt[4]{2} + y_3\sqrt[4]{4}\,i + y_4\sqrt[4]{8}$

계수를 비교하면

$x_1 = x_1$, $x_2 = -y_2$, $x_3 = -x_3$, $x_4 = y_4$,

$y_1 = -y_1$, $y_2 = -x_2$, $y_3 = y_3$, $y_4 = x_4$

식을 정리하면 $x_3 = y_1 = 0$, $x_2 = -y_2$, $x_4 = y_4$

따라서 고정체의 원소는

$x_1 + x_2\sqrt[4]{2} + x_3\sqrt[4]{4} + x_4\sqrt[4]{8} + y_1 i + y_2\sqrt[4]{2}\,i + y_3\sqrt[4]{4}\,i + y_4\sqrt[4]{8}\,i$

$= x_1 + x_2\sqrt[4]{2} + x_4\sqrt[4]{8} - x_2\sqrt[4]{2}\,i + y_3\sqrt[4]{4}\,i + x_4\sqrt[4]{8}\,i$

$= x_1 + x_2(\sqrt[4]{2} - \sqrt[4]{2}\,i) + x_4(\sqrt[4]{8} + \sqrt[4]{8}\,i) + y_3\sqrt[4]{4}\,i$

고정체 $K_{\{\sigma\}} = \{x_1 + x_2(\sqrt[4]{2} - \sqrt[4]{2}\,i) + x_4(\sqrt[4]{8} + \sqrt[4]{8}\,i) + y_3\sqrt[4]{4}\,i\}$

$= \mathbb{Q}(\sqrt[4]{2} - \sqrt[4]{2}\,i,\ \sqrt[4]{8} + \sqrt[4]{8}\,i,\ \sqrt[4]{4}\,i) = \mathbb{Q}(\sqrt[4]{2} - \sqrt[4]{2}\,i)$

그러므로 고정체$K_{\{\sigma\}} = \mathbb{Q}(\sqrt[4]{2} - \sqrt[4]{2}\,i)$ 이다.

2. 갈루아 정리(Galois Theorem)

체의 확대에 관한 개념과 원리의 최종적인 목표를 제시한다.

[갈루아 기본 정리(Galois Fundamental Theorem)]
유한 확대 $K \geq F$는 분리확대이며 K는 F 위의 분해체일 때,
유한 확대 $K \geq F$의 중간체들의 집합 $\Phi = \{E \mid K \geq E \geq F\}$와 갈루아군 $G(K/F)$의 부분군들의 집합 $\Psi = \{H \mid H \leq G(K/F)\}$ 사이의 두 사상
$\varphi : \Phi \to \Psi$, $\varphi(E) = G(K/E)$, $\psi : \Psi \to \Phi$, $\psi(H) = K_H$
은 1-1 대응이며, 다음 성질이 성립한다.
① $\psi = \varphi^{-1}$ 즉, $K_{G(K/E)} = E$이며 $G(K/K_H) = H$
② $E_1 \leq E_2$이면 $\varphi(E_1) \geq \varphi(E_2)$
③ $[K : E] = |G(K/E)|$
④ $[E : F] = |G(K/F) : G(K/E)|$ (우변은 군의 지수(index))
⑤ $G(K/F) \rhd G(K/E)$ (정규부분군)일 필요충분조건은 $E \geq F$가 분해체이고 분리확대체인 것이며 $G(E/F) \cong G(K/F)/G(K/E)$

예를 들어보자. 소체 $\mathbb{Z}_2$ 위의 확대체인 유한체 $K = GF(2^6)$에 관하여 부분체과 갈루아군 $G(K/\mathbb{Z}_2)$의 모든 부분군을 찾고, 갈루아 정리가 말하는 관련성을 살펴보자.

$K = GF(2^6)$이므로 $[K : \mathbb{Z}_2] = 6$이며 유한체의 갈루아군은 프로베니우스 사상 σ_2로 생성한 순환군이므로 $G(K/\mathbb{Z}_2)$는 $\mathbb{Z}_6$와 군동형이다. 그리고 K는 $\mathbb{Z}_2$ 위의 다항식 $x^{2^6} - x = x^{64} - x$의 해집합이므로 분해체이다.

$x^2 - x \mid x^{64} - x$, $x^4 - x \mid x^{64} - x$, $x^8 - x \mid x^{64} - x$이므로 $x^2 - x$, $x^4 - x$, $x^8 - x$의 해집합은 각각 갈루아체 $\mathbb{Z}_2 = GF(2)$, $GF(2^2)$, $GF(2^3)$이며 체 K의 부분체가 된다.

체 $K = GF(2^6)$의 부분체 다이어그램과 갈루아 군 $G(K/\mathbb{Z}_2) \cong \mathbb{Z}_6$의 부분군 다이어그램을 갈루아정리에 따라 비교하면 그림과 같다.
그림에서 $\mathbb{Z}_6$의 부분군 다이어그램의 위 아래가 뒤집어져 있다.

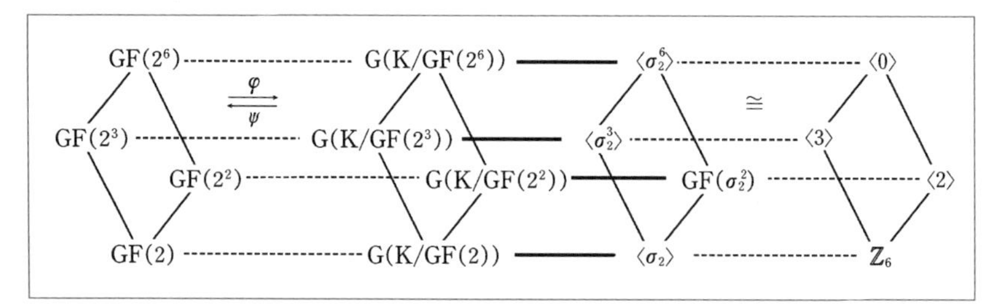

다른 예를 살펴보자.

유리수체 $\mathbb{Q}$와 1의 원시 n승근 $\zeta_n = e^{\frac{2\pi i}{n}}$의 확대체 $\mathbb{Q}(\zeta_n)$에 대하여 갈루아군 $G(\mathbb{Q}(\zeta_n)/\mathbb{Q})$을 $n = 12$인 경우에 알아보자.

$\zeta_{12} = e^{\frac{\pi i}{6}} = \dfrac{\sqrt{3}+i}{2}$ 이며 $\mathbb{Q}$ 위의 기약다항식은 $\operatorname{irr}(\zeta_{12}\,;\mathbb{Q}) = x^4 - x^2 + 1$

간단히 $\zeta_{12} = \rho$ 라 두자. $x^{12}-1$ 의 해집합 $\{\rho^k \mid k=0,1,\cdots,11\}$ 의 원소 중에서 기약다항식 x^4-x^2+1 의 해집합은

$\{\rho^k \mid 0 \le k < 12,\ \gcd(k,12)=1\} = \{\rho^k \mid k = 1,5,7,11\}$

따라서 x^4-x^2+1 의 해는 $\rho = \dfrac{\sqrt{3}+i}{2}$, $\rho^5 = \dfrac{-\sqrt{3}+i}{2}$, $\rho^7 = \dfrac{-\sqrt{3}-i}{2}$,

$\rho^{11} = \dfrac{\sqrt{3}-i}{2}$

체동형사상 $\sigma \in G(\mathbb{Q}(\rho)/\mathbb{Q})$ 에 대하여 $\sigma(\rho) = \rho, \rho^5, \rho^7, \rho^{11}$ 이므로

$\sigma_1(\rho) = \rho$, $\sigma_5(\rho) = \rho^5$, $\sigma_7(\rho) = \rho^7$, $\sigma_{11}(\rho) = \rho^{11}$ 으로 정의한 4개의 체동형사상이 있다.

따라서 $G(\mathbb{Q}(\rho)/\mathbb{Q}) = \{\sigma_k \mid k = 1,5,7,11\}$ 이며 곱셈에 관한 단원군

$\mathbb{Z}_{12}^{*} = \{k \in \mathbb{Z}_{12} \mid \gcd(k,12)=1\}$ 와 군동형이다. 즉, $G(\mathbb{Q}(\rho)/\mathbb{Q}) \cong \mathbb{Z}_{12}^{*}$

그런데 $\mathbb{Z}_{12}^{*} \cong \mathbb{Z}_4^{*} \oplus \mathbb{Z}_3^{*} \cong \mathbb{Z}_2 \oplus \mathbb{Z}_2$ 이므로

$G(\mathbb{Q}(\rho)/\mathbb{Q}) = \{\sigma_1, \sigma_5, \sigma_7, \sigma_{11}\} \cong \mathbb{Z}_2 \oplus \mathbb{Z}_2$

유리수체$\mathbb{Q}$ 와 확대체$\mathbb{Q}(\rho) = \mathbb{Q}(\sqrt{3}, i)$의 중간체는 $\mathbb{Q}(\rho)$, $\mathbb{Q}(\sqrt{3})$, $\mathbb{Q}(\sqrt{3}i)$, $\mathbb{Q}(i)$, $\mathbb{Q}$

체$\mathbb{Q}(\rho) = \mathbb{Q}(\sqrt{3}, i)$의 부분체 다이어그램과 갈루아군 $\operatorname{Gal}(\mathbb{Q}(\rho)/\mathbb{Q}) \cong \mathbb{Z}_2 \oplus \mathbb{Z}_2$ 의 부분군 다이어그램을 갈루아 정리에 따라 비교하면 그림과 같다. 그림에서 $\mathbb{Z}_2 \oplus \mathbb{Z}_2$ 의 부분군 다이어그램의 위 아래가 뒤집어져 있다.

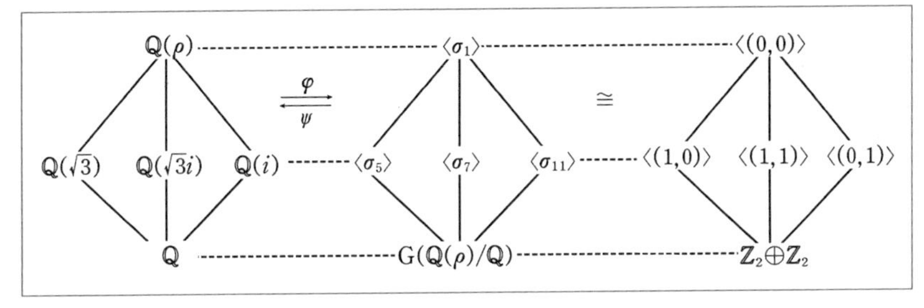

유리수체$\mathbb{Q}$ 의 다항식환$\mathbb{Q}[x]$ 의 다항식 x^n-1 의 분해체를 구해보자.

유리수체$\mathbb{Q}$ 와 1의 원시 n승근 $\zeta_n = e^{\frac{2\pi i}{n}}$ 는 x^n-1 의 근(root)이며 $k=0,1,\cdots,n-1$ 일 때 $\zeta_n{}^k$ 들도 모두 근이다.

즉, 집합 $U_n = \{\zeta_n{}^k \mid k=0,1,\cdots,n-1\}$ 은 x^n-1 의 해집합이다.

또한 $U_n = \{\zeta_n{}^k \mid k=0,1,\cdots,n-1\}$ 은 곱셈에 관하여 순환군 $\langle \zeta_n \rangle$ 와 같으므로 U_n 과 $\mathbb{Z}_n$ 은 군-동형(group isomorphic)이다.

ζ_n 의 위수가 n 이므로 $\gcd(n,k)=1$, $1 \le k < n$ 일 때,

${\zeta_n}^k$ 의 위수도 n 이므로 $\langle {\zeta_n}^k \rangle = U_n$ 이며 U_n 의 생성원들의 집합은
$G_n = \{ {\zeta_n}^k \mid \gcd(n, k) = 1,\ 1 \le k < n \}$ 이다.
이때, G_n 의 일차식 $x - {\zeta_n}^k$ 들을 곱한 다항식 $\Phi_n(x) = \prod_{\zeta_n^k \in G_n} (x - {\zeta_n}^k)$ 를 n 번째 원분다항식 (cyclotomic polynomial)이라 한다.
$|G_n| = \phi(n)$ 이므로 $\Phi_n(x)$ 의 차수 $\deg(\Phi_n(x)) = \phi(n)$ 이다.

U_n 과 $\mathbb{Z}_n$ 은 군-동형임을 이용하면 n 의 약수d 에 관하여 U_n 의 원소 중에서 위수d 를 갖는 원소 ${\zeta_n}^k$ 들은 U_d 의 생성원이 되며 일차식 $x - {\zeta_n}^k$ 들을 곱하면 $\Phi_d(x)$ 가 된다.
따라서 n 의 약수d 마다 $\Phi_d(x)$ 들을 곱하면 $x^n - 1$ 와 같다. 즉,

$$x^n - 1 = \prod_{d \mid n} \Phi_d(x)$$

명제「$1 \le k \le n$ 일 때 $\Phi_k(x)$ 는 정수계수 다항식이다.」를 n 에 관한 수학적 귀납법으로 증명할 수 있으며 이것으로 모든 $\Phi_n(x)$ 이 정수계수 다항식임을 알 수 있다. 그리고 $\Phi_n(x)$ 은 $\mathbb{Q}[x]$ 에서 기약다항식이다.

다항식$\Phi_n(x)$ 의 기약성 증명은 생략함.

유리수체의 확대체 $\mathbb{Q}(\zeta_n)$ 에서 $x^n - 1$ 는 일차식 $x - {\zeta_n}^k$ 들의 곱
$x^n - 1 = (x-1)(x-\zeta_n)\cdots(x-{\zeta_n}^{n-1})$ 으로 인수분해된다.
또한 $\mathbb{Q}(1, \zeta_n, \cdots, \zeta_n^{n-1}) = \mathbb{Q}(\zeta_n)$ 이므로 $\mathbb{Q}(\zeta_n)$ 는 유리수체 위의 다항식 $x^n - 1$ 의 분해체이며 같은 방법으로 원분다항식 $\Phi_n(x)$ 의 분해체가 된다.
체$\mathbb{Q}(\zeta_n)$ 를 n 번째 원분체(cyclotomic field)라 하며, 체의 확대 $\mathbb{Q} \subset \mathbb{Q}(\zeta_n)$ 를 $\mathbb{Q}$ 위의 n 번째 원분 확대(cyclotomic extension)라 한다.
따라서 원분 확대 $\mathbb{Q} \subset \mathbb{Q}(\zeta_n)$ 는 유한확대이며 분리확대이고 분해체이다.
갈루아 정리에 따라 $|Gal(\mathbb{Q}(\zeta_n)/\mathbb{Q})| = [\mathbb{Q}(\zeta_n) : \mathbb{Q}]$ 이다.

$\mathbb{Q}$ 아닌 다른 체위에서도 원분다항식, 원분확대 개념을 정의한다.

ζ_n 은 $\Phi_n(x)$ 의 근이며 $\Phi_n(x)$ 는 모닉 기약다항식이므로 $\mathrm{irr}(\zeta_n ; \mathbb{Q})$ 는 $\Phi_n(x)$ 이며 차수 $[\mathbb{Q}(\zeta_n) : \mathbb{Q}] = \deg(\zeta_n ; \mathbb{Q}) = \deg(\Phi_n(x)) = \phi(n)$

임의의 체동형사상 $\sigma \in Gal(\mathbb{Q}(\zeta_n)/\mathbb{Q})$ 일 때,
ζ_n 이 $x^n - 1 = 0$ 의 근이며 곱셈에 관한 위수가 n 이므로 $\sigma(\zeta_n)$ 도 $x^n - 1 = 0$ 의 근 이고 곱셈에 관한 위수가 n 이다. 즉, $\sigma(\zeta_n) \in G_n$
$\sigma(\zeta_n) = {\zeta_n}^k$, $\gcd(n, k) = 1$, $1 \le k < n$ 인 정수 k 가 단 하나 있다.
이때 사상 $\phi : Gal(\mathbb{Q}(\zeta_n)/\mathbb{Q}) \to \mathbb{Z}_n^*$ 를 $\phi(\sigma) = k$ 으로 정의하자.
두 원소 $\sigma, \tau \in Gal(\mathbb{Q}(\zeta_n)/\mathbb{Q})$ 에 대하여 $\sigma(\zeta_n) = {\zeta_n}^k$, $\tau(\zeta_n) = {\zeta_n}^m$ 일 때,
$(\sigma\tau)(\zeta_n) = \sigma(\tau(\zeta_n)) = \sigma({\zeta_n}^m) = \sigma(\zeta_n)^m = {\zeta_n}^{km}$ 이므로
$\phi(\sigma\tau) = km = \phi(\sigma)\phi(\tau)$ 이며 ϕ 는 준동형사상이다.
원소 $\sigma \in \ker(\phi)$ 즉, $\phi(\sigma) = 1$ 이면 $\sigma(\zeta_n) = \zeta_n$ 이므로 $\sigma = id$ 이며 $\ker(\phi) = \{id\}$. ϕ 는 단사 준동형사상이다.

또한 $|Gal(\mathbb{Q}(\zeta_n)/\mathbb{Q})| = \phi(n) = |\mathbb{Z}_n^*|$

따라서 ϕ 는 군-동형사상이고 $Gal(\mathbb{Q}(\zeta_n)/\mathbb{Q}) \cong \mathbb{Z}_n^*$ 이며

$Gal(\mathbb{Q}(\zeta_n)/\mathbb{Q}) = \{\sigma_k \mid k \in \mathbb{Z}_n^*\}$ (단, $\sigma_k(\zeta_n) = {\zeta_n}^k$)이다.

원분 확대의 결과에 갈루아 정리를 적용해보자.

$\mathbb{Q} \subset E \subset \mathbb{Q}(\zeta_n)$ 인 중간체 E 의 개수는 단원군 $\mathbb{Z}_n^*$ 의 부분군의 개수와 같다.

군론의 성질로부터 $\mathbb{Z}_n^*$ 은 다음과 같이 군-동형 성질이 있다.

소인수분해 $n = 2^m p_1^{r_1} \cdots p_k^{r_k}$ (단, $3 \le p_1 < \cdots < p_k$, p_i는 소수, $1 \le r_i$)일 때,

$$\mathbb{Z}_n^* \cong \mathbb{Z}_{2^m}^* \times \mathbb{Z}_{p_1^{r_1}}^* \times \cdots \times \mathbb{Z}_{p_k^{r_k}}^* \cong \mathbb{Z}_{2^m}^* \times \mathbb{Z}_{\phi(p_1^{r_1})} \times \cdots \times \mathbb{Z}_{\phi(p_k^{r_k})}$$

$$\cong \mathbb{Z}_{2^m}^* \times \mathbb{Z}_{p_1^{r_1-1}(p_1-1)} \times \cdots \times \mathbb{Z}_{p_k^{r_k-1}(p_k-1)}$$

$$\cong \mathbb{Z}_{2^m}^* \times \mathbb{Z}_{p_1^{r_1-1}} \times \mathbb{Z}_{p_1-1} \times \cdots \times \mathbb{Z}_{p_k^{r_k-1}} \times \mathbb{Z}_{p_k-1}$$

이며, $\mathbb{Z}_{2^m}^* \cong \begin{cases} \{0\} & , m = 0.1 \\ \mathbb{Z}_2 & , m = 2 \\ \mathbb{Z}_2 \times \mathbb{Z}_{2^{m-2}} & , m \ge 3 \end{cases}$ 이다.

$\mathbb{Z}_n^*$ 이 순환군이 되는 경우는 $n = 2, 4, p^r, 2p^r$ (단, p 는 홀수 소수)이다.

앞에서 다룬 두 가지 사례의 갈루아군을 일반적으로 정리하자.

[정리]

(1) 갈루아체 사이의 갈루아군

$\mathrm{Gal}(\mathrm{GF}(p^{nm})/\mathrm{GF}(p^n)) = \langle \sigma_p^n \rangle \cong \mathbb{Z}_m$ (단, $\sigma_p^n(x) = x^{p^n}$)

(2) 1의 원시 n승근 $\zeta_n = e^{\frac{2\pi i}{n}}$ 에 관해 갈루아군

$\mathrm{Gal}(\mathbb{Q}(\zeta_n)/\mathbb{Q}) = \{\sigma_k \mid \gcd(k, n) = 1\} \cong \mathbb{Z}_n^*$ (단, $\sigma_k(\zeta_n) = \zeta_n^k$)

예제 1 다음 체들의 자기동형사상(field automorphism)의 개수를 구하시오.

㉠ $\mathbb{Z}_3$ ㉡ $\mathbb{Q}(\sqrt[3]{2})$ ㉢ $\mathbb{Q}(\sqrt[3]{2}, \sqrt{-3})$

풀이 ㉠ $\mathbb{Z}_3$은 소체이므로 자기체동형사상은 항등사상 뿐이다.

㉡ 자기동형사상 f 는 $f(\sqrt[3]{2})$ 을 $x^3 = 2$ 의 해 중에서 $\mathbb{Q}(\sqrt[3]{2})$ 에 속하는 해로 사상하므로 $f(\sqrt[3]{2}) = \sqrt[3]{2}$ 뿐이다.
따라서 자기체동형사상은 항등사상 뿐이다.

㉢ 자기동형사상 f 는 $f(\sqrt[3]{2})$ 을 $x^3 = 2$ 중에서 $\mathbb{Q}(\sqrt[3]{2}, \sqrt{-3})$ 에 속하는 것으로 사상하고 $f(\sqrt{-3})$ 을 $x^2 = -3$ 중에서 $\mathbb{Q}(\sqrt[3]{2}, \sqrt{-3})$ 에 속하는 해로 사상하므로 $f(\sqrt[3]{2}) = \sqrt[3]{2}$, $\sqrt[3]{2}\dfrac{-1 \pm \sqrt{-3}}{2}$ 이며, $f(\sqrt{-3}) = \pm\sqrt{-3}$ 이다.
이렇게 정해진 f 는 모두 체동형사상이 된다.
따라서 모두 6개의 자기동형사상이 있다.

예제 2 갈루아군 $G(\mathbb{Q}(\sqrt{2}, \sqrt{3})/\mathbb{Q})$ 을 결정하고, 동형인 군을 간단히 나타내시오.

풀이 자기동형사상 f 는 $\mathbb{Q}(\sqrt{2}, \sqrt{3})$ 속에서 $f(\sqrt{2})$ 는 $x^2 = 2$ 의 해로 사상하고 $f(\sqrt{3})$ 는 $x^2 = 3$ 의 해로 사상하므로
$f(\sqrt{2}) = \pm\sqrt{2}$, $f(\sqrt{3}) = \pm\sqrt{3}$ 이다.
이렇게 정해진 f 는 모두 체동형사상이 되며 모두 4개의 자기동형사상이 있다.
$f^2(\sqrt{2}) = \sqrt{2}$, $f^2(\sqrt{3}) = \sqrt{3}$ 이므로 $f^2 = id$ 이며 위수 4인 사상은 없다.
따라서 갈루아군은 군 $Z_2 \oplus Z_2$ 와 군동형이다.

예제 3 체 $\mathbb{Q}(\sqrt[4]{2}, i)$ 의 갈루아군 $G(\mathbb{Q}(\sqrt[4]{2}, i)/\mathbb{Q})$ 을 결정하고 부분체를 구하시오.

풀이 체 $\mathbb{Q}(\sqrt[4]{2}, i)$ 의 $\mathbb{Q}$ 위의 기저가
$\{1, \sqrt[4]{2}, \sqrt[4]{2}^2, \sqrt[4]{2}^3, i, \sqrt[4]{2}i, \sqrt[4]{2}^2 i, \sqrt[4]{2}^3 i\}$ 이므로
동형사상 $f: \mathbb{Q}(\sqrt[4]{2}, i) \to \mathbb{Q}(\sqrt[4]{2}, i)$ 는 $f(\sqrt[4]{2})$, $f(i)$ 의 값에 의하여 결정된다.
이때, $f(\sqrt[4]{2})^4 = f(\sqrt[4]{2}^4) = f(2) = 2$ 이며, 체 $\mathbb{Q}(\sqrt[4]{2}, i)$ 에서 $x^4 = 2$ 의 근은
$x = \pm\sqrt[4]{2}, \pm\sqrt[4]{2}i$ 이므로 $f(\sqrt[4]{2}) = \pm\sqrt[4]{2}, \pm\sqrt[4]{2}i$
그리고 $f(i)^2 = f(i^2) = f(-1) = -1$ 이며, $f(i) = \pm i$ 이다.
따라서 $f(\sqrt[4]{2}) = \pm\sqrt[4]{2}, \pm\sqrt[4]{2}i$, $f(i) = \pm i$ 의 선택에 따라 아래와 같이 8개의 체동형사상이 있다.

구분	f_1	f_2	f_3	f_4	f_5	f_6	f_7	f_8
$f(\sqrt[4]{2})$	$\sqrt[4]{2}$	$\sqrt[4]{2}i$	$-\sqrt[4]{2}$	$-\sqrt[4]{2}i$	$\sqrt[4]{2}$	$\sqrt[4]{2}i$	$-\sqrt[4]{2}$	$-\sqrt[4]{2}i$
$f(i)$	i	i	i	i	$-i$	$-i$	$-i$	$-i$

이때, $|f_2| = |f_4| = 4$, $|f_3| = |f_5| = |f_6| = |f_7| = |f_8| = 2$ 이며,
$f_2 \circ f_5 = f_6$, $f_5 \circ f_2 = f_8$, $f_2 \circ f_5 = f_5 \circ (f_2)^3$ 이며, 이러한 성질을 갖는 위수 8인 비가환군은 D_4
그러므로 체 $\mathbb{Q}(\sqrt[4]{2}, i)$ 의 갈루아군 $G(\mathbb{Q}(\sqrt[4]{2}, i)/\mathbb{Q})$ 은 D_4 와 군동형이다.

이 예제의 갈루아군의 부분군과 부분체들을 비교하면 아래 도식과 같다.

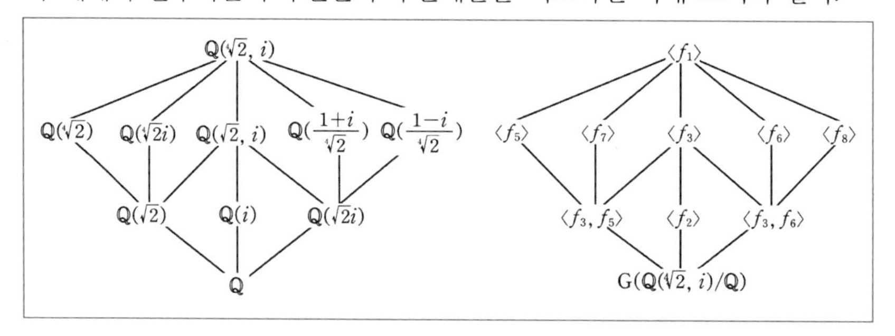

예제 4 체 F 위의 대수적 원소 u_1 의 n 차 기약다항식 $p(x)$ 의 서로 다른 근 $u_1, \cdots, u_n \in K = F(u_1)$ 일 때, 다음 명제를 증명하시오.

(1) K 는 F 위에서 $p(x)$ 의 분해체이다.

(2) $\sigma_k(u_1) = u_k$ 인 F-자기동형사상 σ_k 이면

$$\mathrm{Gal}(K/F) = \{\sigma_1, \cdots, \sigma_n\}$$

증명 (1) ① $u_1, \cdots, u_n \in K = F(u_1)$ 이며 $u_1, \cdots, u_n$ 는 $p(x)$ 의 근이므로 $p(x) = (x-u_1)(x-u_2)\cdots(x-u_n)q(x)$ 인 다항식 $q(x)$ 가 존재한다.

$\deg(p(x)) = n$ 이므로 $q(x)$ 는 상수이다.

따라서 $p(x) = c(x-u_1)(x-u_2)\cdots(x-u_n)$

② $F(u_1) = F(u_1, \cdots, u_n)$

$u_1, \cdots, u_n \in K = F(u_1)$ 이므로 $F(u_1, \cdots, u_n) \subset F(u_1)$

따라서 $K = F(u_1) = F(u_1, \cdots, u_n)$

그러므로 K 는 $p(x)$ 의 분해체이다.

(2) F-자기동형사상 $\sigma \in \mathrm{Gal}(K/F)$ 에 대하여

$p(\sigma(u_1)) = \sigma(p(u_1)) = \sigma(0) = 0$

이므로 $\sigma(u_1)$ 은 기약다항식 $p(x)$ 의 근(root)이며 $\sigma(u_1) = u_k$ 인 적당한 근 u_k 가 있다.

$\deg(p(x)) = n$ 이므로 $[K:F] = [F(u_1):F] = n$

$K = F(u_1)$ 는 $\{1, u_1, \cdots, u_1^{n-1}\}$ 으로 생성된 F-벡터공간이므로

$K = F(u_1) = \{c_1 + c_2u_1 + \cdots + c_nu_1^{n-1} \mid c_i \in F\}$

σ 는 F-자기동형사상이므로

$$\sigma(c_1 + c_2u_1 + \cdots + c_nu_1^{n-1}) = \sigma(c_1) + \sigma(c_2)\sigma(u_1) + \cdots + \sigma(c_n)\sigma(u_1)^{n-1}$$
$$= c_1 + c_2u_k + \cdots + c_nu_k^{n-1} \in K$$

이때 이렇게 정의된 사상을 σ_k 라 나타내자. 즉,

$\sigma_k(c_1 + c_2u_1 + \cdots + c_nu_1^{n-1}) = c_1 + c_2u_k + \cdots + c_nu_k^{n-1}$

이렇게 정의된 사상들의 집합을 $A = \{\sigma_1, \cdots, \sigma_n\}$ 라 두면

위의 논의과정에 따라 $\mathrm{Gal}(K/F) \subset A$

역으로 $\sigma_k \in A$ 라 하면

σ_k 의 정의에 의해 $c \in F$ 이면 $\sigma_k(c) = c$ 이며 $\sigma_k(u_1) = u_k$

σ_k 는 F-자기동형사상임을 보이자.

$g(x) = a_1 + a_2x + \cdots + a_nx^{n-1} \in F[x]$ 와

$h(x) = b_1 + b_2x + \cdots + b_nx^{n-1} \in F[x]$ 에 대하여

$\sigma_k(g(u_1) + h(u_1)) = g(u_k) + h(u_k) = \sigma_k(g(u_1)) + \sigma_k(h(u_1))$

$\sigma_k(g(u_1)h(u_1)) = g(u_k)h(u_k) = \sigma_k(g(u_1))\sigma_k(h(u_1))$,

$\therefore$ σ_k 는 준동형사상이다.

$\sigma_k(g(u_1)) = g(u_k) = 0$ 이면 $p(x)$ 는 u_k 의 기약다항식이므로 $p(x) \mid g(x)$ 이며

차수를 비교하면 $g(x) = 0$ 이며 $g(u_1) = 0$

결레동형사상정리와 동형확장정리를 이용하여 증명할 수도 있다.

$\therefore\ \sigma_k$ 는 단사이다.

u_k 의 기약다항식도 $p(x)$ 이며 $p(x)$ 의 모든 근이 K 에 속하므로 $K=F(u_k)$ 이며

$K=F(u_k)=\sigma_k(F(u_1))=\mathrm{Im}(\sigma_k)$

$\therefore\ \sigma_k$ 는 전사이다.

따라서 $\sigma_k \in \mathrm{Gal}(K/F)$ 이며 $A \subset \mathrm{Gal}(K/F)$

그러므로 $\mathrm{Gal}(K/F) = A = \{\sigma_1, \cdots, \sigma_n\}$

예제 5 유한체 $K=\mathrm{GF}(3^6)$ 의 갈루아군 $\mathrm{G}(K/\mathbb{Z}_3)$ 의 위수 2인 부분군을 H 라 할 때, 고정체 K_H 를 구하시오.

풀이 $K \geq \mathbb{Z}_3$ 는 분해체이며 분리확대체이므로

$|\mathrm{G}(K/\mathbb{Z}_3)| = [K:\mathbb{Z}_3] = 6$

사상 $\sigma : K \to K,\ \sigma(x) = x^3$ 이라 정의하면

$\sigma(x+y) = (x+y)^3 = x^3 + y^3 = \sigma(x)+\sigma(y)$

$\sigma(xy) = (xy)^3 = x^3y^3 = \sigma(x)\sigma(y)$

$\sigma(x) = x^3 = 0$ 이면 $x=0$ 이므로 σ 는 단사

정의역과 공역이 위수가 같은 집합이므로 σ 는 전단사

$\mathbb{Z}_3$ 는 소체이므로 σ 에 의해 고정된다.

따라서 σ 는 $\mathbb{Z}_3$ 를 고정하는 체동형사상이므로 $\sigma \in \mathrm{G}(K/\mathbb{Z}_3)$

또한 모든 $x \in K$ 에 대하여 $\sigma^6(x) = x^{3^6} = x$ 이므로 $\sigma^6 = id$ 이며 $\sigma \neq id$ 이므로 σ 의 위수는 6이다.

따라서 $\mathrm{G}(K/\mathbb{Z}_3) = \{id, \sigma, \sigma^2, \sigma^3, \sigma^4, \sigma^5\} = \langle \sigma \rangle$

$\mathrm{G}(K/\mathbb{Z}_3)$ 의 위수 2인 부분군 $H = \{id, \sigma^3\}$ 이며 H 의 고정체

$K_H = \{x \in K \mid \sigma^3(x) = x\} = \{x \in K \mid x^{27} = x\} = \mathrm{GF}(27)$

예제 6 갈루아 군 $\mathrm{G}(K/F)$ 의 한 원소 σ 로 생성한 순환군 $\langle \sigma \rangle$ 에 관한 고정체 $K_{\langle \sigma \rangle} = \{x \in K \mid \sigma(x) = x\}$ 임을 보이시오.

풀이 $K_{\langle \sigma \rangle} \subset \{x \in K \mid \sigma(x) = x\}$ 는 자명하다.

$\sigma(x) = x$ 이면 모든 정수 k 에 관하여 $\sigma^k(x) = x$ 이므로 $x \in K_{\langle \sigma \rangle}$

따라서 $K_{\langle \sigma \rangle} = \{x \in K \mid \sigma(x) = x\}$ 이 성립한다.

3. 갈루아군의 이해와 갈루아 정리의 증명

체동형사상에 관한 동형정리는 분해체 조건을 첨가하면 다음과 같은 정리가 된다.

> **[정리]** $F \le K$ 는 분해체이며 $\alpha, \beta \in K$ 일 때,
> (1) $\text{irr}(\alpha, F) = \text{irr}(\beta, F)$ 이면 $\sigma(\alpha) = \beta$, $\sigma \in G(K/F)$ 인 체동형사상 σ 가 존재한다.
> (2) $\sigma(\alpha) = \beta$, $\sigma \in G(K/F)$ 인 체동형사상 σ 가 존재하면 $\text{irr}(\alpha, F) = \text{irr}(\beta, F)$ 이다.

증명 (1) 켤레동형정리에 따라 $\psi(\alpha) = \beta$ 가 성립하고 F 를 고정하는 체동형사상 $\psi : F(\alpha) \to F(\beta)$ 가 존재한다.

K 는 $F(\alpha)$ 위의 대수적 확대체이므로 동형확장정리에 따라 ψ 를 확장한 단사 체-준동형사상 $\phi : K \to \overline{F}$ 가 존재한다.

K 는 F 위의 분해체이므로 $\phi(K) = K$ 이다.

$\phi : K \to \overline{F}$ 의 공역을 K 로 바꾼 사상을 σ 라 하자.

즉, $\sigma : K \to K$, $\sigma(x) = \phi(x)$

σ 는 F 를 고정하는 체동형사상이므로 $\sigma \in G(K/F)$ 이며 $\sigma(\alpha) = \beta$ 이다.

(2) $\text{irr}(\alpha, F) = f(x)$ 이라 놓으면

$f(\beta) = f(\sigma(\alpha)) = \sigma(f(\alpha)) = \sigma(0) = 0$ 이며 $f(x)$ 는 F 위의 모닉 기약다항식이므로 $\text{irr}(\beta, F) = f(x)$

따라서 $\text{irr}(\alpha, F) = \text{irr}(\beta, F)$ 이다.

갈루아 확대일 때, 갈루아 군은 다항식의 근을 결정하는 것과 관련된 다음 정리가 성립한다.

> **[정리]** $F \subset K$ 는 갈루아 확대이며 $G(K/F) = \{\sigma_1, \cdots, \sigma_n\}$ 이라 하자.
> 임의의 원소 $\alpha \in K$ 에 관하여 $\{\sigma_1(\alpha), \cdots, \sigma_n(\alpha)\}$ 는 기약다항식 $\text{irr}(\alpha, F)$ 의 해집합이다.

증명 σ_k 는 F 를 고정하는 체동형사상이므로 $\sigma_k(\alpha)$ 와 α 는 F 위에서 켤레이다.

따라서 $\sigma_k(\alpha)$ 는 $\text{irr}(\alpha, F)$ 의 해이며 $\{\sigma_1(\alpha), \cdots, \sigma_n(\alpha)\}$ 는 $\text{irr}(\alpha, F)$ 의 해집합에 포함된다.

$F \subset K$ 는 분해체이므로 $\text{irr}(\alpha, F)$ 는 K 에서 일차식들의 곱으로 인수분해된다. $\text{irr}(\alpha, F)$ 의 임의의 한 근을 $\beta \in K$ 라 하자.

α 와 β 는 F 위의 켤레이므로 $\sigma_k(\alpha) = \beta$, $\sigma_k \in G(K/F)$ 인 체동형사상 σ_k 가 존재한다.

따라서 $\beta \in \{\sigma_1(\alpha), \cdots, \sigma_n(\alpha)\}$ 이며 $\text{irr}(\alpha, F)$ 의 해집합은 $\{\sigma_1(\alpha), \cdots, \sigma_n(\alpha)\}$ 에 포함된다.

그러므로 $\{\sigma_1(\alpha), \cdots, \sigma_n(\alpha)\}$ 는 $\text{irr}(\alpha, F)$ 의 해집합이다.

위의 정리는 기약다항식의 한 근 α 를 이용하여 모든 해들의 해집합을 만드는 수단으로서 갈루아 군(Galois group)의 역할을 보여준다.

갈루아 기본 정리의 명제들을 증명하자.

[갈루아 기본 정리(Galois Fundamental Theorem)]
유한 확대 $K \geq F$ 는 분리확대이며 K 는 F 위의 분해체일 때,
유한 확대 $K \geq F$ 의 중간체들의 집합 $\Phi = \{E \mid K \geq E \geq F\}$ 와 갈루아군 $\mathrm{G}(K/F)$ 의 부분군들의 집합 $\Psi = \{H \mid H \leq \mathrm{G}(K/F)\}$ 사이의 두 사상
$\varphi : \Phi \to \Psi$, $\varphi(E) = \mathrm{G}(K/E)$, $\psi : \Psi \to \Phi$, $\psi(H) = K_H$
은 1-1 대응이며, 다음 성질이 성립한다.
(1) $\psi = \varphi^{-1}$ 즉, $K_{\mathrm{G}(K/E)} = E$ 이며 $\mathrm{G}(K/K_H) = H$
(2) $E_1 \leq E_2$ 이면 $\varphi(E_1) \geq \varphi(E_2)$
(3) $[K:E] = |\mathrm{G}(K/E)|$
(4) $[E:F] = |\mathrm{G}(K/F) : \mathrm{G}(K/E)|$ (우변은 군의 지수(index))
(5) $\mathrm{G}(K/F) \rhd \mathrm{G}(K/E)$ (정규부분군)일 필요충분조건은 $E \geq F$ 가 분해체이고 분리확대체인 것이며 $\mathrm{G}(E/F) \cong \mathrm{G}(K/F)/\mathrm{G}(K/E)$

증명 (1) $K_{\mathrm{G}(K/E)} = E$ 임을 보이자.

K 는 F 위의 갈루아 확대체이므로 중간체 E 에 관하여 K 는 E 위의 갈루아 확대체이다.
따라서 $K_{\mathrm{G}(K/E)} = E$ 가 성립한다.
$\mathrm{G}(K/K_H) = H$ 임을 보이자.
$\sigma \in H$ 이면 모든 $x \in K_H$ 에 대하여 $\sigma(x) = x$ 이므로 $\sigma \in G(K/K_H)$
즉, $H \subset G(K/K_H)$ 이다.
K 는 K_H 위의 유한차원 분리확대이므로 $K_H(\alpha) = K$ 인 원소 $\alpha \in K$ 가 존재한다.
갈루아군 $\mathrm{G}(K/F)$ 의 부분군 $H = \{\tau_1, \cdots, \tau_m\}$ 이라 놓자. (단, $\tau_1 = id$)
다항식 $f(x) = (x - \tau_1(\alpha)) \cdots (x - \tau_m(\alpha))$ 라 두면
H 의 임의의 원소 τ_k 에 대하여 $\{\tau_k\tau_1, \cdots, \tau_k\tau_m\} = H$ 이다.
$\{\tau_k\tau_1(\alpha), \cdots, \tau_k\tau_m(\alpha)\} = \{\tau_1(\alpha), \cdots, \tau_m(\alpha)\}$ 이므로 $f(x)$ 의 모든 계수는 τ_k 에 의해 고정되며 $f(x) \in K_H[x]$ 이다.
$\tau_1(\alpha) = \alpha$ 이므로 $f(\alpha) = 0$
따라서 $\mathrm{irr}(\alpha\,; K_H) \,\big|\, f(x)$ 이며 $\deg(\alpha\,; K_H) \leq \deg(f(x))$ 이다.
$H \subset G(K/K_H)$ 이므로 $|G(K/K_H)| \geq |H| = m = \deg(f(x))$ 이며
$\deg(\alpha\,; K_H) = [K_H(\alpha) : K_H] = [K : K_H] = |G(K/K_H)|$
이므로 $\deg(\alpha\,; K_H) \geq \deg(f(x))$
위 식은 $\deg(\alpha\,; K_H) = \deg(f(x))$ 이며 $[K : K_H] = |G(K/K_H)| = |H|$
따라서 $H \subset G(K/K_H)$ 이며 $|G(K/K_H)| = |H|$ 이므로 $G(K/K_H) = H$ 이다.

$\psi(\varphi(E)) = K_{\varphi(E)} = K_{G(K/E)} = E$ 이므로 $\psi \circ \varphi = id$

$\varphi(\psi(H)) = G(K/\psi(H)) = G(K/K_H) = H$ 이므로 $\varphi \circ \psi = id$

그러므로 $\psi = \varphi^{-1}$ 이다.

(2) $E_1 \le E_2$ 일 때, $\sigma \in G(K/E_2)$ 이면 σ 는 E_2 를 고정하므로 σ 는 E_1 을 고정한다.

따라서 $\sigma \in G(K/E_1)$ 이며 $\varphi(E_2) = G(K/E_2) \subset G(K/E_1) = \varphi(E_1)$

(3) K는 F 위의 갈루아 확대체이므로 중간체 E에 관하여 K는 E 위의 갈루아 확대체이다.

갈루아 확대 K는 E 위의 분해체이며 분리 확대체이다.

따라서 $[K : E] = |\mathrm{G}(K/E)|$ 이다.

(4) 중간체 E는 F 위의 유한 확대체이므로 $[K:E][E:F] = [K:F]$

$[K:E] = |G(K/E)|$, $[K:F] = |G(K/F)|$ 이므로

$[E:F] = \dfrac{|G(K/F)|}{|G(K/E)|}$

$G(K/F)$ 는 유한군이므로 부분군 $G(K/E)$ 에 관하여

지수(index) $|G(K/F) : G(K/E)| = \dfrac{|G(K/F)|}{|G(K/E)|}$ 이다.

따라서 $[E:F] = |\mathrm{G}(K/F) : \mathrm{G}(K/E)|$가 성립한다.

(5) $G(K/F)$ 의 부분군 $G(K/E)$ 가 정규부분군이라 하자.

임의의 원소 $\alpha \in E$ 이라 하자.

K는 F 위의 분해체이므로 $\mathrm{irr}(\alpha\,;F)$ 는 K에서 일차식들의 곱으로 인수분해되며 $\mathrm{irr}(\alpha\,;F) = (x-\alpha_1)\cdots(x-\alpha_m)$, $\alpha = \alpha_1, \cdots, \alpha_m \in K$라 쓸 수 있다.

임의의 α_k 에 대하여 α 와 α_k 는 F 위에서 켤레이므로 $\sigma(\alpha) = \alpha_k$ 이 성립하는 체동형사상 $\sigma \in G(K/F)$ 가 존재한다.

임의의 $\tau \in G(K/E)$ 에 대하여 $G(K/E)$ 는 $G(K/F)$ 의 정규부분군이므로 $\sigma^{-1}\tau\sigma \in G(K/E)$ 이며 $\sigma^{-1}\tau\sigma$ 는 E를 고정한다.

$\sigma^{-1}\tau\sigma(\alpha) = \alpha$, $\tau(\sigma(\alpha)) = \sigma(\alpha)$, $\tau(\alpha_k) = \alpha_k$

이므로 $\alpha_k \in K_{G(K/E)} = E$

모든 $\alpha_1, \cdots, \alpha_m \in E$ 이며 $\mathrm{irr}(\alpha\,;F)$ 는 E에서 일차식들의 곱으로 인수분해 된다.

따라서 E는 F 위의 분해체이며 분리확대이므로 $E \ge F$는 갈루아 확대이다.

이제 명제의 역을 증명하자.

$E \ge F$는 갈루아 확대라 하자.

임의의 두 체동형사상 $\sigma \in G(K/F)$, $\tau \in G(K/E)$ 라 하자.

임의의 원소 $\alpha \in E$ 일 때,

α 와 $\sigma(\alpha)$ 는 F 위에서 켤레이므로 $\sigma(\alpha)$ 는 $\mathrm{irr}(\alpha\,;F)$ 의 근이다.

E는 F위의 분해체이며 $\alpha \in E$이므로 $\mathrm{irr}(\alpha\,;F)$ 의 모든 근은 E에 속하며 $\sigma(\alpha) \in E$이다.
τ는 E를 고정하므로 $\tau(\sigma(\alpha)) = \sigma(\alpha)$ 이며 $\sigma^{-1}\tau\sigma(\alpha) = \alpha$ 이다.
따라서 $\sigma^{-1}\tau\sigma \in G(K/E)$ 이며 $G(K/F)$ 의 부분군 $G(K/E)$ 가 정규부분군이다.
그러므로 $\mathrm{G}(K/F) \triangleright \mathrm{G}(K/E)$ 일 필요충분조건은 $E \geq F$가 갈루아 확대인 것이다.
이제 $\mathrm{G}(E/F) \cong \mathrm{G}(K/F)/\mathrm{G}(K/E)$ 임을 보이자.
사상 $\phi: G(K/F) \to G(E/F)$ 를 다음과 같이 정의하자.
임의의 $\sigma \in G(K/F)$ 에 대하여 $E \geq F$가 분해체이므로 $\sigma(E) = E$이며 σ 의 정의역과 공역으로 K에서 E로 축소한 사상 $\overline{\sigma}: E \to E$ 도 F를 고정하는 체동형사상이다. 이때, $\phi(\sigma) = \overline{\sigma}$ 이라 정의하자.
$\phi(\sigma_1\sigma_2) = \overline{\sigma_1\sigma_2} = \overline{\sigma_1}\,\overline{\sigma_2} = \phi(\sigma_1)\phi(\sigma_2)$ 이므로 ϕ 는 준동형사상이다.
임의의 $\tau \in G(E/F)$ 에 대하여 K는 E위의 분해체이므로 τ를 확장한 체동형사상 $\hat{\tau}: K \to K$ 가 존재하며 $\hat{\tau} \in G(K/F)$ 이다.
이때 $\phi(\hat{\tau}) = \tau$ 이므로 $\mathrm{Im}(\phi) = G(E/F)$ 이다.
$\phi(\sigma) = \overline{\sigma} = id$ 이라 하면 σ는 E를 고정하는 K의 체동형사상이므로 $\sigma \in G(K/E)$ 이며 $\mathrm{Ker}(\phi) = G(K/E)$ 이다.
그러므로 제1동형정리에 따라 $\mathrm{G}(E/F) \cong \mathrm{G}(K/F)/\mathrm{G}(K/E)$가 성립한다.

예제 1 $F(\alpha) = F(\beta)$ 일 때, $irr(\alpha\,;F)$ 의 분해체를 K라 하면 K는 $irr(\beta\,;F)$ 의 분해체임을 보이시오.

풀이 K는 F의 분해체이며 $\beta \in F(\alpha) \subset K$이므로
$irr(\beta\,;F)$ 는 K에서 일차식들의 곱으로 인수분해 된다.
K에서 $irr(\beta\,;F) = (x-\beta)(x-\beta_2)\cdots(x-\beta_k)$ 라 하면
$F(\beta, \beta_2, \cdots, \beta_k) \subset K$
$F(\beta, \beta_2, \cdots, \beta_k)$ 는 $irr(\beta\,;F)$ 의 분해체이며
$\alpha \in F(\alpha) = F(\beta) \subset F(\beta, \beta_2, \cdots, \beta_k)$ 이므로
$irr(\alpha\,;F)$ 는 $F(\beta, \beta_2, \cdots, \beta_k)$ 에서 일차식의 곱으로 인수분해 된다.
따라서 $irr(\alpha\,;F)$ 의 분해체 K는 $K \subset F(\beta, \beta_2, \cdots, \beta_k)$ 이다.
그러므로 K는 $irr(\beta\,;F)$ 의 분해체이다.

예제 2 $F \subset K$는 갈루아 확대이며 $F \subset E \subset K$이며 E는 F위의 분해체이다. $f(x)$는 $F[x]$ 에서 기약다항식이라 하고 $E[x]$ 에서 $f(x)$ 의 소인수분해를 $f(x) = p_1(x)\cdots p_m(x)$ 이라 하자. 즉, $p_k(x)$ 는 $E[x]$ 의 기약다항식이다. 이때, $\deg(p_1(x)) = \cdots = \deg(p_m(x))$ 임을 보이시오.

풀이 K는 E 위의 분해체이므로 $p_k(x)$ 들은 K에서 일차식들의 곱으로 인수분해 된다. $p_1(x)=(x-\alpha_1)\cdots(x-\alpha_n)$ 이라 하자.
$\alpha=\alpha_1$ 라 쓰고, $p_k(x)$ 의 한 근을 $\beta\in K$라 하자. (단, $k\geq 2$)
기약다항식 $f(x)$ 의 두 근 α,β 는 F 위에서 켤레이므로 $\tau(\alpha)=\beta$, $\tau\in G(K/F)$ 인 τ가 존재한다.
또한 $p_1(x)=(x-\alpha_1)\cdots(x-\alpha_n)$ 이므로 $\sigma(\alpha)=\alpha_i$, $\sigma\in G(K/E)$ 가 존재한다.
체의 확대 $F\subset E$ 가 분해체이므로 $G(K/E)$ 는 $G(K/F)$ 의 정규부분군이며 $\tau\sigma\tau^{-1}\in G(K/E)$ 이다.
$(\tau\sigma\tau^{-1})(\beta)=\tau(\sigma(\tau^{-1}(\beta)))=\tau(\sigma(\alpha))=\tau(\alpha_i)$ 이므로 $\beta,\tau(\alpha_i)$ 는 E 위에서 켤레이며 $\tau(\alpha_i)$ 는 E 위의 기약다항식 $p_k(x)$ 의 근이다.
$p_k(x)$ 의 임의의 근을 $\beta_j\in K$라 하면 $\sigma(\beta)=\beta_j$, $\sigma\in G(K/E)$ 가 존재한다.
$(\tau^{-1}\sigma\tau)(\alpha)=\tau^{-1}(\sigma(\tau(\alpha)))=\tau^{-1}(\beta_j)$ 이며 $\tau^{-1}\sigma\tau\in G(K/E)$ 이므로
$\tau^{-1}(\beta_j)$, α 는 E 위에서 켤레이며 $\tau^{-1}(\beta_j)$ 는 $p_1(x)$ 의 근이다.
$\tau^{-1}(\beta_j)=\alpha_i$ 인 α_i 가 존재하고 $\beta_j=\tau(\alpha_i)$ 이다.
따라서 $p_k(x)$ 의 모든 근은 $\tau(\alpha_i)$ 로 나타낼 수 있으며
$p_k(x)=(x-\tau(\alpha_1))\cdots(x-\tau(\alpha_n))$ 이다.
그러므로 모든 $k\geq 2$ 에 대하여 $\deg(p_1(x))=n=\deg(p_k(x))$ 이며
$\deg(p_1(x))=\cdots=\deg(p_m(x))$ 이다.

위의 예제의 의미를 생각해보면
$f(x)=\mathrm{irr}(\alpha\,;F)$, $p_1(x)=\mathrm{irr}(\alpha\,;E)$ 이며 $\deg(\alpha\,;F)=\deg(f(x))=nm$ 이고
$\deg(\alpha\,;E)=\deg(p_1(x))=n$ 이므로 $\mathrm{irr}(\alpha\,;E)\mid\mathrm{irr}(\alpha\,;F)$ 이며 $\deg(\alpha\,;E)\mid\deg(\alpha\,;F)$ 이 성립함을 알 수 있다.

> **예제 3** $F\subset K$는 갈루아확대이며 $F\subset E\subset K$ 이며 E는 F 위의 분해체이다. 다항식 $f(x)$ 는 $F[x]$ 에서 기약다항식이며 K에서 서로 다른 두 근 $\alpha,\beta\in K$를 가지며 $\mathrm{irr}(\alpha\,;E)=(x-\alpha_1)\cdots(x-\alpha_n)$ 일 때, $\tau(\alpha)=\beta$ 인 체동형사상 $\tau\in G(K/F)$ 가 존재하여 $\mathrm{irr}(\beta\,;E)=(x-\tau(\alpha_1))\cdots(x-\tau(\alpha_n))$ 임을 보이시오.

풀이 α,β 는 F 위에서 켤레이므로 $\tau(\alpha)=\beta$, $\tau\in G(K/F)$ 인 τ가 존재한다.
$\mathrm{irr}(\alpha\,;E)=(x-\alpha_1)\cdots(x-\alpha_n)$ 이므로 $\sigma(\alpha)=\alpha_k$, $\sigma\in G(K/E)$ 인 σ 가 존재한다.
체의 확대 $F\subset E$가 분해체이므로 $G(K/E)$ 는 $G(K/F)$ 의 정규부분군이며
$\tau\sigma\tau^{-1}\in G(K/E)$ 이다.
$(\tau\sigma\tau^{-1})(\beta)=\tau(\sigma(\tau^{-1}(\beta)))=\tau(\alpha_k)$ 이므로
$\beta,\tau(\alpha_k)$ 는 E 위에서 켤레이며 $\tau(\alpha_k)$ 는 $\mathrm{irr}(\beta\,;E)$ 의 근이다.
$\mathrm{irr}(\beta\,;E)$ 의 임의의 근을 β_k 라 하면 $\sigma(\beta)=\beta_k$, $\sigma\in G(K/E)$ 가 존재한다.
$(\tau^{-1}\sigma\tau)(\alpha)=\tau^{-1}(\sigma(\tau(\alpha)))=\tau^{-1}(\beta_k)$ 이며 $\tau^{-1}\sigma\tau\in G(K/E)$ 이므로

$\tau^{-1}(\beta_k)$, α 는 E 위에서 켤레이며 $\tau^{-1}(\beta_k)$ 는 $\mathrm{irr}(\alpha\,;E)$ 의 근이다.
$\tau^{-1}(\beta_k)=\alpha_j$ 인 α_j 가 존재하고 $\beta_k=\tau(\alpha_j)$ 이다.
그러므로 $\mathrm{irr}(\beta\,;E)=(x-\tau(\alpha_1))\cdots(x-\tau(\alpha_n))$ 이다.

예제 4 유리수체 $\mathbb{Q}$ 위의 다항식 x^n-1 의 분해체을 E 라 하고 다항식 x^n-p 가 E 위의 기약다항식이라 하며 다항식 x^n-p 의 분해체 K 에 대하여 $\mathbb{Q}\subset E\subset K$ 이다. $G(K/E)$ 는 위수 n 인 순환군임을 보이시오.

풀이 x^n-1 의 근은 $\alpha^0, \alpha^1, \cdots, \alpha^{n-1}$ 이며 (단, $\alpha=e^{\frac{2\pi i}{n}}$)
x^n-1 의 분해체 $E=\mathbb{Q}(\alpha)$ 이다.
x^n-p 의 근은 $\sqrt[n]{p}, \sqrt[n]{p}\,\alpha, \cdots, \sqrt[n]{p}\,\alpha^{n-1}$ 이므로 분해체 $K=E(\sqrt[n]{p})$ 이다.
임의의 체동형사상 $\sigma\in G(K/E)$ 일 때,
$\sigma(\sqrt[n]{p})$ 는 E 위의 기약다항식 x^n-p 의 근이므로 $\sigma(\sqrt[n]{p})=\sqrt[n]{p}\,\alpha^k$
(단, $0\le k<n$)라 쓸 수 있다.
$K=E(\sqrt[n]{p})$ 이므로 $\sigma(\sqrt[n]{p})=\sqrt[n]{p}\,\alpha^k$ 을 만족하는 체동형사상
$\sigma\in G(K/E)$ 는 유일하게 정해진다.
이때 $\sigma(\sqrt[n]{p})=\sqrt[n]{p}\,\alpha^k$ 인 체동형사상 σ 를 σ_k 라 쓰기로 하면
$\sigma_k(\sqrt[n]{p})=\sqrt[n]{p}\,\alpha^k$ 이다.

$$\begin{aligned}\sigma_1^k(\sqrt[n]{p})&=\sigma_1^{k-1}(\sigma_1(\sqrt[n]{p}))=\sigma_1^{k-1}(\sqrt[n]{p}\,\alpha)=\sigma_1^{k-1}(\sqrt[n]{p})\,\sigma_1^{k-1}(\alpha)\\&=\sigma_1^{k-1}(\sqrt[n]{p})\,\alpha=\sqrt[n]{p}\,\alpha^{k-1}\alpha=\sqrt[n]{p}\,\alpha^k\end{aligned}$$

이므로 $\sigma_k=\sigma_1^k$ 이다.
따라서 $G(K/E)=\left\{\sigma_1^0, \sigma_1^1, \cdots, \sigma_1^{n-1}\right\}$ 이며 $G(K/E)$ 는 σ_1 으로 생성한 순환군이다.

예제 5 어떤 기약다항식 $f(x)\in\mathbb{Q}[x]$ 에 관하여 $\mathbb{Q}$ 위의 $f(x)$ 의 분해체 (splitting field)가 $\mathbb{Q}(\alpha)$ 이며 α 는 $f(x)$ 의 근이고 갈루아군(Galois group) $G(\mathbb{Q}(\alpha)/\mathbb{Q})$ 는 가환군이라 하자. 모든 $\beta\in\mathbb{Q}(\alpha)$ 에 대하여 $\mathbb{Q}$ 위의 $\mathrm{irr}(\beta\,;\mathbb{Q})$ 의 분해체는 $\mathbb{Q}(\beta)$ 임을 보이시오.

풀이 $G(\mathbb{Q}(\alpha)/\mathbb{Q})$ 는 가환군이므로 모든 부분군이 정규부분군이다.
갈루아 정리에 따라 모든 중간체는 $\mathbb{Q}$ 위의 분해체이다.
따라서 $\mathbb{Q}(\beta)$ 는 $\mathbb{Q}$ 위의 분해체이다.
$\mathrm{irr}(\beta\,;\mathbb{Q})$ 는 $\mathbb{Q}(\beta)$ 에서 한 근을 갖는 기약다항식이므로 $\mathrm{irr}(\beta\,;\mathbb{Q})$ 는 $\mathbb{Q}(\beta)$ 에서 일차식들의 곱으로 인수분해 된다.
그러므로 $\mathbb{Q}(\beta)$ 는 $\mathrm{irr}(\beta\,;\mathbb{Q})$ 의 분해체이다.

예제 6 유리수체 $\mathbb{Q}$ 위의 다항식환 $\mathbb{Q}[x]$ 의 기약다항식 $f(x)$ 에 관한 분해체(splitting field)를 K 라 하고 체 K 에서 구한 $f(x)$ 의 모든 근들을 $\alpha_1, \cdots, \alpha_n$ 라 놓으면 $K = \mathbb{Q}(\alpha_1, \cdots, \alpha_n)$ 이다. 다항식 $g(x) \in \mathbb{Q}[x]$ 에 관한 α_i 들의 함숫값 $g(\alpha_1), g(\alpha_2), \cdots, g(\alpha_n)$ 들이 모두 서로 다른 수들을이며 $\beta_1 = g(\alpha_1), \cdots, \beta_n = g(\alpha_n)$ 이라 놓고, $E = \mathbb{Q}(\beta_1, \cdots, \beta_n)$ 라 하고, 다항식 $p(x) = (x - \beta_1) \cdots (x - \beta_n)$ 라 두자. $p(x) \in \mathbb{Q}[x]$ 임을 보이고, $p(x)$ 는 $\mathbb{Q}$ 위의 기약다항식임을 보이고, 갈루아군 $G(K/\mathbb{Q})$ 의 부분군 $G(K/E)$ 는 정규부분군임을 보이시오.

풀이 다항식 $p(x)$ 의 계수는 $S(\beta_1, \cdots, \beta_n)$ 으로 나타낼 수 있는 대칭식 $S(x_1, \cdots, x_n)$ 이 존재한다.

임의의 체동형사상 $\sigma \in G(K/\mathbb{Q})$ 에 대하여 $\sigma(\alpha_k)$ 는 α_k 와 켤레이므로 $\sigma(\alpha_k) = \alpha_j$ 라 나타낼 수 있고,

$\sigma(\beta_k) = \sigma(g(\alpha_k)) = g(\sigma(\alpha_k)) = g(\alpha_j) = \beta_j$ 이므로

$\{\sigma(\beta_1), \cdots, \sigma(\beta_n)\} = \{\beta_1, \cdots, \beta_n\}$

$\sigma(S(\beta_1, \cdots, \beta_n)) = S(\sigma(\beta_1), \cdots, \sigma(\beta_n)) = S(\beta_1, \cdots, \beta_n)$ 이므로

$S(\beta_1, \cdots, \beta_n) \in K_{G(K/\mathbb{Q})} = \mathbb{Q}$

따라서 $p(x) \in \mathbb{Q}[x]$ 이다.

$\mathrm{irr}(\beta_1 ; \mathbb{Q}) = q(x)$ 라 놓으면 $p(\beta_1) = 0$ 이므로 $q(x) \mid p(x)$ 이다.

기약다항식 $f(x)$ 의 두 근 α_1, α_k 는 $\mathbb{Q}$ 위에서 켤레이므로 $\alpha_k = \sigma(\alpha_1)$ 인 체동형사상 $\sigma \in G(K/\mathbb{Q})$ 가 존재한다.

$\beta_k = g(\alpha_k) = g(\sigma(\alpha_1)) = \sigma(g(\alpha_1)) = \sigma(\beta_1)$ 이므로 β_1, β_k 는 $\mathbb{Q}$ 위에서 켤레이다.

β_k 는 $q(x)$ 의 근이다.

따라서 $\beta_1, \cdots, \beta_n$ 들은 $q(x)$ 의 서로 다른 근이므로 $p(x) = q(x)$ 이다.

그러므로 $p(x)$ 는 $\mathbb{Q}$ 위의 기약다항식이다.

$E = \mathbb{Q}(\beta_1, \cdots, \beta_n)$ 는 $\mathbb{Q}[x]$ 의 다항식 $p(x)$ 의 분해체이다.

따라서 갈루아정리에 따라 $G(K/E)$ 는 $G(K/\mathbb{Q})$ 의 정규부분군이다.

확대체 이론과 정수론을 연결하는 다음 예제들을 살펴보자.

예제 7 소수 p 에 관하여 $\mathbb{Q}[x] \ni x^p - 1$ 의 분해체 K 일 때, $\mathbb{Q} \subset E \subset K$ $[E : \mathbb{Q}] = 2$ 이면 $E = \mathbb{Q}(\sqrt{\pm p})$ 임을 보이시오.

풀이 $\beta = e^{\frac{2\pi i}{p}}$ 라 놓으면 $x^p - 1$ 의 분해체는 원분확대 $K = \mathbb{Q}(\beta)$ 이다.

갈루아군 $G(K/\mathbb{Q})$ 는 단원군 $\mathbb{Z}_p^*$ 와 동형이며 법 p 의 원시근 k 에 관해 $\sigma(\beta) = \beta^k$ 인 체동형사상 $\sigma : K \to K$ 에 의해 생성된 순환군이다.

$\mathbb{Q} \subset K$ 는 분해체이며 분리확대이므로 갈루아확대이고 갈루아군 $G(K/\mathbb{Q})$ 는 가환군이므로 $\mathbb{Q} \subset E$ 도 분해체이다.

$2 = [E : \mathbb{Q}] = |G(E/\mathbb{Q})| = |G(K/\mathbb{Q}) : G(K/E)|$ 이므로 $G(K/E)$ 는 σ^2 으로 생성된 부분군이다.

즉, $G(K/E)=\langle \sigma^2 \rangle$ 이며 $E=K_{\langle \sigma^2 \rangle}$ 이다.

$\sigma^2(\beta)=\beta^{k^2}$ 이므로 $\alpha_0=\beta^{k^2}+\beta^{k^4}+\cdots+\beta^{k^{p-1}}$ 는 σ^2 에 의해 고정되며

$\alpha_0 \in K_{\langle \sigma^2 \rangle}=E$ 이고 $\mathbb{Q}(\alpha_0)\subset E$ 이다.

또한 $\alpha_1=\beta^{k^1}+\beta^{k^3}+\beta^{k^3}+\cdots+\beta^{k^{p-2}}$ 이라 놓으면

$$\begin{aligned}\alpha_0+\alpha_1&=\beta^{k^1}+\beta^{k^2}+\beta^{k^3}+\cdots+\beta^{k^{p-1}}\\&=\beta^1+\beta^2+\beta^3+\cdots+\beta^{p-1}=-1\end{aligned}$$

이며, $k^2, k^4, \cdots, k^{p-1}$ 는 법 p 에 관한 이차잉여들이고 $k^1, k^3, \cdots, k^{p-2}$ 는 법 p 에 관한 이차 비잉여들이다.

법 p 에 관한 이차 잉여들을 a_i, 이차 비잉여들을 b_i 라 하자.

$$\begin{aligned}\alpha_0\alpha_1&=(\beta^{k^2}+\beta^{k^4}+\cdots+\beta^{k^{p-1}})(\beta^{k^1}+\beta^{k^3}+\cdots+\beta^{k^{p-2}})\\&=\sum_{i=1}^{(p-1)/2}\sum_{j=1}^{(p-1)/2}\beta^{a_i+b_j}\end{aligned}$$

$p=4k+1$ 이면

$$\sum_{i=1}^{(p-1)/2}\sum_{j=1}^{(p-1)/2}\beta^{a_i+b_j}=\frac{p-1}{4}\sum_{c=1}^{p-1}\beta^c=-\frac{p-1}{4}$$ 이며

α_0, α_1 는 $x^2+x-\dfrac{p-1}{4}=0$ 의 근이므로

$\alpha_0=\dfrac{-1\pm\sqrt{p}}{2}$ 이고 $\mathbb{Q}(\alpha_0)=\mathbb{Q}(\sqrt{p})$ 이다.

$p=4k+3$ 이면

$$\begin{aligned}\sum_{i=1}^{(p-1)/2}\sum_{j=1}^{(p-1)/2}\beta^{a_i+b_j}&=\frac{p-3}{4}\sum_{c=1}^{p-1}\beta^c+\frac{p-1}{2}\beta^0\\&=-\frac{p-3}{4}+\frac{p-1}{2}=\frac{p+1}{4}\end{aligned}$$ 이며

α_0, α_1 는 $x^2+x+\dfrac{p+1}{4}=0$ 의 근이므로 $\alpha_0=\dfrac{-1\pm\sqrt{-p}}{2}$ 이고

$\mathbb{Q}(\alpha_0)=\mathbb{Q}(\sqrt{-p})$ 이다.

$[E:\mathbb{Q}]=2=[\mathbb{Q}(\sqrt{\pm p}):\mathbb{Q}]$ 이며 $\mathbb{Q}\subset\mathbb{Q}(\sqrt{\pm p})\subset E$ 이므로

$E=\mathbb{Q}(\sqrt{\pm p})$ 이다.

그러므로 $p=4k+1$ 이면 $E=\mathbb{Q}(\sqrt{p})$ 이며,

$p=4k+3$ 이면 $E=\mathbb{Q}(\sqrt{-p})$ 이다.

위 예제의 풀이에는 정수론에 관한 다음 성질이 사용되었다.
그래서 다음 예제는 정수론에 관한 내용이지만 여기에 덧붙인다.

예제 8 홀수 소수 p 일 때, $\mathbb{Z}_p^*$ 에서 이차 잉여들을 a_i , 이차 비잉여들을 b_i 라 하자.
(단, $i=1, \cdots, \frac{p-1}{2}$)
$a_i+b_j=1$ 이 되는 (i,j) 의 개수를 구하시오.

풀이 $a_i+b_j=1$ 이 되는 (i,j) 의 개수를 m 이라 놓으면
임의의 $c\in\mathbb{Z}_p^*$ 에 대하여 $a_i+b_j=c$ 이 되는 (i,j) 의 개수도 m 이다.
왜냐하면 $a_i+b_j=c$, $c^*a_i+c^*b_j=1$ 이며
$\left(\frac{c^*}{p}\right)=1$ 이면 c^*a_i , c^*b_j 는 각각 다시 이차 잉여, 이차 비잉여가 되고,
$\left(\frac{c^*}{p}\right)=-1$ 이면 c^*a_i , c^*b_j 는 각각 다시 이차 비잉여, 이차 잉여가 되므로 대응하는 개수는 같기 때문이다.

① $a_i+b_j=0$ 이 되는 (i,j) 가 존재하는 경우
또한 $a_i+b_j=0$ 이 되는 경우는 $b_j=-a_i$,

$$-1=\left(\frac{b_j}{p}\right)=\left(\frac{-a_i}{p}\right)=\left(\frac{-1}{p}\right)\left(\frac{a_i}{p}\right)=(-1)^{\frac{p-1}{2}}$$

이므로 $\frac{p-1}{2}=2k+1$ (홀수)이며 $p=4k+3$ 이다.
이때 각 a_i 마다 $-a_i$ 는 이차비잉여이며 $-a_i$ 는 b_j 와 일대일 대응한다.
$a_i+b_j=0$ 이 되는 (i,j) 의 개수는 $\frac{p-1}{2}$ 이다.
$a_i+b_j\neq 0$ 이 되는 모든 (i,j) 의 개수는
$\frac{p-1}{2}\times\frac{p-1}{2}-\frac{p-1}{2}=m\times(p-1)$ 이며 $m=\frac{p-3}{4}$ 이다.

② $a_i+b_j=0$ 이 되는 (i,j) 가 존재하지 않는 경우
$p=4k+1$ 이며, 모든 (i,j) 의 개수는
$\frac{p-1}{2}\times\frac{p-1}{2}=m\times(p-1)$ 이며 $m=\frac{p-1}{4}$ 이다.
따라서 $a_i+b_j=1$ 이 되는 (i,j) 의 개수는
$p=4k+1$ 이면 $\frac{p-1}{4}$ (개)이며, $p=4k+3$ 이면 $\frac{p-3}{4}$ (개)이다.

갈루아 체(Galois field)에 관한 몇 가지 예제를 살펴보자.

예제 9 갈루아 체 $\mathbb{Z}_p$ 위의 다항식 x^n-1 의 분해체를 $K=GF(p^m)$ 라 할 때, m 을 구하시오. (단, $\gcd(n,p)=1$)

풀이 K가 x^n-1 의 분해체이면 x^n-1 의 모든 해는 K에 속하게 되어
$x^{p^m}-x$ 의 해가 된다.
따라서 x^n-1 는 분리다항식이므로 $x^n-1\,\big|\,x^{p^m}-x$

x^n-1 와 x 는 서로소이므로 $x^n-1 \mid x^{p^m-1}-1$

분해체 K는 x^n-1 의 모든 해를 포함하는 최소체이므로

$x^n-1 \mid x^{p^m-1}-1$ 을 만족하는 최소 m 을 구하면 된다.

다음 필요충분 관계식

$x^n-1 \mid x^{p^m-1}-1 \leftrightarrow n \mid p^m-1 \leftrightarrow p^m \equiv 1 \pmod n$

에 의하여 $p^m \equiv 1 \pmod n$ 을 만족하는 최소 m 이 문제의 답이 된다.

따라서 단원군 $\mathbb{Z}_n^*$ 에서 p 의 위수가 m , 즉, $m=\mathrm{ord}_n(p)$ 이다.

그러므로 유한체 $\mathbb{Z}_p$ 위의 x^n-1 의 분해체 $K=GF(p^{\mathrm{ord}_n(p)})$ 이다.

예제 10 갈루아체 $GF(p^k)$ 위의 다항식 x^n-1 의 분해체를 $K=GF(p^m)$ 라 할 때, m 을 구하시오. (단, $\gcd(n,p)=1$)

풀이 K가 x^n-1 의 분해체이면 x^n-1 의 모든 해는 K에 속하게 되어 $x^{p^m}-x$ 의 해가 된다.

따라서 x^n-1 는 분리다항식이므로 $x^n-1 \mid x^{p^m}-x$

x^n-1 와 x 는 서로소이므로 $x^n-1 \mid x^{p^m-1}-1$

다음 필요충분 관계식

$x^n-1 \mid x^{p^m-1}-1 \leftrightarrow n \mid p^m-1 \leftrightarrow p^m \equiv 1 \pmod n$

에 의하여 $p^m \equiv 1 \pmod n$ 을 만족해야 하므로 $\mathrm{ord}_n(p) \mid m$

또한 $GF(p^k) \subset GF(p^m)$ 이므로 $k \mid m$

분해체 K는 $GF(p^k)$ 위에서 x^n-1 의 모든 해를 포함하는 최소체이므로

$\mathrm{ord}_n(p) \mid m$ 와 $k \mid m$ 을 모두 만족하는 최소 m 이다.

따라서 $m=\mathrm{lcm}(\mathrm{ord}_n(p), k)$

위 예제에서 $n=p$ 이면 $x^p-1=(x-1)^p$ 이므로 분해체는 $GF(p^k)$ 이다.

06 작도가능성

1. 작도가능의 정의

어떤 실수가 작도 가능함은 길이가 1인 선분과 눈금 없는 자와 컴퍼스를 이용하여 주어진 실수의 절댓값의 길이를 갖는 선분을 작도할 수 있을 때를 말한다.

2. 작도 가능하기 위한 필요충분조건

실수a 가 작도가능하기 위한 필요충분조건은 유한개의 실수

$1=a_0, a_1, a_2, \cdots, a_n=a$

이 존재하여 각각의 차수가

$[\mathbb{Q}(a_1, a_2, \cdots, a_k) : \mathbb{Q}(a_1, a_2, \cdots, a_{k-1})]=2 \quad (k=1,2,\cdots,n)$

을 만족할 때이다.

3. 필요조건

실수a 가 작도 가능하면 $[\mathbb{Q}(a) : \mathbb{Q}]=2^n \quad (n \geq 0)$이다.

따라서 차수(degree) $[\mathbb{Q}(a) : \mathbb{Q}]$ 가 2의 거듭제곱이 아니면 실수 a 는 작도 불능이다.

작도 가능한 실수는 대수적 수(algebraic number)이다.

4. 작도 가능한 수의 성질

(1) 모든 유리수는 작도 가능하다.

(2) 작도 가능한 수의 집합은 사칙연산에 닫혀 있으며, 따라서 실수의 부분체를 이룬다.

(3) 양의 실수a 가 작도 가능하면, $\sqrt{a}$ 도 작도 가능하다.

(4) 각 θ 는 작도가능 ↔ 수 $\cos\theta$ 는 작도가능 ↔ 수 $\sin\theta$ 는 작도 가능

(5) 정n 각형이 작도가능 ↔ $n=2^m p_1 \cdots p_k$, $p_i=2^{2^e}+1$ 꼴의 서로 다른 소수 (Fermat 소수). ↔ 각 $\theta=\dfrac{2\pi}{n}$ (rad)는 작도 가능

5. 3대 작도 불능 문제

(1) 정육면체의 배적 문제

어떤 정육면체부피의 두 배의 부피를 갖는 정육면체를 작도하는 문제로서 한 변의 길이가 1인 정육면체가 주어지면 부피가 2배인 정육면체의 한 변의 길이는$\sqrt[3]{2}$ 이므로 결국 $\sqrt[3]{2}$ 를 작도하는 문제이다. Galois 이론에 의하면 실수α가 자와 컴퍼스만으로 작도 가능하면 $[\mathbb{Q}(\alpha) : \mathbb{Q}]=2^n$ (n 은 음 아닌 정수)이 성립한다. 그러나 $[\mathbb{Q}(\sqrt[3]{2}) : \mathbb{Q}]=\deg(x^3-2)=3$

이므로 $\sqrt[3]{2}$ 는 작도 불가능하다.

⑵ 원적 문제

반지름의 길이가 1인 원과 같은 면적을 갖는 정사각형을 작도하는 문제이다. 이 경우 정사각형의 한 변의 길이가 $\sqrt{\pi}$이므로 $\sqrt{\pi}$ 를 작도하는 것이 된다. Galois 이론에 따르면 작도가능인 수는 모두 대수적 수(algebraic number)이므로 초월수는 작도 불가능하다. 만약 $\sqrt{\pi}$가 작도 가능하면 π도 작도 가능하게 되어 모순이다. 따라서 $\sqrt{\pi}$는 작도할 수 없다.

⑶ 임의 각의 3등분 문제

임의로 주어진 각을 3등분한 각을 작도할 수 있는가 하는 문제로서 특별한 경우인 60°를 3등분하는 각인 20° 의 작도불가능성을 이용하여 불가능함을 밝힐 수 있다.

$\cos 60° = 4\cos^3 20° - 3\cos 20°$ 이 성립하므로 $\beta = \cos 20°$ 라 하면

$8\beta^3 - 6\beta - 1 = 0$ 이 되고 다항식 $8x^3 - 6x - 1$이 기약다항식이므로

$[\mathbb{Q}(\beta) : \mathbb{Q}] = \deg(8x^3 - 6x - 1) = 3$

따라서 β 는 작도 불가능한 수이고, 만약 20°가 작도 가능하면 β 도 작도 가능해야 하지만 그렇지 않으므로 20°는 작도 불가능하다.

그러므로 임의 각의 3등분은 작도 불능이다.

다음 페이지에 제시한 대수방정식의 해법으로 근을 구할 수 있다.

예제 1 다음의 빈칸 (가), (나)에 들어갈 내용을 쓰시오.

두 양의 실수 $\alpha = \sqrt{6\sqrt[3]{2} + 6\sqrt[3]{4}}$, $\beta = \dfrac{\alpha^2 + \sqrt{72\alpha - \alpha^4}}{2\alpha}$ 에 대하여 α^2 은 3차 다항식 $x^3 - 216x - 1296 = 0$ 의 근이며, β는 4차 다항식 $x^4 - 36x + 54 = 0$ 의 근이다.

$[\mathbb{Q}(\beta) : \mathbb{Q}] =$ [가]이며, α^2 는 작도 [나]이므로 β는 작도불가능 하다.

풀이 소수=2에 관한 아이젠슈타인 기약판정법에 따라 $x^4 - 36x + 54$ 는 $\mathbb{Q}$ 에서 기약다항식이다. 따라서 $[\mathbb{Q}(\beta) : \mathbb{Q}] = \deg(x^4 - 36x + 54) = \boxed{4}$

$\alpha^2/6$ 는 3차 기약다항식 $x^3 - 6x - 6$ 의 근이므로 α^2 는 작도 (불가능)이다.

참고 대수방정식의 해법

1. 일반적인 3차 방정식 $ax^3+bx^2+cx+d=0$ 의 대수적 해법

$y=x-\dfrac{b}{3a}$ 로 치환하여 방정식을 $y^3-3my-2n=0$ 으로 고쳐 쓸 수 있다. 이 식과 항등식 $(p+q)^3-3pq(p+q)=p^3+q^3$ 을 비교하면 $pq=m$, $p^3+q^3=2n$ 일 때, $y=p+q$ 가 해 임을 알 수 있으며 p^3 , q^3 은 2차 방정식 $t^2-2nt+m^3=0$ 을 풀어서 구할 수 있다.

$p^3=n+\sqrt{n^2-m^3}$, $q^3=n-\sqrt{n^2-m^3}$

이며, 3개의 근을 모두 쓰면 다음과 같다.

$y_1=\sqrt[3]{n+\sqrt{n^2-m^3}}+\sqrt[3]{n-\sqrt{n^2-m^3}}$

$y_2=\omega\sqrt[3]{n+\sqrt{n^2-m^3}}+\omega^2\sqrt[3]{n-\sqrt{n^2-m^3}}$

$y_3=\omega^2\sqrt[3]{n+\sqrt{n^2-m^3}}+\omega\sqrt[3]{n-\sqrt{n^2-m^3}}$

이때, ω, ω^2 는 $x^2+x+1=0$ 의 두 허근이다.

2. 일반적인 4차 방정식 $ax^4+bx^3+cx^2+dx+e=0$ 의 대수적 해법

먼저 $y=x-\dfrac{b}{4a}$ 로 치환하면 방정식은 $y^4+py^2+qy+r=0$ 으로 쓸 수 있다.

그리고 이 식을 $(y^2+\alpha)^2-\beta(y+\gamma)^2=0$ 의 꼴로 바꿔 쓴다. 그러려면 3 가지 관계식 $2\alpha-\beta=p$, $-2\beta\gamma=q$, $\alpha^2-\beta\gamma^2=r$ 을 만족해야 하는데 연립하여 β 에 관한 식으로 옮기면 3차 방정식 $\beta^3+2p\beta^2+(p^2-4r)\beta-q^2=0$ 을 얻는다. 3차 방정식의 해법을 이용하여 β 를 구한 후, $2\alpha-\beta=p$, $-2\beta\gamma=q$ 로부터 α,γ 도 구할 수 있다.

이렇게 구한 식$(y^2+\alpha)^2-\beta(y+\gamma)^2=0$ 을 2차 방정식으로 인수분해하여 해를 구하면

$(y^2-\sqrt{\beta}\,y+\alpha-\gamma\sqrt{\beta})(y^2+\sqrt{\beta}\,y+\alpha+\gamma\sqrt{\beta})=0$

$y^2\pm\sqrt{\beta}\,y+\dfrac{\beta\sqrt{\beta}+p\sqrt{\beta}\mp q}{2\sqrt{\beta}}=0$ (복호동순)

이를 풀어 4개의 해를 쓰면 아래와 같다.

$x=\dfrac{b}{4a}-\dfrac{\pm\beta\mp\sqrt{-\beta^2-2p\beta\pm2q\sqrt{\beta}}}{2\sqrt{\beta}}$ (±만 복호동순)

윤양동

임용수학

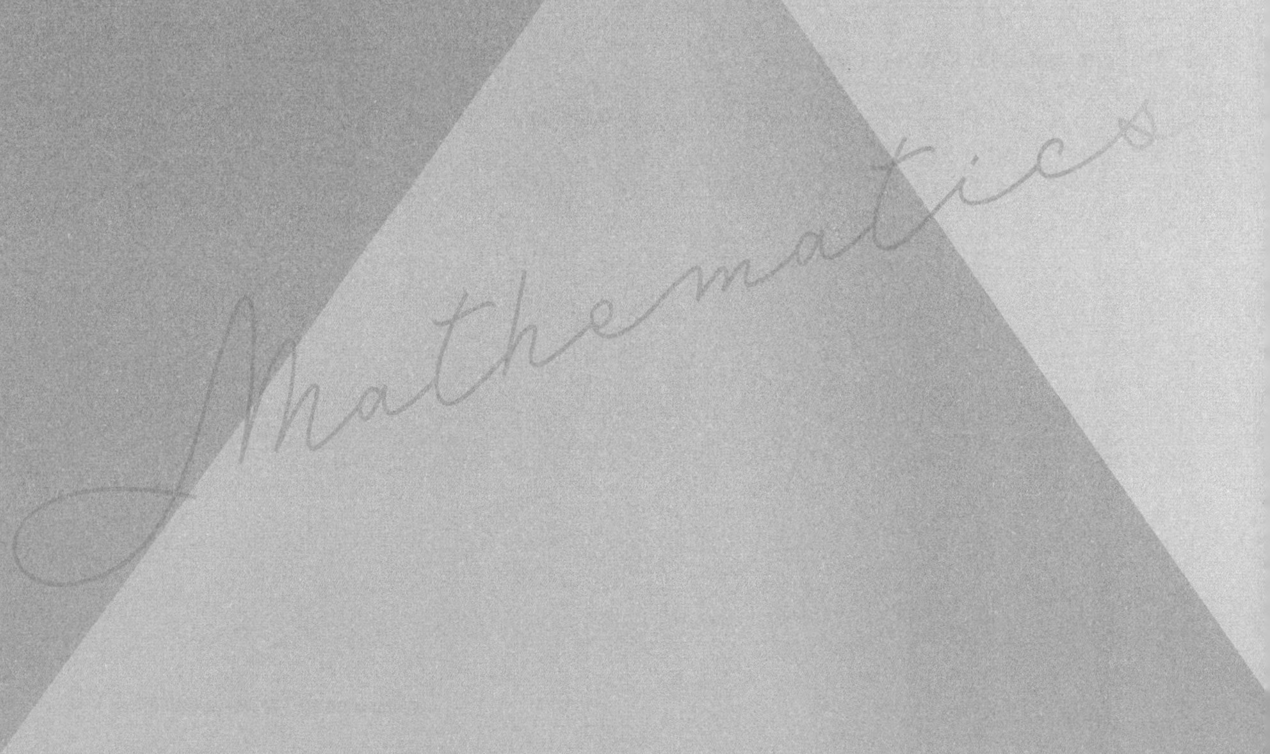

부록

[분해체에 관한 정리]

(1) 다음 세 명제는 동치이다.

① K는 F 위에서 여러 다항식들의 분해체이다.

② $F \le K \le \overline{F}$ 일 때, F를 고정하는 단사 준동형사상 $\sigma : K \to \overline{F}$ 이면 $\sigma(K) = K$ 이다.

③ 모든 $\alpha \in K$ 의 기약다항식 $\text{irr}(\alpha, F)$는 K에서 일차식의 곱으로 인수분해된다.

증명 ① → ② F를 고정하는 단사 준동형사상 $\sigma : K \to \overline{F}$ 가 있다고 하자.

K를 F 위에서 다항식 $f_i \in F[x]$ (단, $i \in I$)들의 분해체라 두자.

체 $\overline{F}$ 에서 각 f_i 의 해집합을 S_i 라 하고 $S = \bigcup_{i \in I} S_i$ 라 하면

$K = F(S)$ 이다.

α 가 f_i 의 근이며 $\sigma(\alpha)$ 도 f_i 의 근이므로 $\sigma(S_i) \subset S_i$

σ 는 단사이며 S_i 는 유한집합이므로 $\sigma(S_i) = S_i$

따라서 $\sigma(S) = \sigma(\bigcup_{i \in I} S_i) = \bigcup_{i \in I} \sigma(S_i) = \bigcup_{i \in I} S_i = S$ 이다.

σ 는 F를 고정하므로 $\sigma(F) = F$ 이며

$\sigma(K) = \sigma(F(S)) = \sigma(F)(\sigma(S)) = F(S) = K$

② → ③ $\alpha \in K$ 의 기약다항식 $\text{irr}(\alpha, F)$ 의 임의의 근을 $\beta \in \overline{F}$ 라 하면

켤레동형사상정리에 의하여 $\psi_{\alpha,\beta}(\alpha) = \beta$ 인 켤레동형사상

$\psi_{\alpha,\beta} : F(\alpha) \to F(\beta)$ 가 존재한다.

$F \le K \le \overline{F}$ 이므로 K는 F의 대수적 확대체이며 동형확장정리를 적용하면

F를 고정하고 $\psi_{\alpha,\beta}$ 를 확장한 단사 준동형사상

$\sigma : K \to \overline{F}$ 가 존재한다.

$\sigma(K) = K$ 이므로 $\beta = \sigma(\alpha) \in \sigma(K) = K$ 이다.

따라서 기약다항식 $\text{irr}(\alpha, F)$ 의 모든 근은 K에 속하므로

$\text{irr}(\alpha, F)$ 는 K에서 일차식의 곱으로 인수분해된다.

③ → ① 모든 $\alpha \in K$ 의 기약다항식 $\text{irr}(\alpha, F)$ 를 f_α 라 두고 체 $\overline{F}$ 에서 각 f_α 의 해집합을 S_α 라 하자.

f_α 는 K에서 일차식의 곱으로 인수분해되므로 $S_\alpha \subset K$ 이다.

따라서 $S = \bigcup_{\alpha \in K} S_\alpha \subset K$ 이며 $F(S) \subset K$ 이다.

모든 $\alpha \in K$ 에 대하여 $\alpha \in S_\alpha \subset S \subset F(S)$ 이므로 $K \subset F(S)$ 이다.

따라서 $K = F(S)$ 이므로 K는 F 위에서 다항식 f_α 들의 분해체이다.

[정리] (2) $K=F(\alpha_1, \cdots, \alpha_n)$는 F의 대수적 확대체일 때,
K가 F 위의 분해체일 필요충분조건은 모든 $\text{irr}(\alpha_i, F)$는 K에서 일차식의 곱으로 인수분해 되는 것이다.

증명 (→) K가 F 위의 분해체이므로 모든 $\alpha \in K$의 기약다항식 $\text{irr}(\alpha, F)$는 K에서 일차식의 곱으로 인수분해되므로 모든 $\text{irr}(\alpha_i, F)$는 K에서 일차식의 곱으로 인수분해 된다.
(←) 체 $\overline{F}$를 $F \le K \le \overline{F}$인 F의 대수적 폐포라 두자.
각 α_i의 기약다항식 $\text{irr}(\alpha_i, F)$를 f_i라 두고 체 $\overline{F}$에서 각 f_i의 해집합을 S_i라 하자.
f_i는 K에서 일차식의 곱으로 인수분해되므로 $S_i \subset K$이다.
따라서 $S=\bigcup_{i=1}^{n} S_i \subset K$이며 $F(S) \subset K$이다.
모든 $\alpha_i \in S_i \subset S$이므로 $\{\alpha_1, \cdots, \alpha_n\} \subset S$이며
$K=F(\alpha_1, \cdots, \alpha_n) \subset F(S)$이다.
따라서 $K=F(S)$이므로 K는 F 위에서 다항식 f_i 들의 분해체이다.

[정리] (3) 유한 확대체 $[K:F]=n<\infty$일 때,
K가 F 위의 분해체일 필요충분조건은 $\{K:F\}=|G(K/F)|$이다.

증명 체 $\overline{F}$를 $F \le K \le \overline{F}$인 F의 대수적 폐포라 두자.
유한확대 $[K:F]=n<\infty$이므로 $\{K:F\}$, $|G(K/F)|$는 양의 정수이다.
(→) 지표와 갈루아군의 정의에 의하여 $\{K:F\} \ge |G(K/F)|$이다.
F를 고정하는 단사 준동형사상 $\sigma: K \to \overline{F}$에 대하여 K가 F 위의 분해체이므로 $\sigma(K)=K$이며 σ는 F를 고정하는 K의 체동형사상이다.
따라서 $\{K:F\} \le |G(K/F)|$이며 $\{K:F\}=|G(K/F)|$이다.
(←) F를 고정하는 모든 단사 준동형사상 $\sigma: K \to \overline{F}$ 들의 집합을 H라 할 때, 갈루아군 $G(K/F)$의 K의 체동형사상의 공역을 $\overline{F}$로 확장하면
$G(K/F) \subset H$
$\{K:F\}=|G(K/F)|$이므로 F를 고정하는 단사 준동형사상 $\sigma: K \to \overline{F}$는 공역을 K로 제한하면 체동형사상 $\sigma: K \to K$가 된다.
따라서 $\sigma(K)=K$이며 K는 F 위의 분해체이다.

[정리] (4) 체 F 의 두 확대체 K_1 과 K_2 가 체동형이며 $f(x) \in F[x]$ 일 때,
$n(\{x \in K_1 \mid f(x)=0\}) = n(\{x \in K_2 \mid f(x)=0\})$

증명 체동형사상 $\sigma : K_1 \to K_2$ 라 놓자.
$f(\alpha)=0$, $\alpha \in K_1$ 이면 $\sigma(\alpha) \in K_2$ 이다.
$f(\sigma(\alpha)) = \sigma(f(\alpha)) = \sigma(0) = 0$ 이며 σ 는 단사이므로
$n(\{x \in K_1 \mid f(x)=0\}) \le n(\{x \in K_2 \mid f(x)=0\})$
체동형사상 $\tau : K_2 \to K_1$ 라 놓으며 $f(\beta)=0$, $\beta \in K_2$ 이면
$f(\tau(\beta)) = \tau(f(\beta)) = \tau(0) = 0$ 이며 $\tau(\beta) \in K_1$ 이다. τ 는 단사이므로
$n(\{x \in K_1 \mid f(x)=0\}) \ge n(\{x \in K_2 \mid f(x)=0\})$
따라서 $n(\{x \in K_1 \mid f(x)=0\}) = n(\{x \in K_2 \mid f(x)=0\})$

[정리] (5) $F \le K \le \overline{F}$, K 가 F 위의 분해체이며 $\alpha \in K$, $f(x) = \mathrm{irr}(\alpha, F)$ 일 때,
$\{\beta \in K \mid f(\beta)=0\} = \{\beta \in \overline{F} \mid f(\beta)=0\}$
즉, K 에서 $f(x)$ 의 해집합과 $\overline{F}$ 에서 $f(x)$ 의 해집합은 같다.

증명 $K \le \overline{F}$ 이므로 $\{\beta \in K \mid f(\beta)=0\} \subset \{\beta \in \overline{F} \mid f(\beta)=0\}$
K 가 F 위의 분해체이므로 원소 $\alpha \in K$ 의 기약다항식 $f(x) = \mathrm{irr}(\alpha, F)$ 는 K 에서 일차식의 곱으로 인수분해되며 $\overline{F}$ 에서 구한 $f(x)$ 의 근은 K 에 속한다.
따라서 $\beta \in \overline{F}$, $f(\beta)=0$ 이면 $\beta \in K$ 이며
$\{\beta \in K \mid f(\beta)=0\} \supset \{\beta \in \overline{F} \mid f(\beta)=0\}$
그러므로 $\{\beta \in K \mid f(\beta)=0\} = \{\beta \in \overline{F} \mid f(\beta)=0\}$

[분리 확대체에 관한 정리]
(1) $\alpha \in K \ge F$ 이며 α 가 F 의 대수적 원소일 때, $\mathrm{irr}(\alpha, F)$ 는 $\overline{F}$ 에서 중근을 갖지 않을 필요충분조건은 $\{F(\alpha) : F\} = [F(\alpha) : F]$ 이다.

증명 체 $\overline{F}$ 를 $F \le F(\alpha) \le \overline{F}$ 인 F 의 대수적 폐포라 두자.
$f(x) = \mathrm{irr}(\alpha, F)$, $\deg(f(x)) = n$ 라 놓으면
$[F(\alpha) : F] = \deg(f(x)) = n$
$\overline{F}$ 에서 구한 $f(x)$ 의 해집합을 S 라 두자.
F 를 고정하는 모든 단사 준동형사상 $\sigma : F(\alpha) \to \overline{F}$ 들의 집합을 H 라 놓자.
모든 $\beta \in S$ 에 대하여 켤레동형정리에 따라 $\psi_{\alpha,\beta}(\alpha) = \beta$ 인 켤레동형사상 $\psi_{\alpha,\beta} : F(\alpha) \to F(\beta)$ 가 존재하며 공역을 $\overline{F}$ 로 확장하면 단사 준동형사상 $\psi_{\alpha,\beta} : F(\alpha) \to \overline{F}$ 를 얻는다.
사상 $\phi : S \to H$ 를 $\phi(\beta) = \psi_{\alpha,\beta}$ 라 정의하자.
(1) $\phi(\beta_1) = \phi(\beta_2)$ 이면 $\psi_{\alpha,\beta_1} = \psi_{\alpha,\beta_2}$ 이며 $\psi_{\alpha,\beta_1}(\alpha) = \psi_{\alpha,\beta_2}(\alpha)$, $\beta_1 = \beta_2$

(2) 단사 준동형사상 $\psi : F(\alpha) \to \overline{F}$ 에 대하여 $\psi(\alpha) = \beta$ 라 놓으면 β 는 $f(x) = \operatorname{irr}(\alpha, F)$ 의 근이므로 $\beta \in S$ 이며 켤레동형정리에 따라 $\psi_{\alpha,\beta}(\alpha) = \beta$ 인 켤레동형사상 $\psi_{\alpha,\beta} : F(\alpha) \to F(\beta)$ 가 존재하며 공역을 $\overline{F}$ 로 확장한 단사 준동형사상 $\psi_{\alpha,\beta} : F(\alpha) \to \overline{F}$ 를 얻는다.

ψ 와 $\psi_{\alpha,\beta}$ 는 F 를 고정하며 $\psi(\alpha) = \psi_{\alpha,\beta}(\alpha)$ 이므로

$\psi = \psi_{\alpha,\beta} = \phi(\beta)$

따라서 ψ 는 전단사사상이며 $|S| = |H|$ 이다.

$(\rightarrow)$ $f(x) = \operatorname{irr}(\alpha, F)$ 는 $\overline{F}$ 에서 중근을 갖지 않으므로

$|S| = \deg(f(x)) = n$

따라서 $\{F(\alpha) : F\} = |H| = n$ 이다.

$(\leftarrow)$ $\{F(\alpha) : F\} = [F(\alpha) : F]$ 이면 $\{F(\alpha) : F\} = |H| = n$ 이다.

$|S| = |H|$ 이므로 $|S| = n = \deg(f(x))$ 이다.

따라서 $\overline{F}$ 에서 구한 $f(x) = \operatorname{irr}(\alpha, F)$ 의 해집합의 원소 개수가 $\deg(f(x)) = n$ (개)이므로 $f(x)$ 는 $\overline{F}$ 에서 중근을 갖지 않는다.

[정리] (2) $[K : F] = n < \infty$, $F \le E \le K$ 일 때, $\{K : F\} = \{K : E\}\{E : F\}$

증명 F 를 고정하는 단사 준동형사상 $\phi : K \to \overline{F}$ 들 전체의 집합을 X, F 를 고정하는 단사 준동형사상 $\sigma : E \to \overline{F}$ 들 전체의 집합을 Y, 단사 준동형사상 $\phi \in X$ 의 제한사상 $\phi|_E : E \to \overline{F}$ 를 ϕ_E 라 쓰고, $\sigma \in Y$ 에 대하여 X 의 부분집합 $X(\sigma) = \{\phi \in X \mid \phi_E = \sigma\}$ 라 놓자.

그러면 $X = \bigcup_{\sigma \in Y} X(\sigma)$ 이다.

(1) $\sigma_1, \sigma_2 \in Y$ 에 대하여 $\sigma_1 \neq \sigma_2$ 이면 $X(\sigma_1) \cap X(\sigma_2) = \varnothing$

$(\because)$ 만약 $\phi \in X(\sigma_1) \cap X(\sigma_2)$ 이라 가정하면 $\phi_E = \sigma_1$, $\phi_E = \sigma_2$ 이므로 $\sigma_1 \neq \sigma_2$ 에 모순이다.

(2) 각각의 $\sigma \in Y$ 에 대하여 $|X(\sigma)| = \{K : E\}$

$(\because)$ $\phi \in X(\sigma)$ 이면 $\phi \in X$, $\phi_E = \sigma$ 이므로 $\phi : K \to \overline{F}$ 는 체동형사상 $\sigma : E \to \sigma(E)$ 을 확장한 단사 준동형사상이다.

모든 $\alpha \in K$ 에 관한 $\phi(\alpha)$ 의 값은 $\sigma(\operatorname{irr}(\alpha, E))$ 의 근에 의해 결정되며 $\sigma(\operatorname{irr}(\alpha, E))$ 의 근의 개수와 $\operatorname{irr}(\alpha, E)$ 의 근의 개수는 같다.

그리고 E 를 고정하는 단사 준동형사상 $\psi : K \to \overline{F}$ 에 대하여 모든 $\alpha \in K$ 에 관한 $\psi(\alpha)$ 의 값은 $\operatorname{irr}(\alpha, E)$ 의 근에 의해 결정된다.

따라서 E 를 고정하는 단사 준동형사상 $\psi : K \to \overline{F}$ 들의 개수는 $X(\sigma)$ 의 원소 ϕ 들의 개수와 같다. 즉, $\{K : E\} = |X(\sigma)|$ 이다.

그러므로 $\{K : F\} = |X| = \sum_{\sigma \in Y} |X(\sigma)| = \sum_{\sigma \in Y} \{K : E\}$

$$= \{K : E\} \times |Y| = \{K : E\}\{E : F\}$$

[정리] (3) 유한 확대체 $[K:F]=n<\infty$ 일 때,
K의 모든 원소가 F 위의 분리원소일 필요충분조건은
$\{K:F\}=[K:F]$ 이다.

증명 체 $\overline{F}$ 를 $F\le K\le \overline{F}$ 인 F의 대수적 폐포라 두자.
($\rightarrow$) 유한 확대체 $[K:F]=n<\infty$ 이므로 $K=F(\alpha_1,\cdots,\alpha_n)$ 인 원소 α_i 들이 있다. 편의상 체 $F_i=F(a_1,\cdots,a_i)$, $F_0=F$ 라 놓으면
$F=F_0\le F_1\le\cdots\le F_n=K$ 이다.
K의 모든 원소가 F 위의 분리원소이므로 α_i 들은 F 위의 분리원소이다.
$\text{irr}(\alpha_i,F)$ 는 $\overline{F}$ 에서 중근을 갖지 않는다.
$\text{irr}(\alpha_i,F_{i-1})$ 는 $\text{irr}(\alpha_i,F)$ 의 인수이므로 $\text{irr}(\alpha_i,F_{i-1})$ 는 $\overline{F}$ 에서 중근을 갖지 않는다.
$\text{irr}(\alpha_i,F_{i-1})$ 는 $\overline{F}$ 에서 중근을 갖지 않으므로
$\{F_i:F_{i-1}\}=[F_i:F_{i-1}]$ 이다.
따라서 $\{K:F\}=\prod_{i=1}^{n}\{F_i:F_{i-1}\}=\prod_{i=1}^{n}[F_i:F_{i-1}]=[K:F]$
($\leftarrow$) 임의의 원소 $\beta\in K$ 에 대하여 $F\le F(\beta)\le K$ 이므로
$\{K:F\}=\{K:F(\beta)\}\{F(\beta):F\}$, $[K:F]=[K:F(\beta)][F(\beta):F]$
$\{K:F\}=[K:F]$ 이므로
$\{K:F(\beta)\}\{F(\beta):F\}=[K:F(\beta)][F(\beta):F]$
또한 $\{K:F(\beta)\}\le[K:F(\beta)]$, $\{F(\beta):F\}\le[F(\beta):F]$ 이므로
$\{F(\beta):F\}=[F(\beta):F]$
따라서 β는 F 위의 분리원소이다.

[정리] (4) $K=F(\alpha_1,\cdots,\alpha_n)$ 이 F의 대수적 확대체일 때,
K가 F 위의 분리 확대체일 필요충분조건은 모든 $\text{irr}(\alpha_i,F)$ 는 $\overline{F}$ 에서 중근을 갖지 않는 것이다.

증명 ($\rightarrow$) 자명하다.
($\leftarrow$) 편의상 체 $F_i=F(a_1,\cdots,a_i)$, $F_0=F$ 라 놓으면
$F=F_0\le F_1\le\cdots\le F_n=K$ 이다.
$\text{irr}(\alpha_i,F)$ 는 $\overline{F}$ 에서 중근을 갖지 않는다.
$\text{irr}(\alpha_i,F_{i-1})$ 는 $\text{irr}(\alpha_i,F)$ 의 인수이므로 $\text{irr}(\alpha_i,F_{i-1})$ 는 $\overline{F}$ 에서 중근을 갖지 않는다.
$\text{irr}(\alpha_i,F_{i-1})$ 는 $\overline{F}$ 에서 중근을 갖지 않으므로 $\{F_i:F_{i-1}\}=[F_i:F_{i-1}]$ 이다.
따라서 $\{K:F\}=\prod_{i=1}^{n}\{F_i:F_{i-1}\}=\prod_{i=1}^{n}[F_i:F_{i-1}]=[K:F]$
그러므로 K가 F 위의 분리 확대체이다.

[정리] K가 F의 유한 확대체일 때,
$K_{G(K/F)} = F$일 필요충분조건은 K가 F위의 분해체이고 분리 확대체이다.

증명 ($\rightarrow$) $\alpha \in K-F$, $\mathrm{irr}(\alpha\,;F) = f(x)$ 이라 하자.
$\alpha \notin F$ 이므로 $\deg(f) \geq 2$ 이다.
K에 속하는 $f(x)$ 의 서로 다른 모든 근을 $\alpha = \alpha_1, \cdots, \alpha_n$ 이라 하고 다항식
$g(x) = (x-\alpha_1)\cdots(x-\alpha_n)$ 라 놓으면 $\deg(g) \leq \deg(f)$
모든 $\sigma \in G(K/F)$ 에 대하여 $\sigma(\{\alpha_1, \cdots, \alpha_n\}) = \{\alpha_1, \cdots, \alpha_n\}$
다항식 $g(x)$ 의 모든 계수 c_k 는 근과 계수의 관계로부터 $\alpha_1, \cdots, \alpha_n$ 의 대칭식
으로 나타나므로 $\sigma(c_k) = c_k$
모든 $\sigma \in G(K/F)$에 대하여 $\sigma(c_k) = c_k$이며 $K_{G(K/F)} = F$ 이므로 $c_k \in F$ 이다.
따라서 $g(x) \in F[x]$ 이다.
$g(\alpha) = 0$ 이며 $\mathrm{irr}(\alpha\,;F) = f(x)$ 이므로 $f(x) \,\Big|\, g(x)$

$f(x) \,\Big|\, g(x)$ 이고 $\deg(g) \leq \deg(f)$ 이며 $f(x)$ 와 $g(x)$ 는 모닉다항식이므로

$f(x) = g(x)$
따라서 임의의 $\alpha \in K$ 의 기약다항식 $\mathrm{irr}(\alpha\,;F) = f(x)$ 는 K에서 서로 다른
일차식들의 곱으로 인수분해된다.
그러므로 K는 F위의 분해체이고 분리 확대체이다.
($\leftarrow$) $F \subset K_{G(K/F)}$ 임은 자명하다.
어떤 원소 $\alpha \in K_{G(K/F)}$ 에 대하여 $\alpha \notin F$ 이라 가정하자.
$\mathrm{irr}(\alpha\,;F) = f(x)$ 라 두면 $\alpha \notin F$ 이므로 $\deg(f) \geq 2$ 이다.
K가 F위의 분해체이므로 $f(x)$ 는 K에서 1차식으로 인수분해된다.
K가 F위의 분리확대체이므로 α는 F의 분리원소이며 $f(x)$ 는 분리다항식
이고 $f(x)$ 는 K에서 α가 아닌 근 β를 갖는다.
켤레동형정리에 따라 $\sigma(\alpha) = \beta$ 인 체동형사상 $\sigma: F(\alpha) \rightarrow F(\beta)$ 가 있다.
동형확장정리에 따라 σ의 확장동형사상 $\overline{\sigma}: K \rightarrow K$가 있다.
이때 $\overline{\sigma} \in G(K/F)$ 이며 $\overline{\sigma}(\alpha) = \beta \neq \alpha$ 이므로 $\alpha \in K_{G(K/F)}$ 임에 모순이다.
따라서 모든 원소 $\alpha \in K_{G(K/F)}$ 에 대하여 $\alpha \in F$ 이다.
그러므로 $K_{G(K/F)} = F$ 이다.

부록

보충예제 모든 체동형사상 $\phi : F(x) \to F(x)$ 를 결정하시오. (단, F 는 체)

증명 $p(x)$, $q(x)$ 는 서로소이며 $p(x)$ 또는 $q(x)$ 는 모닉일 때,
$F(X)[Y]$ 의 원소 $p(X) - q(X)Y$ 는 1차다항식이므로 기약이다.
$p(X)$, $q(X)$ 는 서로소이므로 $p(X) - q(X)Y$ 는 다항식환 $F[X][Y]$ 에서 기약이다.
$F[X][Y] = F[X, Y] = F[Y][X]$ 이므로 $p(X) - q(X)Y$ 는
다항식환 $F[Y][X]$ 에서 기약이다.
따라서 $p(X) - q(X)Y$ 는 다항식환 $F(Y)[X]$ 에서 기약이다.
원소 $r(x) = \dfrac{p(x)}{q(x)} \in F(x)$ 에 대하여 $r(x) \not\in F$ 이라 하면
$F(Y) \cong F(r(x))$ 이므로
$Y = r(x)$ 를 대입하여 $p(X) - r(x)q(X)$ 는 $F(r(x))[X]$ 에서 기약이다.
$X = x$ 를 대입하면 $p(x) - r(x)q(x) = p(x) - p(x) = 0$ 이므로 체 $F(r(x))$ 위에서 $p(X) - r(x)q(X)$ 는 $X = x$ 를 근으로 갖는 기약다항식이다.
$F(r(x))(x) = F(r(x), x) = F(x)$
따라서 기약다항식 $\mathrm{irr}(x, F(r(x))) = p(X) - r(x)q(X)$ 이다.

$$[F(x) : F(r(x))] = \deg(p(X) - r(x)q(X)) = \max\{\deg(p(X)), \deg(q(X))\}$$

단사 준동형사상 $\phi : F(x) \to F(x)$ 가 있다고 하자.
$\phi(f(x)) = \phi\left(\dfrac{g(x)}{h(x)}\right) = \dfrac{g(\phi(x))}{h(\phi(x))}$ 이며 $\phi(x) = r(x)$ 라 하면
$\phi(f(x)) = \dfrac{g(r(x))}{h(r(x))} = f(r(x))$ 이다.
이때, $\phi(f(x)) = f(r(x))$ 으로 정의한 모든 사상 ϕ 는 단사 준동형사상이다.
상 $\mathrm{Im}(\phi) = \phi(F(x)) = F(r(x))$ 이다.
사상 ϕ 가 체동형사상일 필요충분조건은 $\mathrm{Im}(\phi) = F(x)$ 이다.
$\mathrm{Im}(\phi) = F(x)$
$\leftrightarrow F(x) = F(r(x))$
$\leftrightarrow [F(x) : F(r(x))] = 1$
$\leftrightarrow \max\{\deg(p(X)), \deg(q(X))\} = 1$
따라서 $p(x)$, $q(x)$ 는 서로소이며 $\max\{\deg(p(X)), \deg(q(X))\} = 1$ 이면 사상 ϕ 가 체동형사상이 된다.
그러므로 체동형사상은 $\phi(f(x)) = f\left(\dfrac{ax+b}{cx+d}\right)$ (단, $ad - bc \neq 0$)이다.

윤양동
임용수학 II

추상대수학

초판인쇄 2025년 1월 10일 **초판발행** 2025년 1월 15일
편저자 윤양동 **발행인** 박 용 **발행처** (주)박문각출판
표지디자인 박문각 디자인팀
등록 2015년 4월 29일 제2019-000137호
주소 06654 서울시 서초구 효령로 283 서경 B/D
팩스 (02) 584-2927
전화 교재 주문 (02) 6466-7202 동영상 문의 (02) 6466-7201

저자와의 협의하에 인지생략

정 가 17,000원
ISBN 979-11-7262-491-0
979-11-7262-489-7(set)